青少年

Python

趣学编程

微课视频版

王俊伟 / 编著

中国水利水电出版社
www.waterpub.com.cn
·北京·

内 容 提 要

《青少年Python趣学编程（微课视频版）》从编程初学者的角度出发，通过幽默风趣的语言、丰富多彩的案例，详细介绍了Python的基础知识及实践操作。

《青少年Python趣学编程（微课视频版）》共分为3篇，10章。第一篇旨在帮助初学者快速入门Python编程，包括对Python的简要介绍、Python环境的搭建以及Python语法的学习，共46个入门案例。第二篇展示了Python的多个第三方库的应用，包括利用Turtle绘制"流星雨"动画、使用Tkinter呈现"无限弹窗"的效果以及运用Pygame开发球球大作战小游戏等25个热门项目。第三篇则介绍了两个实用性很强的项目，包括开发一个功能丰富的用户登录系统和开发一个人机对战的飞机大战小游戏。总之，本书旨在以幽默风趣的方式帮助读者全面掌握Python编程。

《青少年Python趣学编程（微课视频版）》适合刚入门Python的编程爱好者，尤其适合青少年学生以及少儿编程教师。

图书在版编目（CIP）数据

青少年 Python 趣学编程 : 微课视频版 / 王俊伟著 .

北京 : 中国水利水电出版社 , 2025.1 . -- ISBN 978-7
-5226-3086-1

Ⅰ . TP311.561-49

中国国家版本馆 CIP 数据核字第 2025W6L712 号

书　　名	青少年 Python 趣学编程（微课视频版）
	QINGSHAONIAN Python QUXUE BIANCHENG（WEIKE SHIPINBAN）
作　　者	王俊伟　编著
出版发行	中国水利水电出版社
	（北京市海淀区玉渊潭南路 1 号 D 座 100038）
	网址：http://www.waterpub.com.cn
	E-mail：zhiboshangshu@163.com
	电话：（010）62572966-2205/2266/2201（营销中心）
经　　售	北京科水图书销售有限公司
	电话：（010）68545874、63202643
	全国各地新华书店和相关出版物销售网点
排　　版	北京智博尚书文化传媒有限公司
印　　刷	河北文福旺印刷有限公司
规　　格	190mm×235mm　16 开本　22.25 印张　493 千字
版　　次	2025 年 1 月第 1 版　2025 年 1 月第 1 次印刷
印　　数	0001—3000 册
定　　价	89.90 元

凡购买我社图书，如有缺页、倒页、脱页的，本社营销中心负责调换

前　　言

随着大数据、人工智能以及大模型的飞速发展，越来越多的编程爱好者青睐于Python，然而对于初学者来说，学习Python可能会感到单调乏味，且市面上的许多Python书籍案例单一，缺乏趣味性。因此，作者编写了这本案例新颖、充满趣味性的图书，希望可以帮助初学者更轻松地学习Python。

本书特色

1. 易学性

为了提高学习的效率，本书采用浅显易懂的语言风格与贴近生活的实例来阐述编程核心概念，刻意规避了复杂的术语和表述方式。

2. 丰富性

为了满足不同层次读者的学习需求，本书设计了71个有趣的案例。这些案例涉及海龟绘图、图形界面设计、游戏开发等，让学习编程的过程不再枯燥乏味。此外，本书还有两个综合性较强的项目，有助于读者将所学的知识融会贯通。

3. 趣味性

本书有丰富的配图，且案例非常有趣，可以激发读者的好奇心和探索欲，让学习的过程变成一场愉快的旅程。

4. 实用性

本书强调理论与实践相结合，鼓励读者动手实践，通过具体的案例项目，将抽象的概念转化为可见的成果，在提升编程技能的同时增强解决实际问题的能力。

5. 创新性

创新性是本书的灵魂，本书的所有案例都是作者的原创作品。与市面上的其他书籍不同，本书引入了许多新颖的编程概念和思维方式，旨在拓宽读者的视野，激发创造力，让每位读者都能在编程的世界里找到属于自己的一片天地。

6. 实时性

本书紧跟时代潮流，采用最新的Python 3.12.4和PyCharm Community Edition 2024.1.4软件编写代码。

本书内容

第 1 章　走进 Python 的奇妙世界

本章主要介绍了Python的基础知识，从Python语言的诞生和发展历程写起，深入浅出地带领读者走进Python的世界，内容包括Python的概念、应用、下载和安装，以及PyCharm集成开发环境的构建方法。通过本章的学习，读者可以充分领略Python的魅力，激发学习Python的兴趣，为今后的学习打下基础。

第 2 章　认识 Python 的基础语法

本章从编程基础、数据结构、选择与循环结构、基本函数等4个方面介绍了Python的基础语法知识，包含17个有趣的小案例。通过本章的学习，读者可以快速理解并掌握Python的基础语法。

第 3 章　学习 Python 的高级语法

本章从面向对象、模块与库、异常处理、文件操作等4个方面介绍了Python的高级语法知识，并编写代码实现20个有趣的小案例。通过本章的学习，读者可以全面掌握这些高级特性的使用方法和技巧。

第 4 章　探索 python 的应用领域

本章编写代码实现了3类复杂的案例。通过本章的学习，读者可以巩固Python基础知识，进一步提升利用Python解决实际问题的能力。

第 5 章　爱画画的小海龟

本章介绍了Python的图形编程工具小海龟，并编写代码实现了绘制简单的几何图形、绘制爱心效果图、绘制一个"福"字、绘制生日蛋糕效果图以及绘制圣诞树效果图等有趣的案例。

第 6 章　爱看动画的小海龟

本章进一步探索了小海龟在动画领域的应用，并运用它打造了一系列炫酷的动态效果图，包括模拟宇宙中星球的运动、绘制"满天星"动画、绘制"流星雨"动画、呈现美丽的星空、绘制"爱心光波"动画、绘制"文字跑马灯"动画以及绘制"大雪纷飞"动画等。

第 7 章　爱设计 GUI 的 Tkinter

本章介绍了Python中用于构建图形用户界面的标准库Tkinter，并编写代码实现一些有趣的图形用户界面，包括设计一个简单的欢迎界面、设计一个"无法拒绝"的界面、设计一个有趣的登录界面、设计一个简单的计算器、设计一个"移动爱心"界面、呈现"无限弹窗"的效果，以及开发一个三子棋小游戏等。

第 8 章 爱玩游戏的 Pygame

本章探索了Python的2D游戏开发库Pygame，并使用Pygame库开发一些有趣的项目，包括呈现数字雨效果、开发贪吃蛇小游戏、开发俄罗斯方块小游戏、开发方块消消乐小游戏、开发球球大作战小游戏、呈现"跳动的爱心"动态效果等。

第 9 章 实战演练 1：用户登录系统

本章开发了一个较为完善的用户登录系统，通过本章的学习，读者可以熟练掌握Python的实际应用价值与技巧，从而达到学以致用的目的。

第 10 章 实战演练 2：飞机大战小游戏

本章构建了一个飞机大战小游戏，帮助读者在实践中洞悉Python编程语言的精髓与魅力，从需求分析、设计构思到最终的编码实现，步步为营，全面提升读者对Python应用能力的理解。

读者对象

- 8 ～ 12岁儿童及其家长
- 12 ～ 18岁青少年学生
- 少儿、青少年编程教师
- 对编程感兴趣的初学者
- 初级、中级程序开发人员
- 职业院校的讲师和学生

本书资源及下载方法

本书赠送的学习资源

（1）微视频：82个，350分钟。

（2）代码：200个。

（3）插图：220个。

（4）PPT：10个，约616页。

（5）精美Gif图：27个。

本书资源获取方式

（1）使用手机微信"扫一扫"功能扫描下页的二维码，或者在微信公众号中搜索"人人都是程序猿"公众号，关注后输入图书封底的13位ISBN至公众号后台，即可获取本书的各类资源下载链接。将该链接复制到计算机浏览器的地址栏中，根据提示进行下载（注意：不要点击链接直接下载，不能使用手机下载和在线解压）。关注"人人都是程序猿"公众号，还可获取更多新书资讯。

（2）读者也可加入本书的学习QQ群：318803082，有问题可以关注公众号Want_595获得学习帮助。

致谢

由于作者的水平有限，书中难免会出现一些纰漏，恳请读者批评指正。读者可以通过微信号Want_595与作者交流。

本书能够顺利出版，是作者、编辑和所有审校人员共同努力的结果，在此表达深深的谢意。

作　者
2024年12月

目　　录

第一篇　Python编程基础

第二篇　Python进阶挑战

第三篇　Python项目实战

第一篇

Python 编程基础

第 1 章

走进 Python 的奇妙世界

在这个数字化飞速发展的时代，编程不再是专业程序员的专属技能，而是一项重要的基础技能。对于青少年来说，学习编程不仅可以培养他们的逻辑思维和解决问题的能力，还能为他们的职业发展打下坚实的基础。Python作为一种易于上手且功能强大的编程语言，是青少年学习编程的理想选择。本章将从Python的概述和应用入手，重点介绍如何在Windows系统中下载安装Python IDE，以及构建PyCharm的开发环境，最后尝试编写并运行一行简单的Python代码。

1.1 Python概述

Python是一种解释型、面向对象的程序设计语言，由荷兰计算机科学家Guido van Rossum于1991年开发，并以简洁明了的语法结构和强大的功能特性在全球广受欢迎。

Python语言具有以下几个主要的特点。

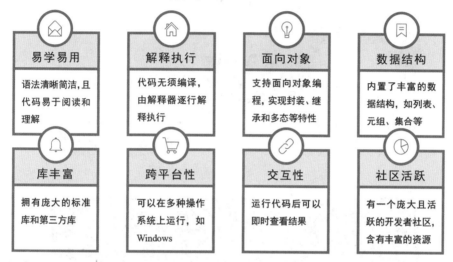

目前主流的Python版本包括Python 2.x系列和Python 3.x系列。自2020年起，Python官方已经停止对Python 2.x的更新，推荐并鼓励用户使用Python 3.x进行开发，因为相比于Python 2.x，Python 3.x在语法、特性方面均有显著的改进。

总的来说，Python以其强大且灵活的特性成为一种通用的编程语言。无论是编程新手还是资深的程序员，都能在Python的世界中体会到编程的乐趣。在接下来的章节中，我们将逐步深入Python的世界，探索它的各种特性和应用场景，以掌握Python的编程技能。

1.2 Python应用

Python是一种高级的通用型编程语言，拥有简洁清晰的语法结构、丰富强大的标准库以及广泛的应用领域。下面介绍Python的主要应用领域。

1.Web 开发

Python拥有众多优秀的Web框架，如Django、Flask等。Django遵循MVC设计模式，具有高效、安全的特点，适用于开发大型项目；而Flask则以其轻量级、灵活的设计受到小型应用和API服务开发者的青睐。通过这些框架，开发者可以方便地实现网页路由、模板渲染、数据库操作等功能，极大地提高了Web开发的效率。例如，使用Django开发的个人网站如图1.1所示。

2. 游戏开发

尽管Python并非游戏开发的首选语言，但是其第三方库Pygame非常适合初学者进行入门游戏开发。例如，使用Pygame库开发的球球大作战小游戏如图1.2所示。

图1.1　使用Django开发的个人网站

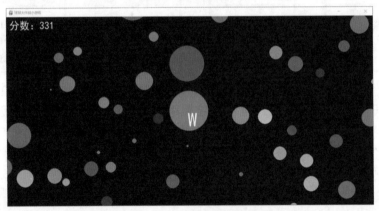

图1.2　使用Pygame库开发的球球大作战小游戏

3. 网络爬虫

Python在网络爬虫方面具有独特的优势，Requests、Urlib、Selenium、Scrapy等第三方库可以帮助开发者轻松抓取网页内容并进行解析，从而获取大量有价值的信息。例如，使用Urlib爬取的苏州公交信息如图1.3所示。

4. 机器学习

Python是机器学习和深度学习领域的主流工具之一，NumPy、Pandas、SciPy等第三方库为处理和分析大规模数据提供了便利；Scikit.learn、TensorFlow、Keras等库则为机器学习中训练和部署模型提供了丰富的支持。此外，Python的Matplotlib、Seaborn等数据可视化库使得数据更加直观易懂，极大地推动了人工智能的发展。例如，使用机器学习技术识别的手语y如图1.4所示。

图1.3 使用Urlib爬取的苏州公交信息

```
1/1 [==============================] - 0s 20ms/step
This is y
```

图1.4 使用机器学习技术识别的手语y

总的来说，Python凭借其高效的可读性和广泛的应用性，已经渗透到计算机科学的各个分支，包括但不限于上述提及的Web开发、机器学习、网络爬虫、游戏开发等多个领域。随着技术的发展和社区的壮大，Python在未来还将持续影响并改变我们生活的各个方面。

1.3 下载并安装Python

在Python官方网站中，可以选择Python的相应版本进行下载和安装。

本书使用的是Python 3.12.4，接下来将演示如何在Windows环境中下载并安装Python 3.12.4，具体步骤如下。

（1）进入图1.5所示的Python官方网站，单击Downloads按钮进入下载页面，随后选择相应的Python版本进行下载。

提示：读者可以在本书配套的资源中找到该安装包。

（2）下载完成后，双击.exe文件，弹出图1.6所示的窗口。

图1.5　Python官网的下载页面

图1.6　双击.exe文件弹出的窗口

在图1.6中，Install Now表示立刻安装，适合初学者选择；Customize installation表示自定义安装，适合有经验的开发者选择。

需要注意的是，要先勾选图1.6中左下角的Add python.exe to PATH选项，即将Python添加到PATH环境变量中，然后单击Install Now区域中的选项开始安装Python。

👉 指点迷津

PATH 环境变量是一个由目录路径组成的系统变量，用于操作系统执行命令时搜索可执行文件的顺序和位置。

（3）Python的安装过程如图1.7所示。

（4）安装结束后会弹出图1.8所示的界面。

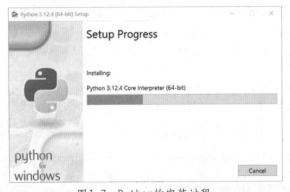

图1.7　Python的安装过程

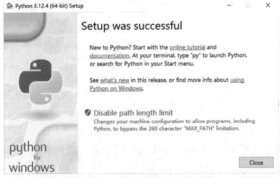

图1.8　安装结束的界面

（5）同时按下键盘上的Win键和R键，会在屏幕中弹出一个"运行"对话框。"运行"对话框如图1.9所示。

（6）在图1.9所示的对话框中输入cmd后单击"确定"按钮，进入终端界面。终端界面如图1.10所示。

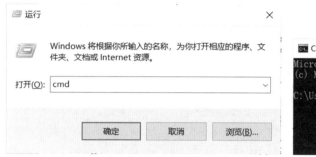

图1.9　"运行"对话框

图1.10　终端界面

（7）在图1.10所示的终端界面中输入命令"python"，如果输出图1.11所示的版本信息，则表示成功安装了Python，并成功配置了编程环境。

图1.11　含Python版本信息的终端界面

1.4　IDLE集成开发环境

Python IDLE是Python官方发行的标准集成开发环境，该环境是一个基于Tkinter构建的图形用户界面应用程序，Tkinter是Python的GUI库。IDLE的全称为Integrated Development and Learning Environment，其设计的初衷是为了简化Python的学习和日常开发。

在IDLE中，Python Shell是一个交互式解释器窗口，这个窗口通常以">>>"或"..."作为提示符，用户在Python Shell中输入代码并按下回车键后，可以立即看到代码的运行效果。除此之外，IDLE还包含一个文本编辑器，用户可以在其中编写和运行Python脚本。

总的来说，Python IDLE是一个直观且易用的环境，它将编写、运行和调试代码的功能集成于一体,特别适合初学者编写轻量级的Python脚本。

成功安装Python后,可以在电脑桌面左下角的"开始"菜单中找到图1.12所示的Python文件夹。

图1.12 "开始"菜单中的Python安装文件夹

单击图1.12中的IDLE(Python 3.12 64-bit)选项后,进入图1.13所示的Python的IDLE Shell界面。

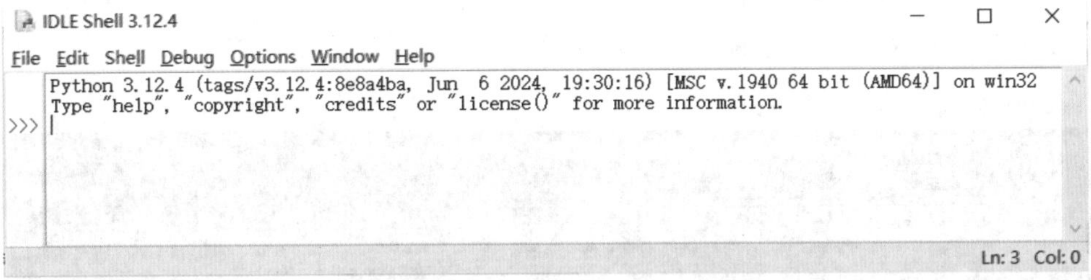

图1.13 Python的IDLE Shell界面

1.5 PyCharm集成开发环境

PyCharm是Python的一种集成开发环境,由捷克公司JetBrains开发,专为Python开发者设计并提供一站式解决方案,满足从简单脚本编写到大型企业级项目开发的需求。PyCharm针对Python语言进行了深度优化,支持Django和Flask等Web开发框架,以及NumPy和Pandas等科学计算库。

1.5.1 安装PyCharm

下面介绍如何下载并安装PyCharm,具体步骤如下。

(1)进入图1.14所示的PyCharm官方网站,单击Download按钮进入PyCharm的下载页面。

(2)下载页面如图1.15所示,其中有Windows、macOS和Linux三个选项,读者可根据自己的计算机操作系统进行选择。

图1.14 PyCharm官方网站

图1.15 PyCharm的下载页面

（3）滚动页面，找到图1.16所示的PyCharm Community Edition，即社区版，随后单击Download按钮开始下载并等待下载结束。

在图1.16中，可以看到PyCharm有专业版（PyCharm Professional）和社区版（PyCharm Community Edition）两个版本。因为社区版可以免费使用并且能够满足基本的编程需求，所以本书将使用PyCharm Community Edition 2024.1.4来编写Python代码。

提示：读者可以在本书配套的资源中找到该安装包。

（4）下载完成后，双击.exe文件会弹出图1.17所示的欢迎界面，直接单击"下一步"按钮。

图1.16 PyCharm Community Edition的下载页面

图1.17 安装PyCharm的欢迎界面

（5）进入图1.18所示的"选择安装位置"界面，设置安装目录后单击"下一步"按钮。

（6）进入图1.19所示的"安装选项"界面，勾选所有的选项后单击"下一步"按钮。

在图1.19中，桌面快捷方式是指链接应用程序、文件或文件夹的图标，用于快速访问并打开目标项目。创建桌面快捷方式以后，用户可以在桌面双击PyCharm Community Edition 2024.3.5的图标启动该应用程序。

PATH环境变量是一个由目录路径组成的系统变量。添加bin文件夹到PATH以后，用户可以在终端输入命令pycharm启动PyCharm Community Edition 2024.1.4应用程序。

（7）进入图1.20所示的"选择开始菜单目录"界面，选择JetBrains并单击"安装"按钮。

（8）开始安装PyCharm，PyCharm的安装过程界面如图1.21所示。

图1.18 "选择安装位置"界面

图1.19 "安装选项"界面

图1.20 "选择开始菜单目录"界面

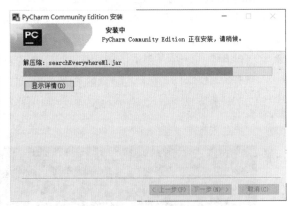

图1.21 PyCharm的安装过程界面

(9)安装结束后,弹出图1.22所示的界面,单击"完成"按钮即可退出安装界面。

需要注意的是,这里要选择"否"选项,如果选择了"是"选项,计算机会立即重新启动。

(10)此时在桌面上可以找到图1.23所示的PyCharm的快捷方式。

图1.22 安装结束的界面

图1.23 PyCharm的快捷方式

1.5.2 安装插件

成功安装PyCharm后，用户可以在PyCharm中安装中文语言包插件，以提高编程的效率。详细的安装步骤如下。

（1）双击桌面上的快捷方式，启动PyCharm。PyCharm的启动界面如图1.24所示。

（2）单击Skip Import，直接进入图1.25所示的PyCharm的欢迎界面。

（3）在PyCharm的欢迎界面的左侧有Projects、Customize、Plugins和Learn等4个选项，分别表示项目、定制、插件和学习。由于本书面向的读者多为初学者，因此可以安装中文汉化包插件以提高编程效率，具体的安装步骤如图1.26所示。

（4）安装结束后，单击图1.27所示的Restart IDE按钮重新启动IDE。

（5）重新启动PyCharm后，会弹出图1.28所示的汉化版欢迎界面。

图1.24 PyCharm的启动页面

图1.25 PyCharm的欢迎界面

图1.26 安装中文汉化包的步骤

图1.27 单击重启IDE的按钮

图1.28　汉化版的欢迎界面

图1.28中展示了汉化后的启动界面，即将图1.25中的英文翻译成了中文。

1.5.3　创建项目

在图1.28所示的启动界面左侧选择"项目"选项，出现"新建项目""打开""从VCS获取"等3个选项。单击"新建项目"选项，进入初始化项目的界面，配置项目的基本信息并创建一个新项目，如图1.29所示。

图1.29　创建新项目的步骤

由图1.29可知，设置项目的名称为code，位置为D:\Python，同时勾选了"创建欢迎脚本"选项，并配置了Python解释器的版本为Python 3.12.4。

单击"创建"按钮后，会弹出PyCharm的项目界面，如图1.30所示。

图1.30 PyCharm的项目界面

由图1.30可知,在PyCharm项目界面的左侧展示了项目的相关文件,右侧展示了main.py脚本中的代码。

1.5.4 运行代码

在PyCharm的项目界面中,创建了一个main.py脚本,可以单击界面右上角的"运行"按钮 ▶ 运行该脚本中的代码,如图1.31所示。

图1.31 运行main.py脚本的方式

运行代码后,会在PyCharm项目界面的左下方弹出一个"运行"区域,在该区域中展示代码的运行效果。main.py脚本的代码运行效果如图1.32所示。

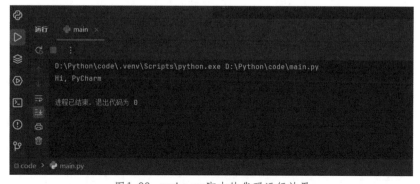

图1.32 main.py脚本的代码运行效果

如果出现图1.32所示的运行效果，即"运行"区域中出现"Hi,PyCharm"字样，则说明脚本main.py中的代码运行成功。

1.6　编写你的第一行代码

运行PyCharm并打开1.5.3小节创建的code项目，删除main.py文件中的所有代码，输入以下代码并单击左上角的"运行"按钮。

```python
print("我爱Python！")
```

随后在PyCharm的"运行"窗口中会输出图1.33所示的"我爱Python！"字样。

图1.33　含"我爱Python！"字样的运行窗口

1.7　本章小结

在本章中，首先介绍了Python的基础知识，然后下载安装Python并配置了PyCharm的开发环境，最后尝试编写并运行了一行简单的Python代码。通过本章的学习，读者可以了解Python编程语言的基本知识，掌握Python编程环境的下载安装步骤，熟悉PyCharm集成开发环境的使用方法，为后续深入学习Python编程语言打下坚实的基础。

第2章

认识 Python 的基础语法

　　第1章中配置了Python的编程环境，并编写了一行Python代码。本章将从编程基础、数据结构、选择与循环结构、基本函数等4个方面介绍Python的基础语法，其中包含17个有趣的小案例。通过本章的学习，读者能充分领略Python的魅力，激发学习Python的兴趣，为今后的学习打下基础。

2.1 编程基础

本节将带着读者领略Python编程语言的魅力，探索神奇的输入与输出、变量与常量、数据类型以及运算符。我们将编写代码实现记录朋友的信息、模拟鹦鹉学舌的效果、查看学生的成绩(数据结构)，以及计算数学表达式的值等4个有趣的案例。通过本节的学习，读者可以深入理解并掌握Python编程语言的基础知识。

2.1.1 案例01：记录朋友的信息(输出)

1. 案例背景

最近我结识了一些新朋友，但是由于我的记忆力不是很好，因此想将他们的信息记录下来，以便随时查看和记忆。朋友们的基本信息见表2.1。

表2.1 朋友们的基本信息

姓 名	年 龄
小红	18
小黑	15
小王	16
小陈	17
小刘	17
小李	22
小晴	30
小天	25
小金	21

2. 知识准备

在Python编程语言中，可以使用字符串、输出函数和注释等技术记录朋友们的信息。

(1) 字符串。

Python中的字符串是一种基本的数据类型，用于表示文本信息。字符串是一个由零个或多个字符组成的有序序列，如果创建了字符串对象，就不能再直接修改其内容。在字符串中可以包含字母、数字、标点以及特殊符号等字符，通常使用单引号(')、双引号(")以及三引号('''或""")来定义字符串。

在创建字符串时，单引号和双引号的作用相同，都可用于定义单行字符串。例如，下面的代码定义了一个内容为"我是一个字符串"的字符串。

```
"我是一个字符串"
```

三引号通常用于创建多行字符串，同时还可以作为文档字符串来记录函数、模块或类的说明。例如，下面的代码定义了一个3行字符串。

```
"""
这是第1行字符串
这是第2行字符串
这是第3行字符串
"""
```

注：在2.2.5小节中会详细介绍字符串的知识。

(2) print()函数。

Python的print()函数通常用于将指定的信息输出到控制台或命令行等界面中。该函数不仅能够输出固定的文本内容，还可以自动转换并显示变量的值，甚至能够实现复杂内容的格式化输出，大大提高了开发者编写代码和调试程序的效率。

例如，下面的代码可以输出字符串"我是一个字符串"。

```
print("我是一个字符串")
```

(3) 注释。

Python的注释是指为了提高代码可读性而添加的文字说明，并且不会被Python解释器编译执行。添加注释的目的是阐述代码逻辑、功能、用途以及注意事项等信息，有助于用户理解和维护代码。

在Python的代码中，可以通过在文本前添加井号（#）实现单行注释。例如，在下面代码的右边添加一行注释，简单说明该行代码的作用。

```
print("我是一个字符串")          # 运行这行代码可以输出字符串"我是一个字符串"
```

对于多行注释，可以通过3个单引号（'''）或3个双引号（"""）包裹实现。例如，可以像下面的代码一样，在代码的上面添加多行注释，简单说明该代码的作用。

```
"""
运行下面的代码，
可以输出字符串"我是一个字符串"
"""
print("我是一个字符串")
```

3. 编写代码

下面尝试编写代码记录朋友的信息，在PyCharm的控制台中输出朋友们的基本信息。代码保存在2.1文件夹下的friends.py文件中，代码如下。

```
1.    print("姓名:小红，年龄:18")                                    # 直接输出小红的基本信息
2.    print("姓名:小黑，年龄:15", "姓名:小王，年龄:16")              # 输出多个朋友的信息
3.    print("姓名:小陈，年龄:17", "姓名:小刘，年龄:17", sep=";")    # 指定分隔符为";"
```

```
4.    print("姓名:小李, ", end="")              # 将结束符设置为空字符串
5.    print("年龄:22")                          # 在结束符后输出小李的年龄信息
6.    print("姓名:%s, 年龄:%d" % ('小晴', 30))   # 使用符号%格式化输出小晴的信息
7.    print("姓名:{}, 年龄:{}".format('小天', 25)) # 使用format方法格式化信息
8.    print(f"姓名:{'小金'}, 年龄:{21}")          # 使用f-string格式化输出小金的信息
```

①代码的第2行使用print()函数接收多个参数，同时输出多个字符串的值。在这里一次性输出了两位朋友的信息，即"姓名：小黑，年龄:15"和"姓名：小王，年龄:16"。在默认情况下，输出的多个字符串之间通过空格分隔。

②在输出多个字符串时，可以通过sep参数自定义分隔符。

③使用end参数修改字符串的结束符。通常情况下，默认结束符为\n，即每条print语句结束后会自动换行。在代码的第4行将结束符设置为空字符串，所以，"姓名：小李，"和"年龄:22"两个字符串会在同一行输出。

④符号百分号（%）用于格式化字符串，其中%s代表字符串类型。%d代表整数类型。例如，代码第6行的"姓名:%s, 年龄:%d" % ('小晴', 30)表示字符串"姓名：小晴，年龄:30"。

⑤方法format()用于格式化字符串。该方法采用大括号（"{}"）作为占位符，通过传入参数的顺序依次填充占位符。例如，代码第7行的"姓名:{}, 年龄:{}".format('小天', 25)表示字符串"姓名：小天，年龄:25"。

⑥方法f-string也可以格式化字符串。

运行代码后，会在控制台中输出朋友们的基本信息，代码的运行效果如下。

```
姓名:小红, 年龄:18
姓名:小黑, 年龄:15 姓名:小王, 年龄:16
姓名:小陈, 年龄:17;姓名:小刘, 年龄:17
姓名:小李, 年龄:22
姓名:小晴, 年龄:30
姓名:小天, 年龄:25
姓名:小金, 年龄:21
```

👉 指点迷津 ┈┈┈

\n 是一个转义序列，在字符串中，它表示一个换行符，用于在文本中创建新的行。

4. 课堂小结

Python的字符串是不可变的，通常使用单引号（'）或双引号（''）定义单行字符串，三引号（'''）可以定义多行字符串;Python的print()函数默认在输出结尾添加换行符，可以通过参数sep自定义文本分隔符，参数end自定义文本结束符;Python的注释要清晰简洁，单行注释用井号（#），多行注释用3个单引号（'''）或双引号（"""），注意保持注释与代码的同步，避免产生信息误导。

5. 课后练习

下面尝试编写代码，在PyCharm的控制台中输出字符串"I Love Python!"。代码保存在2.1文件夹下的test01.py文件中。

2.1.2 案例02：模拟鹦鹉学舌的效果（输入）

1. 案例背景

就像鹦鹉能模仿人类说话一样，Python程序也可以模仿人类说话。

2. 知识准备

在Python编程语言中，可以使用变量、常量、输入/输出函数让计算机模仿人类说话。

（1）变量。

Python的变量是存储数据的基本容器，它可以将各种类型的数据赋值到一个名称上。定义变量时无须声明类型，Python会自动推导变量的类型，并且在程序执行的过程中，可以随时更改变量的值。变量名需要遵循以下规则。

- 变量名不能以数字开头。
- 变量名只能由字母、数字和下划线组成。
- 变量名不能与Python的关键字相同。
- 变量名中不能包含空格或其他非字母、数字或下划线的特殊字符。

例如，以下代码可以声明并初始化一个名为age的变量，并将25赋值给变量age。

```
age = 25
```

（2）常量。

Python编程语言没有严格意义上的常量声明机制，可以通过约定的方式来模拟常量。Python的常量是指在程序执行过程中不会发生改变的值，为了强调其不可变性，通常使用大写字母定义常量，并使用下划线连接各单词。例如，以下代码声明并初始化了两个常量。

```
PI = 3.14159
MAX_PRICE = 1000
```

（3）input()函数。

Python的input()函数通常用于获取用户的键盘输入并返回一个字符串。例如，以下代码可以在控制台中获取用户的输入，并输出用户输入的内容。

```
print(input())
```

3. 编写代码

尝试编写代码，在控制台中模拟鹦鹉学舌的效果，即"我说"一句话，计算机会重复我说的话。代码保存在2.1文件夹下的copy.py文件中，代码如下。

```
1.      a = input("我说:")
2.      print("计算机说:{}".format(a))
3.      a = input("我说:")
4.      print("计算机说:%s" % a)
5.      a, b = input("我说:").split(' ')
6.      print("计算机说:{} {}".format(a, b))
7.      ME = "我说:"
8.      JSJ = "计算机说:"
9.      a = input(ME)
10.     print(JSJ, a)
```

①代码的第1行使用input()函数获取用户第1次输入的内容，并将其赋值给变量a。

②代码的第2行使用print()函数结合format()方法，将变量a的值插入字符串中，并在控制台中输出。

③代码的第3行使用input()函数获取用户第2次输入的内容，并将其赋值给变量a。此时变量a会修改为用户第2次输入的内容。

④代码的第4行使用print()函数结合%符号，将变量a的值插入字符串中并输出。

⑤代码的第5行使用input()函数获取用户第3次输入的内容，并结合split()方法将输入的字符串按空格分割成两个部分，分别赋值给变量a和b。此时变量a会修改为用户第3次输入的内容。

⑥代码的第6行使用print()函数结合format()方法格式化字符串，在控制台中输出变量a和b的值。

⑦定义常量保存代码中一直不会改变的元素。例如，代码的第7和第8行分别定义了"我说:"和"计算机说:"等一直重复的字符串常量。

⑧代码的第9行使用input()函数获取用户第4次输入的内容，并将其赋值给变量a。

⑨代码的第10行使用print()函数将常量JSJ和变量a的值输出到控制台中。

运行代码后，会在控制台中模拟鹦鹉学舌的效果，代码的运行效果如下。

```
我说:a
计算机说:a
我说:b
计算机说:b
我说:c
计算机说: c
我说:d e
计算机说:d e
我说:f
计算机说:f
```

4. 课堂小结

在为Python的变量命名时，需要遵循驼峰式命名风格，要区分大小写，不以数字开头，避免使用保留字，以及注意变量名的可读性等规则；在为Python的常量命名时，需要遵循全大写字母，用下划线（＿）分隔单词等规则，虽然没有强制约束，但是应该将常量作为不可变的值；Python的input()函数用于接收用户输入，默认为字符串类型。

5. 课后练习

尝试编写代码并实现功能：当用户在控制台中输入"这是一句文本"后，程序会输出"这是一句文本"。代码保存在2.1文件夹下的test02.py文件中。

2.1.3 案例03：查看学生的期中成绩（数据结构）

1. 案例背景

最近刚刚结束期中考试，班主任想查看学生的期中成绩并将其录入电脑中。学生的成绩信息见表2.2。

表2.2 学生的成绩信息

姓　名	年　龄	成　绩	是否合格
小王	18	96.5	True
小白	17	89.5	True
小红	17	59.5	False
小黑	18	55.5	False
小九	18	78.0	True

2. 知识准备

在Python编程语言中，用户可以使用基本的数据类型配合print()函数查看学生的成绩。

(1) 关键字。

Python的关键字是一组预定义的、具有特殊含义和用途的保留词，它们在Python语法中有固定的用途和功能，不能作为变量名或其他标识符使用。Python的关键字构成了语言的基本结构，确保了代码的一致性和可预见性，是编写Python代码的核心元素。用户可以运行下面的代码查看Python中的所有关键字。

```
import keyword
print(keyword.kwlist)
```

代码的运行效果如下。

```
['False', 'None', 'True', 'and', 'as', 'assert', 'async', 'await',
'break', 'class', 'continue', 'def', 'del', 'elif', 'else', 'except',
'finally', 'for', 'from', 'global', 'if', 'import', 'in', 'is', 'lambda',
'nonlocal', 'not', 'or', 'pass', 'raise', 'return', 'try', 'while',
'with', 'yield']
```

以上是Python中的所有关键字，本例只需要用到关键字True和False。

(2) 数据类型。

在案例01中，我们简单学习了字符串，它是Python的一种数据类型。除了字符串以外，还有以下几个基本的数据类型。

1) 整数型（int）。

Python的整数型是一种基本的数据类型，用于表示没有小数部分的任意整数。Python的整数类型含有正整数、零以及负整数，并且是不可变类型。此外，用户可以使用二进制、八进制、十进制和十六进制等多种进制表示整数，配合丰富的算术运算符和内置函数进行数值计算和操作。例如，以下代码可以定义一个变量a，其值为整数8。

```python
a = int(8)
```

2) 浮点数型（float）。

Python的浮点数型是一种基本的数值数据类型，用于表示带有小数部分的实数。Python的浮点数可以用小数点表示，如3.14和2.0，也可采用科学计数法，如1.23e−4代表0.000123。Python仅有float这一种浮点数型，单精度浮点数占4个字节，双精度浮点数占8个字节。例如，以下代码定义了一个变量b，其值为浮点数1.1。

```python
b = float(1.1)
```

3) 复数型（complex）。

Python的复数型是一种内置的数据类型，用于表示包含实部和虚部的复数。复数的表示形式通常为x+yj，即在实部后面紧跟一个j或J来表示虚部。例如，3 + 4j就是一个复数，其中3是实部，4是虚部。在Python中，可以通过complex()函数创建复数，也可以通过形如"a + bj"的表达式创建复数。例如，以下代码定义了一个变量c，其值为复数3+4j。

```python
c = 3+4j
```

4) 布尔型（bool）。

Python的布尔型是一种基本的数据类型，用于表示逻辑上的真假状态，并且只有True和False两种可能的取值。这两个值不仅代表逻辑上的真和假，而且分别对应整数1和0，因此，布尔型数据在条件判断、循环控制、逻辑表达等需要进行真假检验的场景中扮演着重要的角色。例如，以下代码定义了一个变量d，其值为布尔值True。

```python
d = True
```

3. 编写代码

尝试编写代码，在控制台中输出学生的成绩信息。代码保存在2.1文件夹下的students.py文件中，代码如下。

```python
1.    print("姓名 年龄 成绩 是否合格")
2.    print("小王", 18, 96.5, True)
3.    print(str("小白"), int(17), float(89.5), bool(1))
```

```
4.      print('小红', 17, 59.5, False)
5.      print("""小黑 18 55.5 False
6.      小九 18 78.0 True""")
```

①代码的第1行用于说明接下来要展示的各项内容。

②在代码的第2行中，直接输出了学生"小王"的成绩信息，其中年龄是整数18，成绩是浮点数96.5，是否合格为布尔值True。在这里，print()函数会自动将不同类型的数据转换为字符串并拼接输出。

③为了明确表示类型转换的过程，可以使用相应的内置函数进行显式转换。例如在代码的第3行中，使用str()函数可以将数值转换为字符串，int()函数可以将数值转换为整数，float()函数可以将数值转换为浮点数，bool()函数可以将整数1转换为布尔值True。

④代码的第4行与第2行类似，唯一的区别是使用了单引号来定义字符串。

⑤使用三引号（"""）可以定义一段多行字符串。例如，在代码的第5和第6行中，使用三引号定义了两个学生的详细信息。

运行代码后会在控制台中输出学生的成绩信息，代码的运行效果如下。

```
姓名 年龄 成绩 是否合格
小王 18 96.5 True
小白 17 89.5 True
小红 17 59.5 False
小黑 18 55.5 False
小九 18 78.0 True
```

4. 课堂小结

Python的关键字具有特殊用途，必须全部小写，且不可作为变量名、函数名和类名，避免与内置模块名冲突；Python的数据类型非常丰富，在转换数据类型时需要确认转换值的兼容性，注意区分整数型与浮点数型，了解每种类型的特性和限制。需要注意的是，布尔型的数据只有True和False，True表示真值，False表示假值。

5. 课后练习

尝试编写代码，在控制台中输出表2.3所示的班级信息。代码保存在2.1文件夹下的test03.py文件中。

表2.3 班级信息

班 级	平均分	是否合格
一班	81.2	True
二班	65.0	True
三班	58.8	False
四班	85.3	True

2.1.4　案例04：计算数学表达式的值(运算符)

1. 案例背景

在数学课上，老师布置了几道复杂的数学算术题，并规定学生在五分钟内计算出正确答案。数学算术题如下。

① 98765.4321 + 1234567.89。

② 9876543.21 − 12345.6789。

③ (保留2位小数) 1234.56 × 78.9。

④ (保留2位小数) 1234.56 ÷ 78.9。

⑤ 123456 % 6789。

⑥ 3^33 (符号^表示幂运算，即求3的33次方)。

2. 知识准备

在Python编程语言中，可以使用运算符计算数学表达式的值。

Python的运算符是用来操作变量、常量以及表达式的符号，分为算术运算符、比较运算符、逻辑运算符、位运算符、赋值运算符、成员运算符以及身份运算符等7种类型。这些运算符简洁有效地表达了复杂的计算和逻辑关系。Python的算术运算符见表2.4。

表2.4　Python 的算术运算符

运算符	说　明
+	加法，用于数值相加或字符串连接
−	减法，用于数值相减
*	乘法，用于数值相乘或字符串重复
/	浮点除法，用于计算数值相除的精确结果
//	整数除法，用于计算数值相除的整数部分
%	取模运算，用于计算数值相除的余数
**	幂运算，用于计算左侧数值的右侧数值次幂

Python的比较运算符见表2.5。

表2.5　Python 的比较运算符

运算符	说　明
==	等于，用于判断两个对象的值是否相等
!=	不等于，用于判断两个对象的值是否不相等
>	大于，用于判断左边对象的值是否大于右边对象的值
<	小于，用于判断左边对象的值是否小于右边对象的值
>=	大于或等于，用于判断左边对象的值是否大于或等于右边对象的值
<=	小于或等于，用于判断左边对象的值是否小于或等于右边对象的值

Python的逻辑运算符见表2.6。

表2.6 Python 的逻辑运算符

运算符	说　明
and	逻辑与，两边的条件都为 True 时结果为 True，否则为 False
or	逻辑或，两边至少有一个条件为 True 时结果为 True，否则为 False
not	逻辑非，对单个条件进行否定，True 变 False，False 变 True

Python的位运算符见表2.7。

表2.7 Python 的位运算符

运算符	说　明
&	按位与，对应位都是 1 则结果为 1，否则为 0
|	按位或，对应位中有 1 则结果为 1，否则为 0
^	按位异或，对应位不同则结果为 1，相同则为 0
~	按位取反，对一个数的所有位进行翻转，0 变为 1，1 变为 0
<<	左移，将数值的所有位向左移动指定次数，空出的位补 0
>>	右移，将数值的所有位向右移动指定次数，正数补 0，负数补 1

Python的赋值运算符见表2.8。

表2.8 Python 的赋值运算符

运算符	说　明
=	简单赋值，将右侧表达式的值赋给左侧变量
+=	加法赋值，将左侧变量增加右侧表达式的值后重新赋值给自身
-=	减法赋值，将左侧变量减少右侧表达式的值后重新赋值给自身
*=	乘法赋值，将左侧变量与右侧表达式相乘后的结果赋值给自身
/=	除法赋值，将左侧变量除以右侧表达式后的结果赋值给自身
//=	整除赋值，将左侧变量对右侧表达式做整法除法运算后的结果赋值给自身
%=	取模赋值，将左侧变量对右侧表达式取模后的结果赋值给自身
**=	幂赋值，将左侧变量的值与右侧表达式的值进行幂运算，将结果赋值给自身
:=	嵌套赋值，在表达式内部为变量赋值的同时返回该变量的值

Python的成员运算符见表2.9。

表2.9 Python 的成员运算符

运算符	说　明
in	判断某个元素是否在指定的序列如列表、元组、字符串或集合中，如果在则返回 True，否则返回 False
not in	判断某个元素是否不在指定的序列中，如果不在则返回 True，否则返回 False

Python的身份运算符见表2.10。

表 2.10　Python 的身份运算符

运算符	说　明
is	判断两个对象是否指向内存中的同一块区域，即是否是同一个对象，如果是则返回 True，否则返回 False
is not	判断两个对象是否指向内存中的不同区域，即是否不是同一个对象，如果是则返回 True，否则返回 False

3. 编写代码

尝试编写代码，计算数学表达式的值。代码保存在2.1文件夹下的math.py文件中，代码如下。

```
1.    a = 98765.4321 + 1234567.89
2.    b = 9876543.21 - 12345.6789
3.    c = 1234.56 * 78.9
4.    d = 1234.56 / 78.9
5.    e = 123456 % 6789
6.    f = 3 ** 33
7.    print("98765.4321 + 1234567.89 =", a)
8.    print("9876543.21 - 12345.6789 = ", b)
9.    print("1234.56 × 78.9 = %.2f" % c)
10.   print("1234.56 ÷ 78.9 = {:.2f}".format(d))
11.   print(f"123456 % 6789 = {e}")
12.   print("3^33 =", f)
```

①代码第1~6行定义了a、b、c、d、e、f等6个变量，用于保存每个表达式的结果。

②在代码的第7行中，直接将加法运算的值输出到控制台中。

③在代码的第8行中，直接将减法运算的值输出到控制台中。

④在代码的第9行中，使用百分号(%)格式化乘法运算的值并保留2位小数。

⑤在代码的第10行中，使用format()方法格式化除法运算的值并保留2位小数。

⑥在代码的第11行中，使用f-string方法格式化输出取模运算的值。

⑦在代码的第12行中，直接将幂运算的值输出到控制台中。

运行代码后会输出每个数学表达式及其计算结果，代码的运行效果如下。

```
98765.4321  + 1234567.89 = 1333333.3221
9876543.21  - 12345.6789 =  9864197.531100001
1234.56  × 78.9 = 97406.78
1234.56  ÷ 78.9 = 15.65
123456 % 6789 = 1254
3^33 = 5559060566555523
```

4. 课堂小结

使用Python的运算符时，要注意单斜杠（/）与双斜杠（//）的区别，关键字is与双等号（==）的差异，同时需要留意运算符的优先级。

5. 课后练习

尝试编写代码，输出以下数学表达式的值。代码保存在2.1文件夹下的test04.py文件中。

① 59595.95 + 66666.66。

② 1234.56789 – 987.654321。

③（保留2位小数）9876.5 × 432.1。

④（保留2位小数）123456.789 ÷ 987.654321。

⑤ 654321 % 789。

⑥ 4^22。

2.1.5 小结

本节主要阐述了Python编程语言的输入/输出、变量与常量、数据类型及运算符等基础知识，有助于初学者掌握Python编程语言的基本语法。

2.2 数据结构

本节将阐述Python编程语言中的5个基本数据结构，即列表、元组、字典、集合、字符串。我们将编写代码实现书籍借阅记录的管理、超市商品信息的记录、美味佳肴的制作流程、家长会名单的统计以及英文歌曲的创作。通过本节的学习，读者可以深入地理解Python数据结构的特性和应用，提升编程能力和解决问题的效率。

2.2.1 案例05：管理书籍借阅记录（列表）

1. 案例背景

因为每天都有很多读者从图书馆借书和还书，所以导致书籍的借阅记录非常庞大。图书馆中现有的Python书籍如下。

《Python趣味编程》《Python编程基础》《青少年Python编程》《美丽的Python》

以下是对Python书籍的一些操作记录。

① 有人查看了图书馆中可借阅的Python书籍。

② 有人查看了第2~4本可借阅的书籍。

③ 第3本书籍被借走了。

④ 有人还了《Python趣味编程》《Python编程基础》《美丽的Python》等书籍。

⑤图书馆新增了《玩转Python》《零基础学编程》等书籍。

⑥有人借走了一本《Python趣味编程》书籍。

⑦最后一本书籍丢失了。

⑧书籍的顺序有点乱，管理员给书籍排了个序。

⑨管理员将图书的顺序反转了一下。

⑩管理员查看了书籍《Python编程基础》的数量。

⑪管理员查看了图书馆中是否还有《玩转Python》书籍。

2. 知识准备

Python编程语言可以使用列表来存储所有图书的名称，通过调用列表的基本方法，实现增加图书信息、查询图书信息、删除图书信息、统计图书数量以及给图书排序等功能，从而满足图书馆的基本需求。

Python的列表(List)是一种可变的数据结构，也是Python内置的序列容器，通常使用中括号([])创建列表，并使用逗号(,)分隔列表中的每个元素。列表中的元素可以是整数型、浮点数型、字符串型等数据类型，也可以是用户自定义的对象。例如，以下代码创建了一个包含整数1~9的列表，并赋值给变量lst。

```
lst = [1, 2, 3, 4, 5, 6, 7, 8, 9]
```

在列表中，可以使用索引随机访问元素，列表的索引从0开始，也可以通过切片操作来获取列表的子序列。列表含有丰富的方法，用于实现添加、删除、替换、合并、分割、排序以及反转等操作。列表的常用方法见表2.11。

表2.11　列表的常用方法

方　法	说　明
list()	创建一个列表
List.append()	向列表的末尾添加一个元素
List.extend()	将可迭代对象的所有元素添加到列表的末尾
List.insert()	在列表的指定索引位置插入元素
List.remove()	从列表中移除首次出现的指定值
List.pop()	删除并返回列表中指定索引的元素，默认为最后一个元素
List.index()	返回列表中第一个匹配指定值的元素索引
List.count()	返回列表中指定值出现的次数
List.sort()	将列表原地排序，默认按升序排序
List.reverse()	反转列表中元素的排列顺序
List.copy()	返回列表的一个浅复制副本
list.clear()	清空列表中的所有元素，使其变为空列表

注：表2.11中的List表示列表对象。

3. 编写代码

尝试编写代码，使用列表管理书籍的借阅记录，输出每次操作书籍后，图书馆剩余的可借阅书籍。代码保存在2.2文件夹下的books.py文件中，代码如下。

```
1.    books = ["《Python趣味编程》", "《Python编程基础》", "《青少年Python编程》",
      "《美丽的Python》"]
2.    print("图书馆中可借阅的Python书籍如下: \n", books)
3.    print("第2~4本可借阅的书籍如下:\n", books[1:4])
4.    del books[2]
5.    print("第3本书被借走了，可借阅的书籍如下:\n", books)
6.    books = books * 2
7.    print("有人还了《Python趣味编程》《Python编程基础》《美丽的Python》，可借阅的书籍
      如下:\n", books)
8.    books.append("《玩转Python》")
9.    books.insert(0, "《零基础学编程》")
10.   print("图书馆新增了《玩转Python》《零基础学编程》等书，此时可借阅的书籍如下:\n", books)
11.   books.remove("《Python趣味编程》")
12.   print("有人借走了一本《Python趣味编程》，此时可借阅的书籍如下:\n", books)
13.   books.pop(-1)
14.   print("最后一本书丢了，将其从可借阅的书籍中删除后，可借阅的书籍如下:\n", books)
15.   books.sort()
16.   print("书籍的顺序有点乱，给书籍排个序，排序后可借阅的书籍如下:\n", books)
17.   books.reverse()
18.   print("将图书的顺序倒置，倒置后可借阅的书籍如下:\n", books)
19.   print("查看书籍《Python编程基础》的数量:", books.count("《Python编程基础》"))
20.   print("查看图书馆中是否还有《玩转Python》书籍:", "《玩转Python》" in books)
```

①代码的第1、2行创建了一个包含4本Python书籍的列表books。

②代码的第3行使用切片操作输出了列表索引1~列表索引3的元素，即第2~4本书籍。

③代码的第4、5行使用del语句删除了列表中索引为2的元素，即第3本书籍。

④代码的第6、7行使用乘法运算符将books列表复制两次，使得列表中的书籍翻倍。

⑤代码的第8行使用append()方法在books列表末尾添加了书籍《玩转Python》。

⑥代码的第9、10行使用insert()方法在books列表开头插入了书籍《零基础学编程》。

⑦代码的第11、12行使用remove()方法从books列表中删除了书籍《Python趣味编程》。

⑧代码的第13、14行使用pop()方法删除并返回了books列表的最后一个元素。

⑨代码的第15、16行使用sort()方法对books列表排序，使书籍名称按字母顺序排列。

⑩代码的第17、18行使用reverse()方法将books列表反转，使其变为降序排列。

⑪代码的第19行使用count()方法统计books列表中《Python编程基础》出现的次数。

⑫代码的第20行使用关键字in判断书籍《玩转Python》是否在当前的books列表中。

运行代码后会输出书籍的借阅信息，代码的运行效果如下。

图书馆中可借阅的Python书籍如下：
　['《Python趣味编程》', '《Python编程基础》', '《青少年Python编程》', '《美丽的Python》']
第2~4本可借阅的书籍如下：
　['《Python编程基础》', '《青少年Python编程》', '《美丽的Python》']
第3本书被借走了，可借阅的书籍如下：
　['《Python趣味编程》', '《Python编程基础》', '《美丽的Python》']
有人还了《Python趣味编程》《Python编程基础》《美丽的Python》，可借阅的书籍如下：
　['《Python趣味编程》', '《Python编程基础》', '《美丽的Python》', '《Python趣味编程》', '《Python编程基础》', '《美丽的Python》']
图书馆新增了《玩转Python》《零基础学编程》等书，此时可借阅的书籍如下：
　['《零基础学编程》', '《Python趣味编程》', '《Python编程基础》', '《美丽的Python》','《Python趣味编程》','《Python编程基础》','《美丽的Python》','《玩转Python》']
有人借走了一本《Python趣味编程》，此时可借阅的书籍如下：
　['《零基础学编程》', '《Python编程基础》', '《美丽的Python》', '《Python趣味编程》', '《Python编程基础》', '《美丽的Python》', '《玩转Python》']
最后一本书丢了，将其从可借阅的书籍中删除后，可借阅的书籍如下：
　['《零基础学编程》', '《Python编程基础》', '《美丽的Python》', '《Python趣味编程》', '《Python编程基础》', '《美丽的Python》']
书籍的顺序有点乱，给书籍排个序，排序后可借阅的书籍如下：
　['《Python编程基础》', '《Python编程基础》', '《Python趣味编程》', '《美丽的Python》', '《美丽的Python》', '《零基础学编程》']
将图书的顺序倒置，倒置后可借阅的书籍如下：
　['《零基础学编程》', '《美丽的Python》', '《美丽的Python》', '《Python趣味编程》', '《Python编程基础》', '《Python编程基础》']
查看书籍《Python编程基础》的数量：2
查看图书馆中是否还有《玩转Python》书籍：False

4. 课堂小结

在使用列表时，需要注意列表是可变序列，索引从0开始，支持元素的增删改查操作。虽然初学者常常在此处感到困惑，但是正确理解和应用这些特性，能够有效地避免程序中出现错误，提升代码的可读性和可维护性。

5. 课后练习

尝试编写代码，用列表实现下面的需求。代码保存在2.2文件夹下的test01.py文件中。
①创建一个列表，并命名为books。
②在列表中插入Hello World、Hello Python、Python等书籍。
③在Hello World书籍前面插入一本Hello书籍。
④删除最后的Python书籍。
⑤查看books列表中书籍的数量。
⑥查看books列表中的第2本书籍。

2.2.2 案例06：记录超市的商品（元组）

1. 案例背景

在日常生活中，超市中的每件商品都有一个固定的价格。常见的商品及其价格见表2.12。

表2.12 常见的商品及其价格

商　品	价格／元
农夫山泉矿泉水	1.8
怡宝矿泉水	1.8
可口可乐饮料	2.5
雪碧饮料	3.0
加多宝饮料	4.0
乐动力运动饮料	5.0
红牛功能饮料	6.5

2. 知识准备

在Python编程语言中，可以使用元组来存放超市中的商品及其价格。

Python的元组（Tuple）是一种有序且不可变的序列数据结构，通常使用小括号（()）创建元组。与列表相似，元组中的元素也可以是任意类型的Python对象；但是与列表不同的是，元组在创建后无法被修改。例如，以下代码创建了一个含有整数10~19的元组，并赋值给变量tup。

```
tup = (10, 11, 12, 13, 14, 15, 16, 17, 18, 19)
```

元组支持索引、切片和比较等操作。元组的常用方法见表2.13。

表2.13 元组的常用方法

方　法	说　明
tuple()	创建一个元组
Tuple.index()	返回元组中第一次出现指定元素的索引
Tuple.count()	返回元组中指定元素出现的次数

注：表2.13中的Tuple表示元组对象。

3. 编写代码

尝试编写代码，使用元组记录超市中常见的商品及其价格。代码保存在2.2文件夹下的shop.py文件中，代码如下。

```
1.    water1 = ("农夫山泉矿泉水", 1.8)
2.    water2 = ("怡宝矿泉水", 1.8)
3.    drink1 = ("可口可乐饮料", 2.5)
4.    drink2 = ("雪碧饮料", 3.0)
5.    drink3 = ("加多宝饮料", 4.0)
```

```
6.      drink4 = ("乐动力运动饮料", 5.0)
7.      drink5 = ("红牛功能饮料", 6.5)
8.      waters = (water1, water2)
9.      print("超市的矿泉水有:", waters)
10.     drinks = (drink1, drink2, drink3, drink4, drink5)
11.     print("超市的饮料有:", drinks)
12.     shop = waters + drinks
13.     print("超市里的商品有:", shop)
14.     print("超市里第3个商品是:", shop[2])
15.     print("超市里第2~4个商品是:", shop[1:4])
```

①代码的第1、2行定义了water1和water2两个元组，格式为(商品名称,商品价格)。

②代码的第3~7行定义了drink1、drink2、drink3、drink4、drink5等5个元组，包含5种饮料的信息，格式同样为(商品名称,商品价格)。

③代码的第8、9行定义了一个二维元组，存放元组water1和water2的商品信息。

④代码的第10、11行同样定义了一个二维的饮料元组，存放drink1、drink2、drink3、drink4、drink5等饮料的信息。

⑤代码的第12、13行使用加号将waters和drinks两个二维元组拼接起来，生成了一个新的包含7种商品信息的元组shop。

⑥代码的第14行使用索引操作，获取了超市里第3个商品的信息。

⑦代码的第15行使用切片操作，获取了超市里第2~4个商品的信息。

运行代码后会输出超市中商品的信息，代码的运行效果如下。

```
超市的矿泉水有: (('农夫山泉矿泉水', 1.8), ('怡宝矿泉水', 1.8))
超市的饮料有: (('可口可乐饮料', 2.5), ('雪碧饮料', 3.0), ('加多宝饮料', 4.0), ('乐动
力运动饮料', 5.0), ('红牛功能饮料', 6.5))
超市里的商品有: (('农夫山泉矿泉水', 1.8), ('怡宝矿泉水', 1.8), ('可口可乐饮料', 2.5),
('雪碧饮料', 3.0), ('加多宝饮料', 4.0), ('乐动力运动饮料', 5.0), ('红牛功能饮料', 6.5))
超市里第3个商品是: ('可口可乐饮料', 2.5)
超市里第2~4个商品是: (('怡宝矿泉水', 1.8), ('可口可乐饮料', 2.5), ('雪碧饮料', 3.0))
```

4. 课堂小结

Python中的元组为不可变序列，在使用元组时，需要注意定义后的元组元素不可更改。元组适合存储固定数据，有利于提高代码的安全性。

5. 课后练习

尝试编写代码，用元组实现下面的需求。代码保存在2.2文件夹下的test02.py文件中。

①初始化一个含有数字1~9的元组num。

②查看元组中的第5个数字。

③查看元组中的第3~6个数字。

④查看数字8的索引。

2.2.3 案例07：制作美味的佳肴（字典）

1. 案例背景

生活中有许多美味的佳肴，我最喜欢番茄炒蛋和宫保鸡丁。

制作番茄炒蛋的主要方法如下。

● 主要材料：鸡蛋、番茄等。

● 调味料：盐、糖、食用油等。

● 制作步骤：鸡蛋打入碗中打散，番茄切块；锅中热油，倒入鸡蛋液，待凝固后炒散盛出；锅中余油炒番茄，加入少许糖提鲜；待番茄炒软出汁后，加入炒好的鸡蛋，加盐调味，翻炒均匀即可。

制作宫保鸡丁的主要方法如下。

● 主要材料：鸡胸肉、花生米、干辣椒、葱、姜、蒜等。

● 调味料：酱油、料酒、白糖、醋、盐、淀粉等。

● 制作步骤：鸡胸肉切丁，用酱油、料酒、淀粉腌制15分钟；干辣椒剪成小段，葱、姜、蒜切片备用；热锅凉油炒辣椒，再加入葱、姜、蒜炒出香味；倒入鸡丁翻炒至变色，加入适量酱油、白糖；快速炒匀后加点醋，撒上花生米，加盐调味，翻炒均匀即可。

2. 知识准备

Python编程语言可以使用字典存放番茄炒蛋和宫保鸡丁的制作方法。

Python中的字典（Dict）是一种由键值对组成的数据结构，采用哈希表实现，并且可以通过唯一的键来访问对应的值。通常使用大括号（{}）创建字典，并且键值对之间用逗号分隔，键和值之间用冒号分隔。例如，以下代码创建了一个简单的字典并赋值给变量dct。

```
dct = {"hello":1, "world":2}
```

字典中的键必须是不可变类型，如整数、浮点数、字符串、元组等，而值可以是任意类型的Python对象。字典拥有查找、更新、删除、添加、合并等丰富的内置方法。字典的常用方法见表2.14。

表2.14　字典的常用方法

方　　法	说　　明
dict()	创建一个字典
Dict.get()	获取字典中与键关联的值，如果键不存在，则返回 None
Dict.pop()	删除并返回字典中与键关联的值，如果键不存在，则抛出异常
Dict.clear()	清空字典中的所有键值对
Dict.copy()	返回字典的一个浅复制副本

方　法	说　明
Dict.keys()	返回一个视图对象，包含了字典中所有的键
Dict.values()	返回一个视图对象，包含了字典中所有的值
Dict.items()	返回一个视图对象，包含了字典中所有的键值对
Dict.update()	把来自其他映射或可迭代对象的键值对添加到字典中，如果有相同的键，则更新值

注：表2.14中的Dict表示字典对象。

3. 编写代码

尝试编写代码，使用Python中的字典、元组和列表等数据结构，记录番茄炒蛋和宫保鸡丁的制作方法。代码保存在2.2文件夹下的food.py文件中，代码如下。

```
1.    foods = dict()
2.    foods["番茄炒蛋"] = {
3.        "主要材料": ("鸡蛋", "番茄"),
4.        "调味料": ("盐", "糖", "食用油"),
5.        "制作步骤": [
6.            "1. 鸡蛋打入碗中打散，番茄切块",
7.            "2. 锅中热油，倒入鸡蛋液，待凝固后炒散盛出",
8.            "3. 锅中余油炒番茄，加入少许糖提鲜",
9.            "4. 待番茄炒软出汁后，加入炒好的鸡蛋，加盐调味，翻炒均匀"
10.       ]
11.   }
12.   foods["宫保鸡丁"] = {
13.       "主要材料": ("鸡胸肉", "花生米", "干辣椒", "葱", "姜", "蒜"),
14.       "调味料": ("酱油", "料酒", "白糖", "醋", "盐", "淀粉"),
15.       "制作步骤": [
16.           "1. 鸡胸肉切丁，用酱油、料酒、淀粉腌制15分钟",
17.           "2. 干辣椒剪成小段，葱、姜、蒜切片备用",
18.           "3. 热锅凉油炒辣椒，再加入葱姜蒜炒出香味",
19.           "4. 倒入鸡丁翻炒至变色，加入适量酱油、白糖",
20.           "5. 快速炒匀后加点醋，撒上花生米，加盐调味，翻炒均匀"
21.       ]
22.   }
23.   print("食谱:", foods.items())
24.   print("食物:", foods.keys())
25.   print("番茄炒蛋的主要材料:", foods.get("番茄炒蛋"))
26.   print("宫保鸡丁的制作步骤:", foods["宫保鸡丁"]["制作步骤"])
27.   foods.update({"红烧鲫鱼": "暂未添加", "酸菜鱼": "暂未添加"})
28.   print("更新食谱后，食谱中的食物:", foods.keys())
29.   foods.pop("红烧鲫鱼")
```

```
30.     print("删除红烧鲫鱼后, 食谱中的食物:", foods.keys())
```

①代码的第1行使用dict()函数创建了一个空的字典, 用于存储食物的信息。

②代码的第2~11行向foods字典中添加了制作番茄炒蛋的主要信息。

③代码的第12~22行向foods字典中添加了制作宫保鸡丁的主要信息。

④代码的第23行使用items()方法输出了所有字典中的键值对, 即食谱的内容。

⑤代码的第24行使用keys()方法输出了所有字典中的键, 即食物的名称。

⑥代码的第25行使用get()方法获取了番茄炒蛋的主要材料。

⑦代码的第26行获取了宫保鸡丁的制作步骤。

⑧代码的第27、28行使用update()方法更新了食谱的内容。

⑨代码的第29、30行使用pop()方法删除了红烧鲫鱼的信息。

运行代码后会输出美食的制作方法, 代码的运行效果如下。

```
食谱: dict_items([('番茄炒蛋', {'主要材料': ('鸡蛋', '番茄'), '调味料': ('盐', '
糖', '食用油'), '制作步骤': ['1. 鸡蛋打入碗中打散, 番茄切块', '2. 锅中热油, 倒入鸡蛋液,
待凝固后炒散盛出', '3. 锅中余油炒番茄, 加入少许糖提鲜', '4. 待番茄炒软出汁后, 加入炒好的
鸡蛋, 加盐调味, 翻炒均匀']}), ('宫保鸡丁', {'主要材料': ('鸡胸肉', '花生米', '干辣椒',
'葱', '姜', '蒜'), '调味料': ('酱油', '料酒', '白糖', '醋', '盐', '淀粉'), '制作步
骤':['1. 鸡胸肉切丁, 用酱油、料酒、淀粉腌制15分钟', '2. 干辣椒剪成小段, 葱、姜、蒜切片备
用','3. 热锅凉油炒辣椒, 再加入葱姜蒜炒出香味', '4. 倒入鸡丁翻炒至变色, 加入适量酱油、白糖',
'5. 快速炒匀后加点醋, 撒上花生米, 加盐调味, 翻炒均匀']}))])
食物: dict_keys(['番茄炒蛋', '宫保鸡丁'])
番茄炒蛋的主要材料: {'主要材料': ('鸡蛋', '番茄'), '调味料': ('盐', '糖', '食用油'),
'制作步骤': ['1. 鸡蛋打入碗中打散, 番茄切块', '2. 锅中热油, 倒入鸡蛋液, 待凝固后炒散盛出',
'3. 锅中余油炒番茄, 加入少许糖提鲜', '4. 待番茄炒软出汁后, 加入炒好的鸡蛋, 加盐调味, 翻炒
均匀']}
宫保鸡丁的制作步骤: ['1. 鸡胸肉切丁, 用酱油、料酒、淀粉腌制15分钟', '2. 干辣椒剪成小段, 葱、
姜、蒜切片备用', '3. 热锅凉油炒辣椒, 再加入葱姜蒜炒出香味', '4. 倒入鸡丁翻炒至变色, 加入
适量酱油、白糖', '5. 快速炒匀后加点醋, 撒上花生米, 加盐调味, 翻炒均匀']
更新食谱后, 食谱中的食物: dict_keys(['番茄炒蛋', '宫保鸡丁', '红烧鲫鱼', '酸菜鱼'])
删除红烧鲫鱼后, 食谱中的食物: dict_keys(['番茄炒蛋', '宫保鸡丁', '酸菜鱼'])
```

4. 课堂小结

使用Python中的字典时, 需要注意字典键的唯一性和不可变性, 留意合并字典时可能引起的键值覆盖和效率问题。

5. 课后练习

尝试编写代码, 用字典实现下面的需求。代码保存在2.2文件夹下的test03.py文件中。

①创建一个字典, 并命名为food。

②在字典food中添加美食表2.15中的键值对。

表2.15　美食

键	值
大盘鸡	48
酸菜鱼	48
锅包肉	38
红烧鲫鱼	28

③查看红烧鲫鱼的值。

④查看所有的键。

⑤删除锅包肉的键值对。

⑥查看所有的键值对。

2.2.4　案例08：统计家长会的名单（集合）

1. 案例背景

最近学校举办了家长会，老师想通过家长会的签到记录统计学生家长的参会情况。签到记录的部分内容如下。

```
时间          姓名
10:00         小明
10:01         小红
10:01         小明
10:01         小陈
10:02         小王
10:05         小王
10:05         小金
10:10         小马
```

2. 知识准备

Python编程语言可以使用集合统计所有参加家长会的学生家长。

Python中的集合（Set）是一种由无序、不重复元素组成的数据结构，适用于成员关系测试、消除重复项以及求交集、并集、差集和对称差等操作。通常使用set()方法创建集合，并且元素之间用逗号分隔。例如，以下代码创建了一个空集合st。

```
st = set()
```

集合支持添加、删除元素，以及基本的数学运算。集合的常用方法见表2.16。

表2.16　集合的常用方法

方　　法	说　　明
set()	创建一个集合

续表

方　法	说　明
Set.add()	向集合中添加一个元素，如果元素已存在，则不执行任何操作
Set.clear()	移除集合中的所有元素，使集合变为空集
Set.copy()	返回一个新的集合，包含原集合的所有元素
Set.difference()	返回一个新的集合，包含当前集合与另一个集合的差集
Set.discard()	从集合中删除指定元素，如果元素不存在，不会抛出错误
Set.intersection()	返回一个新的集合，包含当前集合与另一个集合的交集
Set.isdisjoint()	判断当前集合是否与另一个集合没有共同元素
Set.issubset()	判断当前集合是否为另一个集合的子集
Set.issuperset()	判断当前集合是否为另一个集合的超集
Set.pop()	随机删除并返回集合中的一个元素
Set.remove()	从集合中删除指定元素，如果元素不存在，则抛出异常
Set.union()	返回一个新的集合，包含当前集合与另一个集合的并集
Set.update()	将元素添加到当前集合中

注：表2.16中的Set表示集合对象。

3. 编写代码

尝试编写代码，使用集合统计参加家长会的家长名单。代码保存在2.2文件夹下的students.py文件中，代码如下。

```
1.    students = {'小明', '小红', '小明', '小陈', '小王', '小王', '小金', '小马'}
2.    print("参会名单:", students)
```

①代码的第1行创建了一个集合，保存了签到记录中的所有姓名。

②代码的第2行使用print()函数输出了集合的内容，因为集合会自动去重，所以输出的内容是去重后的记录。

运行代码后会输出参加家长会的家长名单，代码的运行效果如下。

```
参会名单: {'小红', '小马', '小金', '小明', '小陈', '小王'}
```

4. 课堂小结

集合中的元素具有唯一性和无序性，使用集合时需要注意元素必须是不可变类型，同时避免使用下标和索引，谨慎处理集合更新操作。

5. 课后练习

尝试编写代码，用集合实现下面的需求。代码保存在2.2文件夹下的test04.py文件中。

①创建一个含有数字1~5的集合，并命名为num1。

②创建一个含有数字3~9的集合，并命名为num2。

③获取集合num1和num2的交集，保存在集合num3中。
④获取集合num1和num2的差集，保存在集合num4中。
⑤获取集合num1和num2的并集，保存在集合num5中。
⑥删除集合num1中的数字"2"。
⑦随机删除集合num2中的数字。

2.2.5 案例09：创作一首英文歌(字符串)

1. 案例背景

学校将举办一场音乐节，我准备了一首简单的英文歌。英文歌词如下。

big balloon

—wjw

big balloon big balloon

bigger than the sun and moon

flying high in the sky

fly and fly and fly and fly

big balloon big balloon

bigger than the sun and moon

flying high in the sky

fly and fly and fly and fly

这首英文歌的格式有点问题，我想按以下步骤优化这首英文歌。
①将英文歌的标题修改为标题格式，即每个单词的首字母大写，其余字母小写。
②将作者的英文名修改为大写字母。
③将每句歌词的首字母修改为大写字母。
④查看歌词中第一次出现单词sun的索引。
⑤查看歌词中最后一次出现单词moon的索引。
⑥将作者的英文名替换为WANT。

2. 知识准备

在Python编程语言中，可以使用字符串优化英文歌。

在案例01中，我们简单介绍了字符串，它既是一种数据类型，也可以作为一种特殊的数据结构。Python中的字符串有多种方法，如索引、切片、连接、复制、替换、大小写转换、拆分、搜索、计数、格式化输出等，使开发者能够高效地处理文本信息。字符串的常用方法见表2.17。

表 2.17　字符串的常用方法

方　法	说　明
String.capitalize()	返回首字母大写的字符串副本

续表

方　法	说　明
String.casefold()	返回大小写无关的字符串副本，用于比较
String.center()	返回居中对齐的字符串副本，可指定填充字符
String.count()	返回子串在字符串中出现的次数，可指定范围
String.encode()	将字符串编码为字节序列
String.endswith()	检查字符串是否以指定后缀结尾，可指定范围
String.expandtabs()	将字符串中的制表符 \t 替换为指定数量的空格
String.find()	返回子串在字符串中第一次出现的索引，找不到返回 −1，可指定范围
String.format()	格式化字符串，用指定的值替换占位符
String.format_map()	类似于 String.format()，但接收一个映射作为参数
String.index()	类似于 String.find()，但找不到子串时抛出异常
String.isalnum()	如果字符串仅包含字母和数字字符，返回 True，否则返回 False
String.isalpha()	如果字符串仅包含字母字符，返回 True，否则返回 False
String.isdecimal()	如果字符串仅包含十进制数字字符，返回 True，否则返回 False
String.isdigit()	如果字符串仅包含数字字符，返回 True，否则返回 False
String.isidentifier()	如果字符串符合 Python 标识符规则，返回 True，否则返回 False
String.islower()	如果字符串中所有字符都是小写，返回 True，否则返回 False
String.isnumeric()	如果字符串代表一个数字，返回 True，否则返回 False
String.isprintable()	如果字符串中所有字符都是可输出的，返回 True，否则返回 False
String.isspace()	如果字符串仅包含空白字符，返回 True，否则返回 False
String.istitle()	如果字符串符合标题格式，即每个单词的首字母大写，其余小写，则返回 True，否则返回 False
String.isupper()	如果字符串中所有字符都是大写，返回 True，否则返回 False
String.join()	使用字符串作为分隔符，将可迭代对象中的元素连接成一个新的字符串
String.ljust()	返回左对齐的字符串副本，可指定填充字符
String.lower()	返回小写版字符串副本
String.upper()	返回大写版字符串副本
String.lstringip()	返回移除左侧指定字符的字符串副本
String.maketrans()	创建一个用于 String.translate() 的字符映射表
String.partition()	使用指定分隔符将字符串分割成三部分，返回一个三元组
String.replace()	替换字符串中的子串，返回新字符串
String.rfind()	类似于 String.find()，但从右向左搜索
String.rindex()	类似于 String.index()，但从右向左搜索
String.rjust()	返回右对齐的字符串副本，可指定填充字符
String.rpartition()	类似于 String.partition()，但从右向左搜索
String.rsplit()	类似于 String.split()，但从右向左分割
String.rstrip()	返回移除右侧指定字符的字符串副本

续表

方　法	说　明
String.split()	根据指定分隔符将字符串分割成一个列表
String.startswith()	检查字符串是否以指定前缀开头，可指定范围
String.strip()	返回移除两侧指定字符的字符串副本
String.swapcase()	返回字符串副本，其中小写字母变大写，大写字母变小写
String.title()	返回字符串副本，每个单词的首字母大写，其余小写
String.translate()	使用字符映射表替换字符串中的字符，同时可删除指定字符集
String.zfill()	返回左侧填充零的字符串副本

注：表2.17中的String表示字符串对象。

3. 编写代码

尝试编写代码，用字符串的常用方法优化英文歌。代码保存在2.2文件夹下的song.py文件中，代码如下。

```
1.    title = "big balloon"
2.    author = "--wjw"
3.    song = """big balloon big balloon
4.    bigger than the sun and moon
5.    flying high in the sky
6.    fly and fly and fly and fly
7.    big balloon big balloon
8.    bigger than the sun and moon
9.    flying high in the sky
10.   fly and fly and fly and fly
11.   """
12.   print("优化前的英文歌如下:")
13.   print(title)
14.   print(author)
15.   print(song)
16.   title = title.title()
17.   print("将英文歌的标题修改为标题格式后，标题为:", title)
18.   author = author.upper()
19.   print("将作者的英文名修改为大写字母后，作者为:", author)
20.   songs = list(song.split('\n'))
21.   song = ''
22.   for _ in songs:
23.       song = song + _.capitalize() + '\n'
24.   song = song.rstrip()
25.   print("将每句歌词的首字母修改为大写字母后，歌词如下:\n" + song)
26.   print("查看歌词中第一次出现单词sun的索引:", song.find('sun'))
```

```
27.    print("查看歌词中最后一次出现单词moon的索引:", song.rfind('moon'))
28.    author = author.replace('WJW', 'WANT')
29.    print("将作者的英文名替换为WANT后，作者为:", author)
30.    print("优化后的英文歌如下:")
31.    print(title)
32.    print(author)
33.    print(song)
```

①代码的第1~15行输出了未做任何处理的英文歌标题、作者和歌词。

②代码的第16、17行使用title()方法将英文歌标题转换为标题格式，即每个单词的首字母大写，其余字母小写，并将转换结果输出。

③代码的第18、19行使用upper()方法将作者名字全部转换为大写字母，然后输出更新后的作者名字。

④代码的第20~25行首先使用split()方法将原始歌词按换行符分割成一个列表（列表中的每个元素为一句歌词），并初始化一个空字符串song用于存储格式化后的歌词。然后遍历歌词列表（此处运用了for循环结构，将在2.3节中详细介绍），使用capitalize()方法将每句歌词的首字母转换成大写，然后追加到song字符串中，并在末尾添加换行符。最后使用rstrip()方法去除song字符串末尾多余的空格，输出优化后的歌词。

⑤代码的第26行调用了find()方法查找歌词中第一次出现单词sun的索引。

⑥代码的第27行调用了rfind()方法查找歌词中第一次出现单词moon的索引。

⑦代码的第28、29行调用replace()方法将作者名中的"WJW"替换为"WANT"，并输出了更新后的作者名。

⑧代码的第30~33行输出经过优化处理后的英文歌标题、作者和歌词。

运行代码后会输出优化后的英文歌，代码的运行效果如下。

```
优化前的英文歌如下:
big balloon
--wjw
big balloon big balloon
bigger than the sun and moon
flying high in the sky
fly and fly and fly and fly
big balloon big balloon
bigger than the sun and moon
flying high in the sky
fly and fly and fly and fly
将英文歌的标题修改为标题格式后，标题为: Big Balloon
将作者的英文名修改为大写字母后，作者为: -WJW
将每句歌词的首字母修改为大写字母后，歌词如下:
Big balloon big balloon
```

```
Bigger than the sun and moon
Flying high in the sky
Fly and fly and fly and fly
Big balloon big balloon
Bigger than the sun and moon
Flying high in the sky
Fly and fly and fly and fly
查看歌词中第一次出现单词sun的索引：40
查看歌词中最后一次出现单词moon的索引：152
将作者的英文名替换为WANT后，作者为：-WANT
优化后的英文歌如下：
Big Balloon
-WANT
Big balloon big balloon
Bigger than the sun and moon
Flying high in the sky
Fly and fly and fly and fly
Big balloon big balloon
Bigger than the sun and moon
Flying high in the sky
Fly and fly and fly and fly
```

4. 课堂小结

Python的字符串为不可变序列，使用字符串时需要区分单引号、双引号与三引号的用法，掌握字符串的切片、格式化与方法调用。

5. 课后练习

尝试编写代码，用字符串实现下面的需求。代码保存在2.2文件夹下的test05.py中。

①创建一个内容为"I Love Python"的字符串str1。

②创建一个内容为"python love me"的字符串str2。

③将字符串str1和str2合并为str3（用逗号分隔）。

④将字符串str3全部转换为小写字母，保存在字符串str4中。

⑤查看子串"python"在字符串str4中第一次出现时的索引。

2.2.6 小结

本节主要阐述了Python编程语言的列表、元组、字典、集合以及字符串等数据结构，有助于初学者掌握基础的数据存储与操作机制，提升程序设计的效率。

2.3 选择与循环结构

在前面的案例中，代码的执行均遵循严格的顺序结构。本节将深入剖析Python编程语言中的选择结构和循环结构，包括if语句、if−else语句、if−elif−else语句、for−in语句和while语句。本节将实现判断用户的游戏时间、根据身份证信息推断性别、依据成绩判断等级、输出九九乘法表以及剪刀石头布小游戏等5个有趣的案例。通过本节的学习，读者能够更加深入地理解Python的选择与循环结构，提升实际应用能力。

2.3.1 案例10：判断用户的游戏时间（if语句）

1. 案例背景

对于18岁以下的未成年人，所有网络游戏企业仅可在周五、周六、周日以及法定节假日的晚上20点至21点提供1个小时服务。也就是说，未成年人的游戏时间是被限制的。

2. 知识准备

在Python编程语言中，可以使用if语句根据用户的年龄判断其游戏时间。

(1) if语句。

Python中的if语句通常用于根据布尔表达式的结果，决定是否执行其后的一段代码块。它的核心作用在于实现程序逻辑上的分支判断，即给定条件为真时执行相关操作，反之跳过此部分代码，从而赋予了程序适应多种情况的能力，在众多编程场景中起到关键的决策作用。if语句的语法如下。

```
if 条件表达式：
    语句1
```

对于该语法，在语句1前需要设置4个空格，表示缩进。当条件表达式的值为真时，会执行语句1，否则会跳过语句1，执行后面的代码。

(2) 缩进。

在Python编程语言中，通常使用空格或制表符形成缩进，指示代码所属的作用域和逻辑归属关系。这种独特的语法要求不仅增强了代码的可读性和整洁度，同时也是规范Python语法的重要组成部分，对于开发者而言，遵循缩进规则是保障程序正确执行的关键要素之一。例如，在上述if语句的语法中，需要在语句1前加4个空格作为缩进。

3. 编写代码

尝试编写代码，提示用户输入年龄，根据年龄判断并输出该用户的游戏时间。代码保存在2.3文件夹下的year.py文件中，代码如下。

```
1.    year = int(input("请输入用户的年龄(整数):"))
2.    if year >= 18:
3.        print("该用户已成年，无游戏时间的限制")
4.    if year < 18:
5.        print("该用户未成年，仅可在周五、周六、周日以及法定节假日的晚上玩1个小时游戏")
```

①代码的第1行提示用户输入一个整数作为年龄。

②代码的第2行使用if语句判断用户输入的年龄是否大于等于18岁，如果满足该条件，则执行第3行的代码，输出"该用户已成年，无游戏时间的限制"，否则忽略第3行。

③代码的第4行判断用户输入的年龄是否小于18岁，如果满足该条件，则执行第5行的代码，输出"该用户未成年，仅可在周五、周六、周日以及法定节假日的晚上玩1个小时游戏"，否则忽略第5行。

运行以上代码后，会提示用户输入一个整数作为年龄，随后根据年龄判断该用户是否成年，并输出相应的游戏时间，代码的运行效果如下。

```
请输入用户的年龄(整数):16
该用户未成年，仅可在周五、周六、周日以及法定节假日的晚上玩1个小时游戏
```

4. 课堂小结

在Python代码中使用缩进时，需要规范使用空格，通常为4个。缩进决定了代码的结构，用户需要严格遵守缩进规则以维护代码的可读性和正确性；在Python的if语句中，应该注意缩进规范，正确使用冒号(:)、等于号(=)与双等号(==)。

5. 课后练习

尝试编写代码，根据用户的输入判断该用户是否需要上课。如果输入周一、周二、周三、周四或周五，则输出需要上课；如果输入周六、周日，则输出不需要上课。代码保存在2.3文件夹下的test01.py文件中。

2.3.2 案例11：根据身份证信息判断性别(if-else语句)

1. 案例背景

在我国使用的居民身份证的数字信息中，可以通过第17位数字区分居民的性别。如果该位数字为奇数(即1、3、5、7、9)，则表示该居民为男性；如果该位数字为偶数(即0、2、4、6、8)，则表示该居民为女性。现在有一些身份证的数字信息，要通过这些身份证信息获取居民的性别。居民身份证的数字信息见表2.18。

表2.18 居民身份证的数字信息

居　　民	身份证的数字信息
小明	7709754613330959930

续表

居　民	身份证的数字信息
小红	317585889656432431
小兰	083848692437965556
小王	198475505843873840
小金	552200670193927328

注：以上身份证的数字信息为随机生成的，在现实中毫无意义。

2. 知识准备

在Python编程语言中，可以使用if-else语句根据身份证的数字信息判断居民的性别。

Python中的if-else语句通常用于根据条件的真假执行不同的代码块（非真即假）。该语句由if关键字引导一个条件表达式，如果该表达式的值为True，则会执行其后的代码块，即if分支；如果该表达式的值为False，则会跳过if分支，执行else关键字后的代码块，即else分支。if-else语句的语法如下。

```
if 条件表达式:
    语句1
else:
    语句2
```

对于该语法，如果条件表达式的值为真，则执行语句1，否则执行语句2。

3. 编写代码

尝试编写代码，根据身份证的数字信息判断居民的性别，代码保存在2.3文件夹下的sex.py文件中，代码如下。

```
1.    dct = {"小明": "770975461333095930",
2.          "小红": "317585889656432431",
3.          "小兰": "083848692437965556",
4.          "小王": "198475505843873840",
5.          "小金": "552200670193927328"}
6.    print("身份证信息如下:\n", dct)
7.    if (int(dct.get("小明")[16]) % 2) == 0:
8.        print("小明为女性")
9.    else:
10.       print("小明为男性")
11.   if (int(dct.get("小红")[16]) % 2) == 0:
12.       print("小红为女性")
13.   else:
14.       print("小红为男性")
```

```
15.    if (int(dct.get("小兰")[16]) % 2) == 0:
16.        print("小兰为女性")
17.    else:
18.        print("小兰为男性")
19.    if (int(dct.get("小王")[16]) % 2) == 0:
20.        print("小王为女性")
21.    else:
22.        print("小王为男性")
23.    if (int(dct.get("小金")[16]) % 2) == 0:
24.        print("小金为女性")
25.    else:
26.        print("小金为男性")
```

①代码的第1~6行定义了一个字典dct，用于保存居民及其身份证的数字信息，其中字典的键为居民姓名，值为对应的身份证数字信息。

②代码的第7~10行使用if关键字判断小明身份证数字信息的第17位数字是否为偶数，如果是偶数，则输出"小明为女性"的性别信息，否则执行else关键字后的语句，输出"小明为男性"的性别信息。

③代码的11~26行使用if-else语句依次判断并输出了小红、小兰、小王和小金等居民的性别。

运行代码后会输出居民的性别信息，代码的运行效果如下。

```
身份证信息如下：
{'小明':'770975461333095930','小红':'3175858896556432431','小兰':
'083848692437965556','小王':'198475505843873840','小金':'5522006701933927328'}
小明为男性
小红为男性
小兰为男性
小王为女性
小金为女性
```

4. 课堂小结

Python中的if-else语句适用于判断结果相反的两个条件。使用if-else语句时，需要确保正确使用冒号和缩进，每个条件块逻辑要清晰，避免过深嵌套。

5. 课后练习

尝试编写代码，根据表2.19中身份证的数字信息，判断居民的性别。代码保存在2.3文件夹下的test02.py文件中。

表2.19　居民身份证的数字信息

居　民	身份证的数字信息
小李	993849620952020676
小刘	572105676092410994
小林	529321546007786611
小秦	386667601587241924
小陈	949472296448718869

注：以上身份证的数字信息为随机生成的，在现实中毫无意义。

2.3.3　案例12：依据成绩判断等级（if–elif–else语句）

1. 案例背景

上周进行了数学单元测验，在成绩出来以后，数学老师想将成绩转换为相应的等级，成绩与等级的转换规则见表2.20。部分学生的成绩见表2.21。

表2.20　成绩与等级的转换规则

成　绩	等　级
大于等于85分（score ≥ 85）	优秀
小于85分且大于等于60分（85 > score ≥ 60）	良好
小于60分（60 > score）	不及格

表2.21　部分学生的成绩

学　生	成　绩
小明	88
小红	95
小白	56
小金	78
小陈	66
小王	82

2. 知识准备

在Python编程语言中，可以使用if–elif–else语句依据学生的成绩判断其等级。

Python的if–elif–else语句通常用于实现多路径的逻辑决策，它通过紧凑的链式表达，使程序能够按顺序评估一系列条件。如果某个条件的判断结果为真，程序会执行对应的代码块并跳过剩余的条件；如果所有条件均未触发，程序将执行else部分的代码。if–elif–else语句的语法如下。

```
if 条件表达式1:
    语句1
```

```
elif 条件表达式2：
    语句2
elif 条件表达式3：
    语句3
......
else：
    语句n
```

对于该语法，如果条件表达式1的值为真，则执行语句1，否则跳过语句1，判断条件表达式2的值是否为真；如果条件表达式2的值为真，则执行语句2，否则跳过语句2，判断条件表达式3的值是否为真；如果条件表达式3的值为真，则执行语句3，否则跳过语句3……如果所有条件表达式的值都不为真，则执行语句n。

3. 编写代码

尝试编写代码，实现功能：当用户输入学生的成绩后，在控制台输出该学生的等级。代码保存在2.3文件夹下的scores.py文件中，代码如下。

```
1.    score = int(input("请输入学生的成绩(0~100):"))
2.    if score >= 85:
3.        print("该学生的等级为：优秀")
4.    elif 85 > score >= 60:
5.        print("该学生的等级为：良好")
6.    else:
7.        print("该学生的等级为：不及格")
```

①代码的第1行提示用户输入学生的成绩，并将成绩转换为整型。

②代码的第2、3行使用if语句判断用户输入的分数是否大于等于85分，如果大于等于85分，则输出"该学生的等级为：优秀"。

③如果用户输入的分数小于85分，则跳过第2、3行代码，执行第4、5行代码，使用elif语句判断用户输入的分数是否大于等于60分，如果大于等于60分，则输出"该学生的等级为：良好"。

④如果if和elif语句都不成立，即学生的成绩小于60分，则会执行代码第6、7行，输出"该学生的等级为：不及格"。

运行代码后，系统会提示用户输入学生的成绩，并根据输入的成绩输出学生的等级，代码的运行效果如下。

```
请输入学生的成绩(0~100):95
该学生的等级为：优秀
```

4. 课堂小结

Python中的if-elif-else语句用于多条件判断的场景。if-elif-else语句中只有一个if 语句，用于设置第一个判断条件;elif语句不限数量,用于设置额外的判断条件;else语句只有一个且位于if语句和elif语句的后面。使用if-elif-else语句时,应该将条件从最可能到最不可能排序,同时注意每个条件的互斥性,保持代码层次清晰,避免逻辑混乱。

5. 课后练习

尝试编写代码,根据表2.22中成绩与等级的转换规则,判断学生的等级。代码保存在2.3文件夹下的test03.py文件中。

表 2.22　成绩与等级的转换规则

成　绩	等　级
大于等于90分（score ≥ 90）	A
小于90分且大于等于80分（90 > score ≥ 80）	B
小于80分且大于等于70分（80 > score ≥ 70）	C
小于70分且大于等于60分（70 > score ≥ 60）	D
小于60分（60 > score）	E

2.3.4　案例13:输出九九乘法表(for-in语句)

1. 案例背景

九九乘法表如图2.1所示。

1×1=1								
1×2=2	2×2=4							
1×3=3	2×3=6	3×3=9						
1×4=4	2×4=8	3×4=12	4×4=16					
1×5=5	2×5=10	3×5=15	4×5=20	5×5=25				
1×6=6	2×6=12	3×6=18	4×6=24	5×6=30	6×6=36			
1×7=7	2×7=14	3×7=21	4×7=28	5×7=35	6×7=42	7×7=49		
1×8=8	2×8=16	3×8=24	4×8=32	5×8=40	6×8=48	7×8=56	8×8=64	
1×9=9	2×9=18	3×9=27	4×9=36	5×9=45	6×9=54	7×9=63	8×9=72	9×9=81

图2.1　九九乘法表

2. 知识准备

在Python编程语言中,可以使用for循环结构结合range()函数输出九九乘法表。

(1) for-in语句。

Python的for-in语句是一种强大的迭代控制结构,通常用于遍历可迭代对象,如列表、元组、集合、字典、字符串以及生成器等,并对其中的每个元素依次执行指定代码块,无须手动管理索引,极大地简化了数据处理与循环操作,体现了Python语言的高效性。for-in

语句的语法如下。

```
for 变量 in 可迭代对象:
    语句1
```

该语法循环遍历可迭代对象，在每层循环中，从可迭代对象中取一个值赋给变量并执行语句1。

(2) range()函数。

Python的range()函数通常用于创建一个可迭代序列。该序列包含从起始值到终止值之间按照指定步长逐一递增或递减的整数序列，默认不包括终止值，常与for循环结构搭配使用，以简洁、高效的方法遍历特定数值区间内的整数，广泛应用于循环控制、数组填充、数学计算等编程场景。例如，以下代码创建了一个含有整数1~9的列表，并赋值给lst。

```
lst = list(range(1, 10))
```

3. 编写代码

尝试编写代码，在控制台中输出九九乘法表。代码保存在2.3文件夹下的multiplications.py文件中，代码如下。

```
1.    for i in range(1, 10):
2.        for j in range(1, i+1):
3.            print(f"{j}×{i}={j*i}", end=" ")
4.        print()
```

①代码的第1行使用外层for循环遍历整数1~9，表示乘法表的行数。其中，i是迭代变量，将在循环过程中依次取值1~9；range(1, 10)是迭代对象，生成一个包含整数1~9的序列。

②代码的第2行使用内层for循环遍历整数1到当前行数（i+1），表示每行中的列数和乘数。其中，j是迭代变量，将在循环过程中依次取值1~i；range(1, i+1)是迭代对象，生成一个包含整数1~i的序列。

③代码的第3行使用f-string格式化输出乘法表达式并以空格作为分隔符，使得结果整齐排列。

④代码的第4行使用print()函数实现换行。

运行代码后会输出九九乘法表，代码的运行效果如下。

```
1×1=1
1×2=2  2×2=4
1×3=3  2×3=6  3×3=9
1×4=4  2×4=8  3×4=12  4×4=16
1×5=5  2×5=10  3×5=15  4×5=20  5×5=25
1×6=6  2×6=12  3×6=18  4×6=24  5×6=30  6×6=36
1×7=7  2×7=14  3×7=21  4×7=28  5×7=35  6×7=42  7×7=49
1×8=8  2×8=16  3×8=24  4×8=32  5×8=40  6×8=48  7×8=56  8×8=64
1×9=9  2×9=18  3×9=27  4×9=36  5×9=45  6×9=54  7×9=63  8×9=72  9×9=81
```

4. 课堂小结

Python的for-in语句适用于遍历列表、元组、字典、集合等可迭代对象。使用Python的for-in语句遍历序列时，需要明确迭代对象的类型，注意循环变量的作用域，同时可以结合关键字break或continue控制循环流程；使用Python的range()函数时，应该明确起始值、结束值和步长，注意不包含结束值，且函数参数均为整数。range()函数常与for-in语句结合使用，用于遍历可迭代的对象。

5. 课后练习

尝试编写代码，使用for循环结构输出1~99的整数（包含整数99）。代码保存在2.3文件夹下的test04.py文件中。

2.3.5 案例14:"剪刀石头布"小游戏（while语句）

1. 案例背景

"剪刀石头布"是一款互动猜拳游戏，参与者需同时出"剪刀""石头""布"三种手势之一，依据剪刀赢布、石头赢剪刀、布赢石头的规则决定胜负。该游戏充满趣味性与竞技性，常用于休闲娱乐、决策选择等场景，其背后蕴含的策略与心理博弈，赋予了游戏深度与挑战性。

小王买了一个新玩具，小明和小红都想玩，小王决定让小明和小红用"剪刀石头布"小游戏决定谁先玩该玩具，游戏的规则如下。

- 游戏采用三局两胜制，即在三局游戏中赢两局就可以先玩游戏。
- 剪刀赢布、布赢石头、石头赢剪刀。

2. 知识准备

在Python编程语言中，可以使用while语句实现多局剪刀石头布小游戏。

Python的while语句是一种条件驱动的重复执行机制，它依据布尔表达式的真假执行其内部的代码块，直到该表达式为假时退出循环。其核心特征在于循环次数非预设而依赖于运行时的逻辑判断，适用于需要不断检测某个条件直至其满足或发生改变的编程场景。while语句的语法如下。

```
while 条件表达式:
    语句1
```

该语法持续判断条件表达式的值，如果为真，则执行语句1，如果为假，则退出循环。

3. 编写代码

尝试编写代码，实现三局剪刀石头布小游戏。代码保存在2.3文件夹下的game.py文件中，代码如下。

```
1.    n = 0
2.    k = 0
```

```
3.      while n < 3:
4.          n += 1
5.          print(f"第{n}局")
6.          a = input(f"小明的选择(剪刀石头布):")
7.          b = input(f"小红的选择(剪刀石头布):")
8.          if a == "石头" and b == "剪刀":
9.              print(f"第{n}局:小明赢了")
10.             k += 1
11.         elif a == "剪刀" and b == "布":
12.             print(f"第{n}局:小明赢了")
13.             k += 1
14.         elif a == "布" and b == "石头":
15.             print(f"第{n}局:小明赢了")
16.             k += 1
17.         elif a == b:
18.             print(f"第{n}局:平局了")
19.         else:
20.             print(f"第{n}局:小红赢了")
21.             k -= 1
22.     if k > 0:
23.         print("最终:小明赢了")
24.     elif k == 0:
25.         print("最终:平局了")
26.     else:
27.         print("最终:小红赢了")
```

①代码的第1行初始化变量n为0,用于记录当前正在进行的游戏局数。

②代码的第2行初始化变量k为0,用于累计小明赢得的局数。

③代码的第3行使用while循环结构执行游戏过程,条件为n < 3,即进行三局比赛。

④代码的第4、5行将变量n的值加1,即将游戏的局数增加1,并输出了当前的局数。

⑤代码的第6、7行获取了小明和小红在当前局的选择。

⑥在代码的8~16行中,使用if-elif语句进行判断:如果小明出"石头",小红出"剪刀",或者小明出"剪刀",小红出"布",或者小明出"布",小红出"石头",则输出"第n局:小明赢了",并将变量k的值增加1。

⑦在代码的第17、18行中,使用elif语句进行判断:如果小明和小红出拳相同,则输出"第n局:平局了",并且k的值不变。

⑧在代码的19~21行中,使用else语句判断其他情况(即小红赢的情况),输出"第n局:小红赢了",并将k的值减去1。

⑨在代码的22~27行中,根据累计的胜利局数k判断出最终的胜者。如果k > 0,输出"最终:小明赢了";如果k = 0,表示双方平分秋色,输出"最终:平局了";如果k < 0,输出"最终:小红赢了"。

运行代码后，会提示用户依次输入小明和小红的选择，随后输出获胜的一方，持续三局，最终输出游戏结果，代码的运行效果如下。

```
第1局
小明的选择(剪刀石头布)：剪刀
小红的选择(剪刀石头布)：石头
第1局：小红赢了
第2局
小明的选择(剪刀石头布)：布
小红的选择(剪刀石头布)：剪刀
第2局：小红赢了
第3局
小明的选择(剪刀石头布)：石头
小红的选择(剪刀石头布)：布
第3局：小红赢了
最终：小红赢了
```

4. 课堂小结

Python的while循环语句适用于不知道循环次数的编程场景。使用while循环语句时，需要确保设置了结束循环的条件，以便退出程序，还需要合理地初始化变量，考虑循环体中变量状态的改变，搭配break和continue控制循环流程。在需要进行无限循环的编程场景中，可以使用while True语句实现无限循环。

5. 课后练习

尝试编写代码，使用while循环结构实现5局剪刀石头布小游戏。代码保存在2.3文件夹下的test05.py文件中。

2.3.6 小结

本节主要阐述了Python编程语言的基本控制结构，包含if单分支选择结构、if-else双分支选择结构、if-elif-else多分支选择结构、for循环结构以及while循环结构，有助于初学者理解并实现程序中的条件判断和循环迭代。

2.4 基本函数

本节将详细阐述Python编程语言中的基本函数，包括内置函数、用户自定义函数以及匿名函数。我们将编写代码实现分析竞赛的成绩情况、计算圆形的面积以及判断闰年与平年等3个有趣的案例。通过本节的学习，读者能够更加深入地理解并掌握Python基本函数的使用方法。

2.4.1　案例15：分析竞赛的成绩情况（内置函数）

1. 案例背景

第1届计算机编程大赛的成绩公布了，我想知道该竞赛成绩的最高分、最低分、总分和平均分。表2.23是部分参赛选手的成绩情况。

表2.23　部分参赛选手的成绩情况

姓　名	成　绩
小张	93
小金	65
小红	73
小王	88
小李	71
小陈	52
小林	82

2. 知识准备

在Python编程语言中，可以使用内置函数分析该竞赛的成绩情况。

Python的内置函数不需要导入任何模块，可以直接调用的一系列函数，涵盖了数据类型转换、数学运算、字符串处理、类型判断、排序、迭代、文件操作、反射、异常处理等多个功能。Python的内置函数丰富了语言的表达力，简化了编程的任务并提高了代码的可读性和执行效率。在前面的几个案例中，我们接触过print()、input()、range()等常见的内置函数。常见的内置函数见表2.24。

表2.24　常见的内置函数

函　数	说　明
abs()	返回数字的绝对值
all()	如果可迭代对象的所有元素都为真，则返回 True
any()	如果可迭代对象中有任意元素为真，则返回 True
ascii()	返回对象的 ASCII 表示形式
bin()	将整数转换为二进制字符串
bool()	将对象转换为布尔类型
bytes()	创建一个不可变字节序列
chr()	返回 Unicode 编码对应的字符
dict()	创建一个字典
dir()	返回由对象的方法名组成的列表
divmod()	返回由商和余数组成的元组

续表

函 数	说 明
enumerate()	返回一个枚举对象，其中包含 (索引 , 值) 对
eval()	计算 Python 表达式并返回其结果
filter()	使用函数过滤序列，返回过滤后的项组成的迭代器
float()	将对象转换为浮点数
format()	格式化输出字符串
frozenset()	创建一个不可变集合
getattr()	获取对象的属性值
globals()	返回全局变量的字典
hash()	返回对象的哈希值
help()	显示对象的帮助信息
hex()	将整数转换为十六进制字符串
id()	返回对象的唯一标识符
input()	获取用户输入
int()	将对象转换为整数
isinstance()	检查对象是否为指定类的实例
iter()	获取迭代器
len()	返回对象的长度
list()	将可迭代对象转换为列表
map()	应用函数到可迭代对象的每个元素上并返回结果的迭代器
max()	返回可迭代对象中的最大值
min()	返回可迭代对象中的最小值
next()	返回迭代器的下一个项目
object()	创建一个空对象
open()	打开文件
ord()	返回字符的 Unicode 编码
pow()	计算幂次方
print()	输出对象到标准输出或其他指定文件
range()	创建一个整数范围的迭代器
reversed()	返回序列的反向迭代器
round()	四舍五入数字
set()	创建一个无序的集合
slice()	创建切片对象
sorted()	对可迭代对象进行排序并返回新列表
str()	将对象转换为字符串
sum()	计算可迭代对象所有元素之和

续表

函　数	说　明
super()	返回父类的代理对象
tuple()	将可迭代对象转换为元组
type()	返回对象的类型或创建新的类型
zip()	将可迭代对象打包为元组的迭代器

3. 编写代码

尝试编写代码，用Python的内置函数分析竞赛的情况。代码保存在2.4文件夹下的scores.py文件中，代码如下。

```
1.    scores = [93, 65, 73, 88, 71, 52, 82]
2.    print("竞赛成绩为:", scores)
3.    print("该竞赛成绩的最高分为:", max(scores))
4.    print("该竞赛成绩的最低分为:", min(scores))
5.    print("该竞赛成绩的总分为:", sum(scores))
6.    print("该竞赛成绩的平均分为:", sum(scores)/len(scores))
```

①代码的第1行定义了一个scores列表，存放部分参赛选手的成绩信息。

②代码的第2行输出部分参赛选手的成绩信息。

③代码的第3行使用max()函数输出成绩的最高分。

④代码的第4行使用min()函数输出成绩的最低分

⑤代码的第5行使用sum()函数输出成绩的总分。

⑥在代码的第6行中，首先使用sum()函数计算出成绩的总分，然后除以参加竞赛的人数，得到成绩的平均分并将其输出。

运行代码后会输出该竞赛的最高分、最低分、总分和平均分，代码的运行效果如下。

```
竞赛成绩为: [93, 65, 73, 88, 71, 52, 82]
该竞赛成绩的最高分为: 93
该竞赛成绩的最低分为: 52
该竞赛成绩的总分为: 524
该竞赛成绩的平均分为: 74.85714285714286
```

4. 课堂小结

使用Python的内置函数时，需要注意函数对参数的具体要求，了解返回值类型，注意编码问题和版本兼容性，合理利用文档和帮助功能。

5. 课后练习

尝试编写代码，获取表2.25中成绩的最高分、最低分、总分和平均分。代码保存在2.4文件夹下的test01.py文件中。

表2.25 成绩表

成 绩	成 绩	成 绩
66.5	56	62
62	92	79
98	83	84.5
47	72.5	67
82	63	95
54	69	92
88	85	61

2.4.2 案例16：计算圆形的面积（用户自定义函数）

1. 案例背景

计算圆形面积的公式为 $\pi \times r^2$，其中 π 表示圆周率，r 表示圆的半径。

2. 知识准备

在Python编程语言中，可以使用用户自定义函数计算圆形的面积。

Python的用户自定义函数是用户根据需求自行编写的程序结构，通过定义函数名、参数列表以及封装可重复使用的代码块，执行特定的任务，处理数据并返回结果。自定义函数增强了代码的复用性、模块化和可读性，是实现程序逻辑和复杂问题的重要手段。自定义函数的语法如下。

```
def 函数名(参数列表):
函数体
```

3. 编写代码

假设圆周率 π 为3.14。尝试编写代码，定义一个自定义函数circle()，接收圆形的半径并输出圆形的面积。代码保存在2.4文件夹下的circle.py文件中，代码如下。

```
1.    def circle(r):
2.        print("圆形的面积为:", 3.14 * r * r)
3.        return
4.    r = float(input("请输入圆形的半径r:"))
5.    circle(r)
```

①代码的第1行使用def关键字定义了一个名为circle()的函数，该函数接收参数r作为圆形的半径。

②代码的第2行是circle()函数的函数体，计算并输出圆形的面积。

③代码的第3行是circle()函数的返回值，默认为None。

④代码的第4行提示用户输入一个半径r，并将r转换为浮点型数字。

⑤代码的第5行调用了自定义函数circle()，并传入用户输入的半径参数r。

运行代码后，会提示用户输入圆形的半径，随后输出圆形的面积，代码的运行效果如下。

请输入圆形的半径r:5
圆形的面积为：78.5

4. 课堂小结

自定义Python函数时，需要合理命名函数并明确参数类型和返回值，同时注意函数的作用域问题，区分全局变量和局部变量。

5. 课后练习

尝试编写代码，定义一个自定义函数square()，接收正方形的边长并输出正方形的面积。代码保存在2.4文件夹下的test02.py文件中。

2.4.3　案例17：判断闰年与平年（匿名函数）

1. 案例背景

闰年和平年是两种公历年份，闰年每年366天，平年每年365天。闰年是指能被4整除但不能被100整除，或者能被400整除的年份；平年是指除了闰年的其他所有年份。例如，闰年有2000年、2020年等，平年有1900年、2021年等。

2. 知识准备

在Python编程语言中，可以使用匿名函数判断闰年与平年。

Python的匿名函数即lambda语句，是一种简洁的定义函数机制，由lambda关键字、参数列表和表达式组成，通常用于临时、简洁的功能实现，以及配合高阶函数进行函数式编程。因为匿名函数不需要使用def关键字声明，也不需要定义函数名，所以称为"匿名"。匿名函数的语法如下。

```
lambda 参数列表：表达式
```

3. 编写代码

尝试编写代码，使用lambda语句定义一个匿名函数，输入一个年份，判断并输出该年份是闰年还是平年。代码保存在2.4文件夹下的year.py文件中，代码如下。

```
1.    result = lambda year: '闰年' if ((year % 4 == 0 and year % 100 != 0)
      or year % 400 == 0) else '平年'
2.    input_year = int(input("请输入一个年份:"))
3.    print("该年份为：", result(input_year))
```

①代码的第1行定义了一个变量result，其值为lambda语句的结果。在lambda语句中，year为函数的参数，冒号（:）后为函数体。

②代码的第2行提示用户输入一个年份，并将年份保存在变量input_year中。

③在代码的第3行中，调用匿名函数判断并输出闰年或平年。

运行代码后，会提示输入一个年份，随后判断并输出闰年或平年，代码的运行效果如下。

```
请输入一个年份：2000
该年份为：闰年
```

4. 课堂小结

使用Python的匿名函数时，需要将lambda语句限制为单行表达式，并且不需使用关键字def定义，同时需要注意匿名函数的局限性，仅使用于简单的编程场景。

5. 课后练习

尝试编写代码，定义一个匿名函数，提示用户输入一个整数，判断该整数是否大于10并输出结果，代码保存在2.4文件夹下的test03文件中。

2.4.4　小结

本节主要介绍了Python编程语言的基本函数，包含内置函数、自定义函数和匿名函数，有助于初学者熟练掌握并运用函数解决实际问题，逐步提高Python编程的能力。

2.5　本章小结

本章从4个方面详细阐述了Python的基础语法知识。

首先，介绍了Python的基本数据类型，包括但不限于整数、浮点数、布尔值和字符串，有助于初学者深入理解每种数据类型的特性和应用。

其次，对Python的数据结构进行了深入剖析，详细阐述了列表、元组、字典、集合以及字符串等容器类数据结构的特性和内置方法，帮助读者更好地掌握组织和处理数据的方式。

此外，本章还深入探讨了选择结构和循环结构，通过实例展示了如何根据条件执行不同分支以及如何实现重复任务，有助于提高初学者编写复杂代码的能力。

最后，介绍了函数定义、调用机制以及参数传递等核心知识，强调了函数在程序设计中作为模块化和抽象化手段的重要性，并讨论了函数返回值和作用域的概念，为初学者构建高效且易于维护的代码架构提供了有力支持。

综上所述，本章的内容系统、全面，旨在帮助初学者快速掌握Python的基础语法知识，为后续学习Python高级语法知识奠定坚实的编程基础。

第 3 章

学习 Python 的高级语法

第2章介绍了Python的基础语法知识，接下来将深入探讨Python的高级语法，涵盖面向对象编程、模块与库、异常处理结构以及文件操作技巧等4个部分。我们将编写代码实现20个有趣的小案例，希望通过本章的学习，读者能够全面地掌握这些高级特性的使用方法和技巧。

3.1 面向对象

本节将对Python编程语言中面向对象的知识进行全面介绍，包括类和对象的概念，属性与方法的定义，封装、继承、多态的特性，以及迭代器、生成器、装饰器的应用。下面将编写代码实现8个生动有趣的案例，展示面向对象知识在实际编程中的应用。这些案例包括查询微信钱包的余额、录入新教师的信息、设计自定义的汽车、模拟小猫的行为、加热厨房的食物、自动翻阅电子书籍、模拟电梯下降过程和查看游乐园的坐标等。通过本节的学习，读者将能够更深入地理解面向对象编程的概念，提升逻辑思维与编程能力。

3.1.1 案例18：查询微信钱包的余额（类和对象）

1. 案例背景

微信钱包是微信App内的移动支付工具，用户可以使用微信钱包实现支付、转账、收发红包、缴纳生活费以及购买商品等功能。

2. 知识准备

在Python编程语言中，可以使用类和对象的知识查询微信钱包的余额。

Python的类和对象构成了面向对象编程的基础，类是一种定义对象属性和行为的蓝图，而对象则是根据该蓝图创建的具体实例。类和对象通过封装、继承和多态等机制实现了面向对象编程的核心特性，极大地提升了程序设计的灵活性、可读性和可维护性。通常使用关键字class定义类，定义类的语法如下。

```
class 类名:
    类的属性和方法
```

类只有实例化后才能被使用，实例化类的语法如下。

```
变量 = 类名()
```

3. 编写代码

尝试编写代码，创建一个用于存放微信钱包余额的类Money，实例化该类并输出微信钱包的余额。代码保存在3.1文件夹下的money.py文件中，代码如下。

```
1.    class Money:
2.        def __init__(self):
3.            self.money = 1000
4.    m = Money()
5.    print("微信钱包的余额为:", m.money)
```

①代码的第1行使用关键字class定义了一个名为Money的类。

②代码的第2行使用关键字def定义了初始化方法__init__()。

③代码的第3行初始化money属性的值为1000，即微信钱包的余额为1000。

④代码的第4行实例化Money()类，创建了一个对象m。

⑤代码的第5行输出对象m的属性money，即微信钱包的余额。

运行代码后会输出微信钱包的余额，代码的运行效果如下。

```
微信钱包的余额为：1000
```

4. 课堂小结

在给类命名时，需要遵循驼峰命名法，确保首字母大写且词间无下划线，避免使用保留字，并且尽量使类的名称可以反映类的功能。Python的类只有在实例化成对象后才能被调用，在类名后加上小括号即可实例化该类。

5. 课后练习

尝试编写代码，定义一个名为Cat的类，随后实例化该类并输出"这是一只小猫"的信息。代码保存在3.1文件夹下的test01.py文件中。

3.1.2 案例19：录入新教师的信息（属性与方法）

1. 案例背景

学校每年都会招聘新的教师，并将新教师的信息录入到教师信息管理系统中。表3.1是部分新教师的信息。

表 3.1 部分新教师的信息

姓 名	性 别	年 龄	工 号	课 程
赵老师	男	42	202401	语文
李老师	男	31	202402	数学
王老师	女	45	202403	英语
陈老师	女	25	202404	物理
林老师	女	26	202405	化学
张老师	男	33	202406	政治
金老师	女	26	202407	历史

2. 知识准备

在Python编程语言中，可以通过在类中定义属性和方法，实现录入新教师信息的功能。

(1) 类的属性。

Python中类的属性是类中用于描述和记录对象状态的变量，通常在类定义中直接声明或通过__init__()方法初始化。类的属性分为实例属性和类属性，支持私有属性、受保护属性以及属性描述符等高级特性，有助于实现程序设计的模块化、灵活性以及安全性。例如，以下代码定义了一个Teacher类，并在该类中初始化name属性的值为"小明"。

```
class Teacher:
    name = "小明"
```

(2) 类的方法。

Python中类的方法是定义在类内部的函数，用于实现对象的行为，包含构造方法、实例方法、类方法、静态方法等。构造方法常用于初始化实例，在创建类的对象时自动调用；实例方法定义在类的内部，用于处理与类实例相关的数据和操作的函数，参数self默认指向实例自身；类方法用@classmethod装饰器修饰，其第一个参数通常是cls，代表类而非实例；静态方法用@staticmethod装饰器修饰，不依赖于类或实例，相当于一个独立于类的函数，只是逻辑上归类管理。例如，以下代码定义了一个Teacher类，在该类中定义了构造方法__init__()，并在构造方法中初始化name属性的值为"小明"。

```
class Teacher:
    def __init__(self):
        self.name = "小明"
```

👉 **指点迷津** ----------------------------------

在 Python 类的方法中，self 和 cls 是一种约定俗成的标识，其中 self 指向实例对象，cls 指向类本身。

---

3. 编写代码

尝试编写代码，定义一个Teacher类，在Teacher类中定义构造方法和实例方法，模拟录入教师信息的功能。代码保存在3.1文件夹下的teachers.py文件中，代码如下。

```
1.    class Teacher:
2.        def __init__(self, name, sex, age, sno, course):
3.            self.name = name
4.            self.sex = sex
5.            self.age = age
6.            self.sno = sno
7.            self.course = course
8.        def enter(self):
9.            print("录入教师信息中……")
10.           print("该教师的姓名为:", self.name)
11.           print("该教师的性别为:", self.sex)
12.           print("该教师的年龄为:", self.age)
13.           print("该教师的工号为:", self.sno)
14.            print("该教师的课程为:", self.course)
15.            print("录入教师信息成功！")
```

```
16.    while True:
17.        name = input("请输入教师的姓名:")
18.        sex = input("请输入教师的性别:")
19.        age = input("请输入教师的年龄:")
20.        sno = input("请输入教师的工号:")
21.        course = input("请输入教师的课程:")
22.        teacher = Teacher(name, sex, age, sno, course)
23.        teacher.enter()
```

①代码的第1行定义了一个名为Teacher的类。

②代码的第2~7行定义了构造方法__init__(),用于初始化教师的姓名、性别、年龄、工号以及课程等属性。

③代码的第8~15行定义了实例方法enter(),用于录入教师的信息并将其输出。

④代码的第16行使用while语句结合True值,启动了无限循环。

⑤代码的第17~21行使用input()函数提示用户输入教师的信息。

⑥代码的第22行实例化Teacher类,生成了一个教师对象teacher。

⑦代码的第23行调用了teacher对象的enter()方法,录入并输出了教师的信息。

运行代码后,程序将进入无限循环,不断提示用户输入教师的姓名、性别、年龄、工号以及课程等信息,实时录入并输出这些信息,代码的运行效果如下。

```
请输入教师的姓名:赵老师
请输入教师的性别:男
请输入教师的年龄:42
请输入教师的工号:202401
请输入教师的课程:语文
录入教师信息中……
该教师的姓名为:赵老师
该教师的性别为:男
该教师的年龄为:42
该教师的工号为:202401
该教师的课程为:语文
录入教师信息成功!
```

4. 课堂小结

在定义Python的类时,通常在__init__()方法中初始化类的属性。在类中自定义方法时,应注意将关键字self作为第一个参数。

5. 课后练习

在本例的基础上,尝试修改代码,给Teacher类增加一个delete()方法,用于删除指定教师的信息。代码保存在3.1文件夹下的test02.py文件中。

3.1.3 案例20：设计自定义的汽车（封装）

1. 案例背景

在现实生活中，汽车是一个广泛的大类，包括小轿车、面包车、公交车等。本例设计一辆自定义的汽车，该汽车需要拥有品牌、颜色、价格等属性，以及启动、加速、刹车等方法。

2. 知识准备

在Python编程语言中，可以利用类的封装特性来设计自定义的汽车。

类的封装是面向对象编程中实现信息隐藏和数据保护的重要特性。类的封装特性体现在其将属性和方法有机结合，通过限制外部直接访问类内部的私有属性和方法，隐藏该类的内部细节，从而确保数据安全并降低模块间的耦合度，提升代码的可维护性和复用性。例如，以下代码在类Teacher中封装了私有属性age，外部无法直接访问。

```
class Teacher:
    def __init__(self):
        self.name = "小明"
        self.__age = 20
```

👍 指点迷津 ....

在 Python 中，如果一个类的属性名前使用双下划线（__）作为前缀，则称为私有属性或方法。Python 会对私有属性或方法进行名称改写，在类的外部直接访问时，实际名称会被改变，使得外部不能够直接访问这些变量，从而实现了封装特性。

3. 编写代码

尝试编写代码，定义一个Car类，封装汽车的属性和方法。代码保存在3.1文件夹下的car.py文件中，代码如下。

```
1.    class Car:
2.        def __init__(self, brand, color, price, speed=0):
3.            self.__brand = brand
4.            self.__color = color
5.            self.__price = price
6.            self.__speed = speed
7.        def get_info(self):
8.            print("这是一辆%s的%s，价格为%d元。" %(self.__color, self.__brand,    self.__price))
9.        def start_engine(self):
10.            print(f"{self.__brand}的发动机已启动。")
11.        def accelerate(self, speed):
```

```
12.            self.__speed += speed
13.            print(f"{self.__brand}正在加速, 现在的速度是{self.__speed}km/h。")
14.    def brake(self, speed):
15.        if self.__speed - speed >= 0:
16.            self.__speed -= speed
17.            print(f"{self.__brand}正在减速,现在的速度是{self.__speed}km/h。")
18.        else:
19.            print(f"{self.__brand}已经完全停止。")
20.    my_car = Car("宝马", "红色", 100000)
21.    my_car.get_info()
22.    my_car.start_engine()
23.    my_car.accelerate(50)
24.    my_car.brake(30)
```

①代码的第1行定义了一个名为Car的类。

②代码的第2~6行定义了一个构造方法__init__(), 在构造方法中初始化汽车的品牌、颜色、价格和速度等私有属性。

③代码的第7、8行定义了一个get_info()方法, 用于输出汽车的基本属性。

④代码的第9、10行定义了一个start_engine()方法, 用于启动汽车的发动机。

⑤代码的第11~13行定义了一个accelerate()方法, 用于提高汽车的速度。

⑥代码的第14~19行定义了一个brake()方法, 用于刹车。在该方法中, 首先判断汽车减速后的速度是否大于等于0, 如果满足该条件, 则降低汽车的速度, 否则停止运行。

⑦代码的第20行实例化Car类, 创建了一个my_car对象, 该对象品牌为宝马, 颜色为红色, 速度为0。

⑧代码的第21行调用汽车的get_info()方法, 获取汽车的基本属性。

⑨代码的第22行调用汽车的start_engine()方法, 启动汽车。

⑩代码的第23行调用汽车的accelerate()方法, 将汽车的速度提高到50km/h。

⑪代码的第24行调用汽车的brake()方法, 将汽车的速度降低到20km/h。

运行代码后会输出自定义的汽车信息, 代码的运行效果如下。

```
这是一辆红色的宝马,当前速度为0km/h
宝马的发动机已启动。
宝马正在加速, 现在的速度是50km/h。
宝马正在减速, 现在的速度是20km/h。
```

4. 课堂小结

在Python中运用封装特性时, 需要注意使用双下划线(__)前缀来标记私有属性或方法, 隐藏其内部实现细节。尽量通过公共接口访问数据, 以确保类的内部逻辑不被外部直接篡改。

5. 课后练习

在本例的基础上，尝试修改代码，给Car类增加about属性，表示汽车的种类。修改后的代码保存在3.1文件夹下的test03.py文件中。

3.1.4 案例21：模拟小猫的行为（继承）

1. 案例背景

在现实生活中，猫属于动物，它不仅具备动物的基本属性和行为，还具有自己特有的属性和行为。例如，动物都会吃饭和睡觉，而猫属于动物，所以也会吃饭和睡觉，但是，与其他动物不同的是，猫还会"喵喵"叫。

2. 知识准备

在Python编程语言中，可以利用类的继承特性来模拟小猫的属性和行为。

类的继承特性允许一个类直接或间接地获取并扩展另一个类的所有属性和方法，实现代码复用和功能扩展。通常在子类后面用小括号包裹父类，并使用内置函数super()调用父类的方法。例如，在下面的代码中，首先定义了一个父类People，随后定义了一个子类Me，并在子类Me中使用super()函数调用父类的构造方法。

```
class People:
    def __init__(self, name):
        self.name = name
class Me(People):
    def __init__(self, name):
        super().__init__(name)
```

👉 指点迷津 ···

被继承的类称为"父类"或"基类"，继承的类称为"子类"或"派生类"。

3. 编写代码

尝试编写代码，先定义一个Animal类作为父类，随后定义一个子类Cat，继承Animal的所有属性和方法，并添加猫的特有属性和行为。代码保存在3.1文件夹下的cat.py文件中，代码如下。

```
1.    class Animal:
2.        def __init__(self, name, age):
3.            self.name = name
4.            self.age = age
5.        def eat(self):
6.            print(f"{self.name}正在吃东西。")
```

```
7.        def sleep(self):
8.            print(f"{self.name}正在睡觉。")
9.    class Cat(Animal):
10.       def __init__(self, name, age, breed):
11.           super().__init__(name, age)
12.           self.breed = breed
13.       def miao(self):
14.           print(f"{self.name}正在喵喵叫。")
15.   my_cat = Cat("猫咪", 3, "狸猫")
16.   my_cat.eat()
17.   my_cat.sleep()
18.   print(f"{my_cat.name}的品种为{my_cat.breed}。")
19.   my_cat.miao()
```

①代码的第1行定义了一个名为Animal的父类，该父类拥有参数name和age。

②代码的第2行在Animal类中定义了初始化方法__init__()，用于设置实例化时的初始属性值。self表示类的实例对象本身，name和age分别代表动物的名字和年龄。

③在代码的第3、4行中，将传入的name和age参数赋值给实例对象的name和age属性。

④代码的第5、6行定义了一个实例方法eat()，用于输出动物正在吃东西的信息，其中使用了f-string格式化字符串，并动态插入实例对象的name属性。

⑤代码的第7、8行定义一个实例方法sleep()，用于输出动物正在睡觉的信息。

⑥代码的第9行定义了一个名为Cat的子类，该子类继承自Animal类。

⑦在代码的第10~12行中，在Cat类中定义了初始化方法__init__()，首先调用父类Animal的初始化方法super().__init__()来继承并设置通用属性，然后设置Cat类特有的属性breed，即猫的品种。

⑧代码的第13、14行定义了Cat类特有的方法miao()，用于输出猫正在喵喵叫的信息。

⑨代码的第15行创建了一个Cat类的实例my_cat，并传入了参数：猫咪、3（年龄）、狸猫（品种）。

⑩代码的第16行调用实例my_cat的eat()方法，输出了"猫咪正在吃东西"的信息。

⑪代码的第17行调用实例my_cat的sleep()方法，输出了"猫咪正在睡觉"的信息。

⑫代码的第18行输出一条包含my_cat的名字name和品种breed属性信息的字符串，其内容为"猫咪的品种为狸猫"。

⑬代码的第19行调用实例my_cat的miao()方法，输出"猫咪正在喵喵叫"的信息。

运行代码后会输出小猫的行为信息，代码的运行效果如下。

```
猫咪正在吃东西。
猫咪正在睡觉。
猫咪的品种为狸猫。
猫咪正在喵喵叫。
```

4. 课堂小结

在Python中使用继承特性时，应该避免多继承中的方法冲突，正确使用super()函数调用父类方法，明确私有成员不可继承访问的规则，合理设计类结构以避免代码冗余，提高代码的可维护性。

5. 课后练习

尝试编写代码，先定义一个Animal类作为父类，随后定义一个子类Dog，继承父类Animal的所有属性和方法，并添加狗的特有属性和行为，属性为品种，行为为"汪汪"叫。代码保存在3.1文件夹下的test04.py文件中。

3.1.5 案例22：加热厨房的食物（多态）

1. 案例背景

假设有一个电饭煲、微波炉和烤箱，它们都是厨房的电器，都有加热食物的功能，但是具体的加热方式有些区别。其中，电饭煲用于煮饭；微波炉用于快速加热食物；烤箱用于烘烤食物。

2. 知识准备

在Python编程语言中，可以利用类的多态特性将这些电器抽象为不同的类，共享加热食物的行为。

类的多态特性表现在不同类的对象能够响应相同的接口调用，即关注对象具有的行为而不是其特定类型，使得程序设计更加灵活，提高了代码的复用性和系统的可维护性。

3. 编写代码

尝试编写代码，定义KitchenAppliance父类，RiceCooker、Microwave、Oven等子类，共享加热食物的行为。代码保存在3.1文件夹下的cook.py文件中，代码如下。

```
1.    class KitchenAppliance:
2.       def heat_food(self):
3.           print("电器正在加热食物……")
4.    class RiceCooker(KitchenAppliance):
5.       def heat_food(self):
6.           print("电饭煲正在煮饭……")
7.    class Microwave(KitchenAppliance):
8.       def heat_food(self):
9.           print("微波炉正在快速加热食物……")
10.   class Oven(KitchenAppliance):
11.      def heat_food(self):
12.          print("烤箱正在烘烤食物……")
13.   def cook_meal(appliance):
```

```
14.        appliance.heat_food()
15.    rice_cooker = RiceCooker()
16.    microwave = Microwave()
17.    oven = Oven()
18.    cook_meal(rice_cooker)
19.    cook_meal(microwave)
20.    cook_meal(oven)
```

①代码的第1行定义了一个名为KitchenAppliance的类，这是一个抽象基类，具有通用的加热食物功能。

②代码的第2、3行在KitchenAppliance类中定义了一个heat_food()方法，作为所有厨房电器都具有的基本功能，在此处用于输出"电器正在加热食物……"。

③代码的第4~6行定义了一个名为RiceCooker的子类，继承自KitchenAppliance类，并且在RiceCooker类中重写了heat_food()方法，使其输出"电饭煲正在煮饭……"。

④代码的第7~9行定义了一个名为Microwave的类，继承自KitchenAppliance类，并且重写了heat_food()方法，使其输出"微波炉正在快速加热食物……"。

⑤代码的第10~12行定义了一个名为Oven的类，继承自KitchenAppliance类并重写heat_food()方法，使其输出"烤箱正在烘烤食物……"。

⑥代码的第13、14行定义了一个cook_meal()函数，并且在函数的内部调用传入对象的heat_food()方法。

⑦代码的第15~17行创建了3个具体的电器对象，即rice_cooker对象、microwave对象和oven对象。

⑧代码的第18行调用cook_meal()函数，并传入rice_cooker对象，执行电饭煲加热食物的操作，输出"电饭煲正在煮饭……"。

⑨代码的第19行调用cook_meal()函数，并传入microwave对象，执行微波炉加热食物的操作，输出"微波炉正在快速加热食物……"。

⑩代码的第20行调用cook_meal()函数，并传入oven对象，执行烤箱加热食物的操作，输出"烤箱正在烘烤食物……"。

运行代码后会输出加热食物的信息，代码的运行效果如下。

```
电饭煲正在煮饭……
微波炉正在快速加热食物……
烤箱正在烘烤食物……
```

4. 课堂小结

在Python中运用多态特性时，重点在于设计接口而非实现，确保方法命名一致以允许不同对象响应相同消息，从而提升代码的灵活性和可扩展性。子类可以重写父类的方法，但必须保持相同的方法名和参数列表。

5. 课后练习

在本例的基础上，尝试修改代码，增加一个子类Pot，继承自KitchenAppliance类，并且在Pot类中重写heat_food()方法，使其输出"平底锅正在加热食物……"。修改后的代码保存在3.1文件夹下的test05.py文件中。

3.1.6 案例23：自动翻阅电子书籍 (迭代器)

1. 案例背景

在现实生活中，电子书籍通常有很多页面，需要逐页阅读。

2. 知识准备

在Python编程语言中，可以使用迭代器模拟自动翻页的效果。

Python的迭代器是一个拥有__iter__()和__next__()两个特殊方法的对象。通常调用iter()函数从可迭代对象中获取迭代器，然后调用next()方法逐一访问数据集中的元素，直至耗尽资源，抛出StopIteration异常。

注：异常处理的知识将在3.3节详细介绍。

👉 **指点迷津** ···

方法 __iter__() 使对象成为可迭代对象，返回迭代器自身；方法 __next__() 在迭代过程中依次返回下一个值，若无更多值，则抛出 StopIteration 异常。

3. 编写代码

尝试编写代码，定义一个BookRobot类，首先，定义__iter__()和__next__()等方法，随后实例化BookRobot类，模拟自动翻页的效果。代码保存在3.1文件夹下的book.py文件中，代码如下。

```
1.    class BookRobot:
2.        def __init__(self, total_pages):
3.            self.current_page = 1
4.            self.total_pages = total_pages
5.        def __iter__(self):
6.            return self
7.        def __next__(self):
8.            if self.current_page <= self.total_pages:
9.                page_number = self.current_page
10.               self.current_page += 1
11.               return f"正在阅读第{page_number}页。"
12.           else:
```

```
13.                raise StopIteration
14.    book = BookRobot(300)
15.    reader = iter(book)
16.    for page in reader:
17.        print(page)
```

①代码的第1行定义了一个名为BookRobot的类，即翻页机器人类。

②代码的第2行在BookRobot类中定义了初始化方法__init__()，当创建BookRobot对象时会自动调用。该方法接收一个参数total_pages，表示小说的总页数。

③代码的第3行在每个BookRobot对象实例中初始化一个属性current_page并设置初始值为1，表示当前正在阅读的页码。

④代码的第4行将传入的total_pages参数值赋给对象实例的total_pages属性，用于记录小说的总页数。

⑤代码的第5行定义了一个特殊方法__iter__()，使BookRobot类的对象成为可迭代对象。当调用iter()函数或在for循环中使用该对象时，会自动调用此方法。

⑥代码的第6行在__iter__()方法中设置返回值为对象自身，因为这个类本身就是一个迭代器，无须返回新的迭代器对象。

⑦代码的第7行定义了另一个特殊方法__next__()，这是迭代器的一部分，用于获取下一个值，在每次迭代时都会调用此方法。

⑧代码的第8~13行使用if-else语句检查当前页码是否小于等于总页数。如果条件满足，则将当前页码赋值给page_number变量，随后将当前页码加1，准备下一次迭代，并返回格式化后的字符串，内容为"正在阅读第page_number页"，page_number表示当前页码；如果条件不满足，则执行else语句块中的内容，抛出异常并结束迭代。

⑨代码的第14行创建了一个BookRobot对象实例，表示一本300页的书。

⑩代码的第15行调用了iter()函数，由于前面定义了__iter__()方法，因此返回的是book对象自身。

⑪代码的第16、17行通过for循环遍历reader对象，在每层循环中调用__next__()方法获取并输出当前的页数。

运行代码后会输出自动翻阅小说的信息，代码的运行效果如下。

```
正在阅读第1页。
正在阅读第2页。
正在阅读第3页。
……
正在阅读第298页。
正在阅读第299页
正在阅读第300页。
```

4. 课堂小结

Python的迭代器通常是一次性的且只能向前迭代,不能向后回溯。在使用Python迭代器时,需要通过__iter__()和__next__()方法自定义迭代器行为,然后利用iter()函数获取迭代器,用__next__()方法、for循环遍历可迭代对象。

5. 课后练习

在本例的基础上,尝试修改代码,增加一个input()函数,用于提示用户输入要翻阅的页数。修改后的代码保存在3.1文件夹下的test06.py文件中。

3.1.7 案例24:模拟电梯下降的过程(生成器)

1. 案例背景

在日常生活中,我们可以乘坐电梯直达高楼的每一层。例如,要想乘坐电梯从某幢高楼的10层抵达1层,只需要按下1层的按钮,等待电梯下降即可。

2. 知识准备

在Python编程语言中,可以使用生成器模拟电梯下降的过程。

Python的生成器是一种特殊的迭代器,通常使用关键字yield定义生成器,动态生成每个值而非一次性生成整个数据集,适用于处理大数据流以及创建复杂的控制流结构。

👍 指点迷津 ⸺

关键字 yield 用于定义生成器函数,使函数在每次调用时能暂停并记住状态,返回迭代值,方便下次迭代时从上次暂停处继续执行。

3. 编写代码

尝试编写代码,定义一个Elevator类,并在该类中定义descend()方法,用于动态生成电梯下落过程中经过的楼层。代码保存在3.1文件夹下的elevator.py文件中,代码如下。

```
1.    class Elevator:
2.        def __init__(self, total_floors):
3.            self.current_floor = total_floors
4.            self.total_floors = total_floors
5.        def descend(self):
6.            while self.current_floor > 0:
7.                yield self.current_floor
8.                self.current_floor -= 1
9.    elevator = Elevator(total_floors=10)
10.   elevator_generator = elevator.descend()
```

```
11.    for floor in elevator_generator:
12.        print(f"电梯正在下降，当前位于第{floor}层")
```

①代码的第1行定义了一个名为Elevator的类，用于模拟电梯的行为。

②代码的第2行定义了构造方法__init__()，当创建一个Elevator实例时会被调用。这个方法接收一个参数total_floors，表示大楼的总楼层数。

③代码的第3、4行将传入的total_floors参数值赋给实例变量self.current_floor和self.total_floor。

④代码的第5行定义了descend()方法，该方法是一个生成器函数。

⑤代码的第6行使用while语句循环判断，只要电梯当前所在楼层大于0，就执行循环体内的内容。

⑥代码的第7行使用yield关键字返回当前楼层。

⑦代码的第8行将电梯的楼层减1，模拟电梯下降到下一层的过程。

⑧代码的第9行创建了一个elevator实例并传入参数10，表示这是一栋10层的大楼。

⑨代码的第10行调用了实例elevator中的descend()方法，得到了一个生成器对象elevator_generator，该生成器会按顺序生成电梯下降过程中的所有楼层。

⑩代码的第11、12行使用for循环遍历生成器elevator_generator，在每层循环中获取并输出电梯当前所在的楼层。

运行代码后会输出电梯下降过程信息，代码的运行效果如下。

```
电梯正在下降，当前位于第10层。
电梯正在下降，当前位于第9层。
电梯正在下降，当前位于第8层。
电梯正在下降，当前位于第7层。
电梯正在下降，当前位于第6层。
电梯正在下降，当前位于第5层。
电梯正在下降，当前位于第4层。
电梯正在下降，当前位于第3层。
电梯正在下降，当前位于第2层。
电梯正在下降，当前位于第1层。
```

4. 课堂小结

Python的生成器可以按需产生数据，从而节省内存，通过在函数定义中调用yield语句，可以自动保存程序状态以便暂停和恢复执行。生成器支持迭代但不直接调用next()函数，通常使用send()函数传递数据及管理迭代流程，避免陷入无限循环的陷阱。

5. 课后练习

尝试修改代码，在Elevator类中定义ascent()生成器，用于动态生成电梯上升过程中经过的楼层。随后调用该生成器，模拟电梯动态上升的过程。修改后的代码保存在3.1文件夹下的test07.py文件中。

3.1.8 案例25：查看游乐园的坐标（装饰器）

1. 案例背景

本周末，朋友们准备一起去游乐园玩耍，游乐园在地图上的x轴坐标为12、y轴坐标为34、z轴坐标为56。

2. 知识准备

在Python编程语言中，可以使用装饰器输出游乐园的坐标。

Python的装饰器是一种高级的语法结构。通常用@符号定义装饰器，在不修改原代码的基础上，动态地向函数或类中添加新的功能或行为，其本质是利用函数的高阶性和闭包机制实现的一种"包装"技术，常用于日志记录、性能测试以及权限校验等场景。

3. 编写代码

尝试编写代码，定义一个pos_z()装饰器和一个Pos类，并用装饰器装饰该类，输出游乐园的x轴、y轴和z轴的坐标。代码保存在3.1文件夹的pos.py文件中，代码如下。

```
1.    def pos_z(pos):
2.        class zClass:
3.            def __init__(self):
4.                self.z = 56
5.                self.xy = pos()
6.            def position(self):
7.                self.xy.position()
8.                print(f"游乐园的z轴坐标为:{self.z}")
9.        return zClass
10.   @pos_z
11.   class Pos:
12.       def __init__(self):
13.           self.x = 12
14.           self.y = 34
15.       def position(self):
16.           print(f"游乐园的x轴坐标为:{self.x}")
17.           print(f"游乐园的y轴坐标为:{self.y}")
18.   pos = Pos()
19.   pos.position()
```

①代码的第1行定义了一个pos_z()函数，接收参数pos。

②代码的第2行在函数pos_z()中定义了一个类zClass。

③代码的第3行在zClass类中定义了构造方法__init__()。

④代码的第4、5行在zClass类的构造函数中，初始化属性z的值为56，调用pos属性xy的

值为pos()函数的返回值并将结果赋给属性xy。

⑤代码的第6~8行在zClass类中定义了position()方法,用于输出游乐园的坐标值。

⑥代码的第9行使用关键字return设置返回值为zClass类。

⑦在代码的第10、11行中,先使用符号@定义了一个装饰器,然后将类Pos作为参数传递给pos_z()函数。

⑧代码的第12~14行定义了Pos类的构造方法,并设置了x属性为12、y属性为34。

⑨代码的第15~17行定义了position()方法,用于输出游乐园的x和y坐标值。

⑩代码的第18行实例化类Pos,创建了一个pos对象。

⑪代码的第19行调用pos对象的position()方法,输出游乐园x、y、z轴坐标的值。

运行代码后会输出游乐园的坐标信息,代码的运行效果如下。

```
游乐园的x轴坐标为:12
游乐园的y轴坐标为:34
游乐园的z轴坐标为:56
```

4. 课堂小结

在用Python装饰器时,需要谨慎处理原函数的属性以及装饰器的顺序,避免重复装饰导致的意外行为,尽量理解无参、有参及类装饰器,确保不影响被装饰函数或类的正常工作。

5. 课后练习

在本例的基础上,尝试修改代码,给装饰器增加输出游乐园名称的功能。修改后的代码保存在3.1文件夹下的test08.py文件中。

3.1.9 小结

本节主要介绍了Python编程语言中面向对象的知识,包含类和对象、属性与方法、封装、继承、多态、迭代器、生成器以及装饰器,有助于开发者深入理解并运用Python面向对象的特性来构建复杂的应用程序,提高代码的可读性、可维护性和复用性。

3.2 模块与库

本节将深入探讨Python编程语言中的Random、Math、Time、Datetime以及Re等模块与库。我们将编写代码实现5个有趣的案例,学习这些模块与库在编程实践中的强大功能。这些案例包括猜数字小游戏、随机生成10道计算题、模拟烤披萨的过程、开发新年倒计时器以及统计地址信息。通过本节的学习,读者将能够更好地理解和应用Python编程语言中的模块与库,提升编程能力和解决实际问题的能力。

3.2.1 案例26：猜数字小游戏（Random模块）

1. 案例背景

小明和小红在玩猜数字小游戏，游戏的规则如下。

小明随机写下一个1~100之间的整数，小红拥有5次猜数字的机会。在每次猜完数字后，如果小红猜的数字小于小明写下的数字，小明会告诉她猜小了；如果小红猜的数字大于小明写下的数字，小明会告诉她猜大了；如果小红猜对了，小明会送给小红一个小礼物作为奖励。如果5次机会都用完了，则游戏失败。

2. 知识准备

在Python编程语言中，可以使用Random模块实现猜数字小游戏。

(1) 模块与库。

Python的模块与库是实现代码组织、复用和分发的基本单位。模块是一个包含Python变量、函数、类的独立文件，通常使用关键字import将模块导入代码中；而库则是围绕某一主题，由多个模块组成的软件包。导入模块或库的语句如下。

```
import 模块或库
```

(2) Random模块。

Python的Random模块提供了一系列用于生成随机数的函数，包括整数和浮点数，常用于游戏开发、数学计算等场景。Random模块中常见的函数见表3.2。

表3.2　Random 模块中常见的函数

函　　数	说　　明
random.random()	生成 0~1 之间的随机浮点数，含端点 0 不含端点 1
random.uniform(a, b)	生成指定区间 [a, b] 内的随机浮点数，含端点 a 不含端点 b
random.randint(a, b)	生成指定区间 [a, b] 内的随机整数，含端点 a 和 b
random.choice(seq)	从非空序列 seq 中随机选择一个元素
random.shuffle(x)	将列表 x 中的元素随机排序
random.sample(population, k)	从序列 population 中不放回地随机抽取 k 个独特的元素
random.seed(a)	设置随机数生成器的种子 a，确保重复实验得到相同的随机序列

3. 编写代码

尝试编写代码，导入Random模块并随机生成一个1~100之间的整数，作为小明写下的数字，随后定义一个guess()函数，提示用户输入一个数字并判断该数字与小明写下的数字是否相等，模拟猜数字小游戏。代码保存在3.2文件夹下的game.py文件中，代码如下。

```
1.    import random
2.    number = random.randint(1, 100)
```

```
3.    def guess():
4.        for i in range(5):
5.            n = int(input(f"这是第{i+1}次机会，请输入一个整数(1~100):"))
6.            if n == number:
7.                print("恭喜你猜对了！")
8.                return True
9.            elif n > number:
10.                print("猜大了！")
11.            else:
12.                print("猜小了！")
13.        return False
14.    if guess():
15.        print("游戏胜利！")
16.    else:
17.        print("游戏失败！")
```

①代码的第1行导入了Random模块，这个模块包含各种随机数生成函数。

②代码的第2行使用random.randint(1, 100)函数生成一个在1~100之间且包括1和100的随机整数，并将其赋值给变量number，作为用户需要猜测的目标数字。

③代码的第3行定义了一个名为guess()的函数，用于实现猜数字的游戏逻辑。

④代码的第4和第5行在函数内部使用for循环结构，设定最多允许用户猜5次。在每次循环中，通过input()函数获取用户输入的整数，将其转换为整型后赋值给变量n，同时提示当前是第几次机会。

⑤在代码的第6~13行中，首先使用if语句判断用户输入的n是否等于随机数number，如果相等，则输出"恭喜你猜对了！"的信息并返回布尔值True，结束游戏。如果用户输入的n大于number，则输出"猜大了！"；如果用户输入的n小于number，则输出"猜小了！"。如果在循环结束后仍未猜中，则返回布尔值False，结束游戏。

⑥代码的第14~17行调用guess()函数，并根据其返回值判断游戏结果。如果guess()函数的返回值为True，则输出"游戏胜利！"，否则输出"游戏失败！"。

运行代码后，会提示用户输入一个数字，并判断该数字是否与随机生成的数字相同，代码的运行效果如下。

```
这是第1次机会，请输入一个整数(1~100):50
猜大了！
这是第2次机会，请输入一个整数(1~100):25
猜大了！
这是第3次机会，请输入一个整数(1~100):20
猜小了！
这是第4次机会，请输入一个整数(1~100):23
猜大了！
```

这是第5次机会，请输入一个整数(1~100):22
恭喜你猜对了！
游戏胜利！

4. 课堂小结

调用random.shuffle()函数不会返回新的列表，而是直接修改原列表；调用random.randint()函数生成的是包含左右端点的随机整数；调用random.seed()函数设置随机数种子后，重复实验将得到相同的结果。

5. 课后练习

由于整数1~100的范围较广，导致游戏难度较高。在本例的基础上，尝试修改代码，使用Random模块随机生成一个1~20之间的整数，降低游戏的难度。修改后的代码保存在3.2文件夹下的test01.py文件中。

3.2.2 案例27: 随机生成10道计算题 (Math模块)

1. 案例背景

小明很喜欢数学，他每天都会挑战10道计算题，但是题库里的计算题被写完了，你可以帮他生成一些新的题目吗？

2. 知识准备

在Python编程语言中，可以使用Math模块结合Random模块随机生成10道计算题。

(1) Math模块。

Python的Math模块提供了一系列数学函数和常量，如三角函数、对数函数、指数函数、圆周率π以及自然对数的底e等，极大地丰富了Python在科学计算、数据分析等领域的应用能力。Math模块中常见的函数见表3.3。

表3.3 Math 模块中常见的函数

函 数	说 明
math.ceil(x)	向上取整，返回大于或等于 x 的最小整数
math.floor(x)	向下取整，返回小于或等于 x 的最大整数
math.sqrt(x)	计算 x 的平方根
math.pow(x, y)	计算 x 的 y 次方
math.log(x[, base])	计算 x 的自然对数，或以 base 为底的对数
math.exp(x)	计算 e 的 x 次方
math.cos(x)	计算 x（弧度制）的余弦值
math.sin(x)	计算 x（弧度制）的正弦值
math.tan(x)	计算 x（弧度制）的正切值

续表

函　数	说　明
math.radians(x)	将角度转换为弧度
math.degrees(x)	将弧度转换为角度
math.pi	常量，圆周率 π
math.e	常量，自然对数的底数 e
math.isinf(x)	判断 x 是否为无穷大
math.isnan(x)	判断 x 是否为 NaN

(2) enumerate()函数。

Python的enumerate()函数通常用于返回可迭代对象中每个元素的索引和值。当调用enumerate()函数时，它会返回一个枚举对象，该对象生成的每个元素都是一个元组，元组的第一个元素是当前元素的索引，第二个元素则是可迭代对象中相应位置的值。例如，以下代码枚举了整数1~9，同时输出了整数1~9的索引和值。

```
for i in enumerate(list(range(1, 10))):
    print(i)
```

3. 编写代码

尝试编写代码，随机生成10道计算题。代码保存在3.2文件夹下的math.py文件中，代码如下。

```
1.    import random
2.    import math
3.    def question():
4.        num1 = random.randint(1, 10)
5.        num2 = random.randint(1, 5)
6.        question = f"{num1} ^ {num2} = "
7.        answer = int(math.pow(num1, num2))
8.        return question, answer
9.    questions = [question() for i in range(10)]
10.   for i, (q, a) in enumerate(questions):
11.       print(f"题目{i + 1}: {q} = ")
```

①代码的第1行导入了Random模块，该模块提供了许多生成随机数的方法。

②代码的第2行导入了Math模块，该模块提供了许多数学函数。

③代码的第3行定义了一个question()函数，用于生成数学计算题。

④代码的第4行在函数内部生成一个1~10之间的随机整数并赋值给变量num1，作为幂运算的底数。

⑤代码的第5行在函数内部生成一个1~5之间的随机整数并赋值给变量num2，作为幂运算的指数。

⑥代码的第6行创建了一个字符串变量question，其内容为num1和num2按指数形式格式化后的表达式，并在末尾添加等于（=）符号。

⑦代码的第7行使用math.pow()函数计算num1的num2次方的结果，然后将其转换为整数类型并赋值给变量answer，即计算题的答案。

⑧代码的第8行设置函数的返回值为一个元组，包含算术表达式和答案。

⑨代码的第9行使用列表推导式调用question()函数10次，并将每次得到的表达式和答案存储在列表中，生成10道幂运算题。

⑩代码的第10行遍历列表questions中的每个元素，使用enumerate()函数同时返回元素的索引和元素本身。这里的参数q表示表达式，a表示答案。

⑪代码的第11行在循环体内格式化输出了当前题目的序号以及表达式。

运行代码后会随机生成10道计算题，以上代码的运行效果如下。

```
题目1: 5 ^ 1 = =
题目2: 7 ^ 4 = =
题目3: 7 ^ 5 = =
题目4: 6 ^ 4 = =
题目5: 4 ^ 1 = =
题目6: 4 ^ 4 = =
题目7: 8 ^ 3 = =
题目8: 4 ^ 1 = =
题目9: 1 ^ 2 = =
题目10: 8 ^ 4 = =
```

4. 课堂小结

使用Python的Math模块时，注意其提供的均为浮点数运算函数，并了解各函数的输入输出类型，需要进行精确计算时适当调用数学常量math.pi和math.e；使用Python的enumerate()函数时，注意其返回的是一个枚举对象，可以在for循环中同时获取元素及其索引，还需要注意索引默认从0开始，可自定义起始值，通常用于需要追踪迭代进度或元素位置的场景。

5. 课后练习

在本例的基础上，尝试修改代码并增加功能：在每个表达式的后面提示用户输入值，当用户输入值后，判断该值是否正确。修改后的代码保存在3.2文件夹下的test02.py文件中。

3.2.3 案例28：模拟烤披萨的过程（Time模块）

1. 案例背景

小王同学很喜欢吃披萨，每周四他都会用烤箱烘烤披萨，每次需要烘烤15分钟。

2. 知识准备

在Python编程语言中，可以使用Time模块模拟烤披萨的过程。

(1) Time模块。

Python的Time模块是处理时间的基本工具包，常用于获取系统时间、格式化时间、转换时间戳以及暂停时间等操作。Time模块中常见的函数见表3.4。

表3.4　Time 模块中常见的函数

函　数	说　明
time.time()	返回当前时间的时间戳，即自1970年1月1日00:00:00 UTC 以来经过的秒数
time.sleep(seconds)	将程序暂停 seconds 秒数
time.localtime([seconds])	将时间戳转换为本地时间的 struct_time 对象
time.gmtime([seconds])	将时间戳转换为 UTC 时间的 struct_time 对象
time.strftime(format[, t])	根据指定格式将时间元组转换为字符串
time.strptime(string[, format])	根据指定格式将字符串转换为时间元组
time.mktime(t)	将本地时间的 struct_time 对象转换为时间戳
time.ctime([seconds])	将时间戳转换为本地时间的字符串表示

(2) divmod()函数。

Python的divmod()函数是一个内置函数，用于返回除法的商和余数组成的元组，简化了整数除法和求余操作的过程，提高了编程效率和代码可读性。例如，以下代码可以计算出整数55除以2的商和余数。

```
print(divmod(55,2))
```

3. 编写代码

尝试编写代码，在控制台中实时输出烘烤披萨经历的时间。代码保存在3.2文件夹下的cook.py文件中，代码如下。

```
1.    import time
2.    current_time = 0
3.    pizza_time = 15 * 60
4.    print("披萨开始烘烤! 请耐心等待……")
5.    while current_time < pizza_time:
6.        min, sec = divmod(current_time, 60)
7.        time.sleep(1)
8.        current_time += 1
9.        print(f"正在烘烤披萨, 已经烘烤了{min}分{sec}秒。")
10.   print("披萨烘烤完成! ")
```

①代码的第1行代码导入了Python的Time模块，该模块提供了与时间相关的功能。

②代码的第2行初始化变量current_time的值为0，表示烘烤开始的时间点。

③代码的第3行设置了烘烤披萨的总时间为15分钟，即900秒。

④代码的第4行输出提示信息，告诉用户开始烘烤披萨。

⑤代码的第5行定义了一个while循环，当变量current_time小于pizza_time，即烘烤时间未达到设定的总时间时持续循环。

⑥代码的第6行使用divmod()函数将变量current_time转换成分和秒。该函数返回两个值：第一个是除法的商即分钟数；第二个是除法的余数即秒数。

⑦代码的第7行使用sleep()函数将程序暂停1秒，模拟烘烤过程。

⑧代码的第8行将变量current_time增加1秒，模拟时间的流逝。

⑨代码的第9行输出当前的烘烤进度，并使用f-string格式化字符串，显示已经过去的分钟数和秒数。

⑩代码的第10行输出提示信息并告知用户披萨烘烤完成。

运行代码后，会在控制台中持续输出烘烤披萨经过的时间，代码的运行效果如下。

```
披萨开始烘烤！请耐心等待……
正在烘烤披萨，已经烘烤了0分0秒。
正在烘烤披萨，已经烘烤了0分1秒。
正在烘烤披萨，已经烘烤了0分2秒。
正在烘烤披萨，已经烘烤了0分3秒。
正在烘烤披萨，已经烘烤了0分4秒。
……
正在烘烤披萨，已经烘烤了14分59秒。
披萨烘烤完成！
```

4. 课堂小结

使用Python的Time模块时，需要注意跨平台兼容性，正确使用函数如time()、sleep()和strftime()等，并考虑时区处理和本地化需求，以确保时间操作的准确性和一致性；使用Python的divmod()函数时，需要传入两个整数或浮点数作为参数，函数会直接返回一个包含商和余数的元组。

5. 课后练习

在本例的基础上，尝试修改代码，将正计时器修改为倒计时器，持续输出烘烤披萨剩余的时间。修改后的代码保存在3.2文件夹下的test03.py文件中。

3.2.4 案例29：开发新年倒计时器（Datetime模块）

1. 案例背景

假设当前时间是2024年5月2日，距离新年即2025年1月1日还有多久呢？

2. 知识准备

在Python编程语言中，可以使用Datetime模块计算出当前时间距离新年的时间。

Python的Datetime模块是一个强大且灵活的时间处理工具，其包含datetime、timedelta、date、time等类，用于日期和时间的创建、格式化、计算、转换等操作。Datetime模块中常见的函数见表3.5。

表3.5　Datetime 模块中常见的函数

函　　数	说　　明
datetime.datetime.now()	返回当前日期和时间
datetime.datetime.today()	返回当前日期和时间，与 datetime.now() 类似
datetime.datetime.fromtimestamp(timestamp)	将时间戳转换为 datetime 对象
datetime.datetime.strptime(datestring, format)	将字符串解析为 datetime 对象
datetime.datetime.strftime(datetime, format)	将 datetime 对象格式化为字符串
datetime.datetime.combine(date, time)	合并日期和时间到 datetime
datetime.timedelta()	表示时间间隔，用于计算日期和时间的偏移量
datetime.date.today()	返回当前的日期，不附带时间
datetime.time()	创建一个表示时间的对象

3. 编写代码

尝试编写代码，开发一个新年倒计时器，持续输出当前时期和时间距离新的一年还有多久。代码保存在3.2文件夹下的newyear.py文件中，代码如下。

```
1.    from datetime import datetime
2.    import time
3.    while True:
4.        now = datetime.now()
5.        year = now.year + 1
6.        new_year = datetime(year, 1, 1, 0, 0, 0)
7.        time_until_new_year = new_year - now
8.        total_seconds = time_until_new_year.total_seconds()
9.        days = int(total_seconds // (24 * 3600))
10.        hours = int((total_seconds % (24 * 3600)) // 3600)
11.        minutes = int((total_seconds % 3600) // 60)
12.        seconds = int(total_seconds % 60)
13.        if days > 0:
14.            print(f"距离新的一年还有{days}天{hours}小时{minutes}分钟{seconds}秒")
15.        elif hours > 0 or minutes > 0 or seconds > 0:
16.            print(f"距离新的一年还有{hours}小时{minutes}分钟{seconds}秒")
17.        else:
18.            print("新的一年已经到啦！")
19.        time.sleep(1)
```

①代码的第1行导入了Datetime模块中的datetime类，用于处理日期和时间。

②代码的第2行导入了Time模块，用于提供与时间相关的函数。

③代码的第3行创建了一个无限循环，使得计时器持续运行。

④代码的第4行使用datetime.now()方法获取当前的日期和时间。

⑤代码的第5行计算下一年的年份year。

⑥代码的第6行根据计算出的年份year，创建了一个表示下一年1月1日00:00:00的datetime对象。

⑦代码的第7行计算出从当前时间到下一年1月1日的时间差。

⑧代码的第8行调用total_seconds()方法将时间差转换为总秒数。

⑨代码的第9~12行将总秒数转换为天数、小时数、分钟数和秒数，并分别存储在变量days、hours、minutes和seconds中。

⑩在代码的第13~18行中，调用if-elif-else语句进行判断：如果距离新年还有一天以上，则输出天数、小时数、分钟数和秒数；如果距离新年不超过一天且时间差大于等于1秒，则输出剩余的小时数、分钟数和秒数；如果时间差小于1秒，则输出新年到来的信息。

⑪代码的第19行调用sleep()函数将程序暂停1秒后再继续执行，这样计时器会每秒更新一次，而不是连续不断地输出。

运行代码后，会在控制台中持续输出距离新年的倒计时，代码的运行效果如下。

```
距离新的一年还有242天14小时5分钟51秒
距离新的一年还有242天14小时5分钟50秒
距离新的一年还有242天14小时5分钟49秒
……
距离新的一年还有0小时0分钟1秒
新的一年已经到啦！
```

4. 课堂小结

Datetime模块提供了丰富的类和方法进行日期和时间的高级操作，如日期运算、格式化输出，适合处理复杂的时间数据；而Time模块则偏向底层，主要用于获取时间戳、格式化时间字符串和延迟时间等基本时间处理任务。

5. 课后练习

在本例的基础上，尝试修改代码，将倒计时器输出的时间精确到毫秒数。修改后的代码保存在3.2文件夹下的test04.py文件中。

3.2.5 案例30：统计地址信息（Re模块）

1. 案例背景

最近老师在收集学生的信息，需要统计班级里的学生都来自哪些城市。部分学生的信息见表3.6。

表3.6　部分学生的信息

姓　名	电　话	地　址
小明	66668888	江苏省苏州市
小红	33332222	江苏省南通市
小王	55556666	江苏省南京市
小李	44448888	江苏省徐州市
小陈	22226666	江苏省苏州市
小天	66663333	江苏省宿迁市
小林	88885555	江苏省无锡市

2. 知识准备

在Python编程语言中，可以使用Re模块结合正则表达式来提取学生的地址信息。

(1) 正则表达式。

正则表达式是一个强大且灵活的文本处理工具，通过特定语法描述文本，实现对字符串的高效搜索、匹配、替换等操作，广泛应用于数据提取、验证、过滤等场景，是编程中处理复杂文本数据的一项关键技术。正则表达式的常见符号见表3.7。

表3.7　正则表达式的常见符号

符　号	说　明
.	匹配任何单个字符，除了换行符
^	匹配字符串的开始符号
$	匹配字符串的结束符号
*	匹配前面的子表达式 0 次或多次
+	匹配前面的子表达式 1 次或多次
?	匹配前面的子表达式 0 次或 1 次
{n}	匹配前面的子表达式恰好 n 次
{n,}	匹配前面的子表达式至少 n 次
{n,m}	匹配前面的子表达式至少 n 次，但不超过 m 次
[]	字符集，匹配括号内的任何一个字符
[^...]	负向字符集，匹配不在括号内的任何一个字符
()	分组，将括号内的表达式作为一组处理，也可以用于捕获分组的内容
\	转义字符，用于取消特殊字符的含义，或者表示特殊序列，如 \d、\w、\s 等
\d	等同于 [0-9]，匹配任何数字
\D	等同于 [^0-9]，匹配任何非数字字符
\w	等同于 [a-zA-Z0-9_]，匹配任何字母、数字或下划线
\W	等同于 [^a-zA-Z0-9_]，匹配任何非字母、数字、下划线字符
\s	匹配任何空白字符，如空格、制表符、换页符等
\S	匹配任何非空白字符

(2) Re模块。

Python的Re模块用于处理正则表达式，支持字符串的复杂模式匹配、搜索、替换等操作，极大地简化了文本处理任务。Re模块中常见的函数见表3.8。

表3.8　Re模块中常见的函数

函　数	说　明
re.compile(pattern)	编译正则表达式模式为 Pattern 对象
re.match(pattern, string)	尝试从字符串的开始位置匹配模式，返回匹配对象或 None
re.search(pattern, string)	在字符串中搜索模式的第一个匹配对象，返回匹配对象或 None
re.findall(pattern, string)	查找字符串中所有模式的匹配对象，返回一个匹配字符串的列表
re.finditer(pattern, string)	查找字符串中所有模式的匹配对象，返回迭代器
re.sub(pattern, repl, string)	替换字符串中匹配到的模式，返回替换后的字符串
re.subn(pattern, repl, string)	类似于 re.sub()，返回替换后的字符串和替换次数组成的元组
re.escape(pattern)	转义字符串中的特殊字符
re.split(pattern, string)	根据匹配到的模式拆分字符串，返回字符串列表
re.purge()	清理正则表达式缓存，释放资源

3. 编写代码

尝试编写代码，提取学生的地址信息并存放在一个集合中。代码保存在3.2文件夹下的address.py文件中，代码如下。

```
1.    import re
2.    data = [
3.        "姓名:小明    电话:66668888    地址:江苏省苏州市",
4.        "姓名:小红    电话:33332222    地址:江苏省南通市",
5.        "姓名:小王    电话:55556666    地址:江苏省南京市",
6.        "姓名:小李    电话:44448888    地址:江苏省徐州市",
7.        "姓名:小陈    电话:22226666    地址:江苏省苏州市",
8.        "姓名:小天    电话:66663333    地址:江苏省宿迁市",
9.        "姓名:小林    电话:88885555    地址:江苏省无锡市",
10.    ]
11.    pattern = re.compile(r"地址:(.+)\s*")
12.    addresses = set([pattern.search(item).group(1) for item in data])
13.    print(addresses)
```

①代码的第1行导入了Python中的正则表达式模块Re，用于使用正则表达式进行字符串匹配和处理。

②代码的第2~10行定义了一个名为data的列表，其中包含多条字符串数据，每条字符串数据格式类似，包含姓名、电话和地址等信息，各信息之间以空格分隔，地址信息前面有固定的标记"地址:"。

③代码的第11行创建了一个正则表达式模式对象。在正则表达式"地址：(.+)\s*"中，(.+)表示匹配任意长度的字符，\s*表示匹配任意数量的空白字符。

④在代码的第12行中，首先遍历data列表中的每个字符串项并赋值给变量item，然后使用定义的pattern在每个item中进行搜索，对于搜索到的结果，使用group()函数获取地址部分，并将所有地址放入列表中，最后将列表转换为集合，自动去除重复的地址。

⑤代码的第13行使用集合输出去重后的所有地址信息。

运行代码后，会输出一个包含地址信息的集合，代码的运行效果如下。

```
{'江苏省南通市', '江苏省苏州市', '江苏省徐州市', '江苏省南京市', '江苏省宿迁市',
'江苏省无锡市'}
```

4. 课堂小结

在Python中使用正则表达式时，需要导入Re模块，要注意转义特殊字符，根据需求选择匹配函数，并利用命名小组来精确提取信息。在正则表达式中，逗号（,）、乘号（*）、加号（+）等符号有特定的含义，如果需要匹配这些字符本身，需要在字符前面加上反斜杠（\）进行转义。乘号（*）、加号（+）、大括号（{}）等符号默认是贪婪的，会尽可能多地匹配字符，如果需要进行非贪婪匹配，即只匹配0次或1次，可以在该符号后面加上问号（?）。

5. 课后练习

在本例的基础上，尝试修改代码，使用正则表达式匹配所有的电话信息。修改后的代码保存在3.2文件夹下的test05.py文件中。

3.2.6 小结

本节主要介绍了Python编程语言中模块与库的知识，包含Random模块、Math模块、Time模块、Datetime模块以及Re模块，有助于开发者高效地编写代码，利用现有的函数和方法实现特定的功能，提升程序的稳定性和可靠性。

3.3 异常处理

在程序执行过程中，错误和异常的出现是不可避免的。因此，熟练掌握异常处理机制对于程序员来说至关重要。在Python编程语言中，try-except语句、try-except-else语句以及try-except-else-finally语句是常用的异常处理结构。下面将编写代码模拟取钱的过程、模拟微信支付的过程以及计算礼物的平均价格等三个具有代表性的案例，来详细阐述这些异常处理结构的使用方法。通过本节的学习，读者将能够更好地理解和应用Python编程语言中的异常处理结构，提升解决实际问题的能力。

3.3.1 案例31：模拟取钱的过程（try-except语句）

1. 案例背景

小明的银行卡里有1000元钱，圣诞节即将来临，他想取出一些钱给朋友们买圣诞礼物。

2. 知识准备

在Python编程语言中，可以使用try-except语句模拟取钱的过程。

Python中的try-except语句是一种异常处理机制，用于捕获并处理程序运行过程中可能出现的错误或异常情况。该语句尝试执行可能出错的try语句，并在出现异常时执行相应的except语句，从而避免因未预料的错误导致程序崩溃。try-except语句的语法如下。

```
try:
    语句1
except 异常类型:
    语句2
```

尝试执行try后的语句1，如果在运行程序的过程中遇到异常和错误，会执行except后的语句2。常见的异常类型见表3.9。

表3.9 常见的异常类型

类 型	说 明
BaseException	所有异常的基类，不建议直接捕获
Exception	大多数异常的基类，通常捕获这个类处理一般异常
ArithmeticError	数学运算错误的基类
FloatingPointError	浮点运算错误
OverflowError	数值运算结果太大无法表示
ZeroDivisionError	除数为零的错误
AssertionError	断言失败时触发
AttributeError	尝试访问对象没有的属性
BufferError	缓冲区错误
EOFError	未达到文件结束就尝试读取文件
FileNotFoundError	请求打开不存在的文件
IOError	输入/输出操作失败，Python 3 中推荐使用 OSError
OSError	操作系统错误，如文件不存在、权限问题
ImportError	导入模块或包时失败
IndexError	索引超出列表、元组等容器的范围
KeyError	尝试访问字典中不存在的键
KeyboardInterrupt	用户中断，通常是 Ctrl+C
MemoryError	内存不足错误
NameError	未声明/初始化变量

续表

类　型	说　明
NotImplementedError	抽象方法未在子类中实现
RuntimeError	一般的运行时错误
StopIteration	迭代器没有更多的元素
SyntaxError	Python 语法错误，解析时触发
IndentationError	缩进错误，属于 SyntaxError 的一种
TabError	Tab 和空格混合缩进错误
SystemError	系统层面的错误
TypeError	操作或函数应用于不适当类型的对象
ValueError	传递给函数的参数类型正确但值不合适
UnicodeError	Unicode 相关错误
UnicodeDecodeError	解码时的 Unicode 错误
UnicodeEncodeError	编码时的 Unicode 错误
UnicodeTranslateError	转换时的 Unicode 错误

3. 编写代码

尝试编写代码，提示用户输入取款的金额，如果用户输入了正数，会输出取款成功的信息；如果用户输入了非正数，会输出相应的信息并提示用户重新输入。代码保存在3.3文件夹下的atm.py文件中，代码如下。

```
1.    all_money = 1000
2.    while True:
3.        try:
4.            get_money = int(input("请输入需要取款的金额(元):"))
5.            if all_money - get_money < 0:
6.                print("剩余金额不足，取款失败")
7.            elif get_money <= 0:
8.                print("输入错误，请输入一个正数")
9.            else:
10.               all_money -= get_money
11.               print(f"取款成功，剩余{all_money}元")
12.        except ValueError:
13.            print("输入错误，请输入一个数字")
```

①代码的第1行初始化变量all_money的值为1000，表示账户初始有1000元。

②代码的第2行启动了一个无限循环while True，使用户可以持续进行取款操作，直到程序被外部中断。

③代码的第3~11行使用try语句包裹了可能出现异常的代码。在代码中，首先使用input()函数提示用户输入需要取款的金额，并尝试将输入转换为整数类型赋值给变量get_money。然

后使用if-elif-else语句进行判断：如果扣除取款金额后的余额小于0，即账户余额不足，输出提示信息"剩余金额不足，取款失败"；如果用户输入的取款金额为负数，则输出提示信息"输入错误，请输入一个正数"；如果条件if和elif都不满足，则执行else后的语句，从总金额all_money中减去取款金额get_money，并输出取款成功及剩余的金额信息。

④在代码的第12、13行中，使用except语句捕获当用户输入非数字时产生的ValueError异常，并提示用户"输入错误，请输入一个数字"。

运行代码后会输出取钱的信息，代码的运行效果如下。

```
请输入需要取款的金额(元):a
输入错误，请输入一个数字
请输入需要取款的金额(元):-10
输入错误，请输入一个正数
请输入需要取款的金额(元):10
取款成功，剩余990元
```

4. 课堂小结

使用Python的try-except语句时，若try语句中的代码运行顺利，except语句会被跳过，一旦发生异常，对应的except语句会执行，进行错误处理或记录。尽量捕获特定异常，精准处理错误，保持代码的健壮性和可维护性。

5. 课后练习

在本例的基础上，尝试修改代码并增加功能：当用户取完所有的存款后结束循环，退出取款程序。修改后的代码保存在3.3文件夹下的test01.py文件中。

3.3.2 案例32：模拟微信支付的过程（try-except-else语句）

1. 案例背景

小明的微信钱包中有一些余额，他购买了一些礼物，并准备用微信钱包进行支付。

2. 知识准备

在Python编程语言中，可以使用try-except-else语句模拟微信支付的过程。

Python的try-except-else语句在标准的try-except语句基础上增加了else子句，用于在try语句没有引发异常时执行代码。该语句既可以捕获程序潜在的错误，又能在程序正常运行时执行特定逻辑。try-except-else语句的语法如下。

```
try:
    语句1
except 异常类型:
    语句2
```

```
else:
    语句3
```

尝试执行try后的语句1，如果遇到异常和错误，则执行except后的语句2；如果没有遇到异常和错误，则执行else后的语句3。

3. 编写代码

尝试编写代码，提示用户输入支付的金额。如果用户输入了正数，会输出取款成功的信息；如果用户输入了非正数，会输出相应的信息并提示用户重新输入；如果程序执行时遇到了错误，会输出错误信息并提示用户重新输入。代码保存在3.3文件夹下的pay.py文件中，代码如下。

```
1.    all_money = 500
2.    while True:
3.        try:
4.            pay_money = int(input("请输入支付的金额(元):"))
5.        except ValueError:
6.            print("输入错误，请输入一个数字")
7.        else:
8.            if all_money - pay_money < 0:
9.                print(f"剩余金额{all_money}元，不足{pay_money}元，支付失败")
10.           elif pay_money <= 0:
11.               print("输入错误，请输入一个正数")
12.           else:
13.               all_money -= pay_money
14.               print(f"支付成功，剩余{all_money}元")
```

①代码的第1行初始化变量all_money的值为500，表示微信钱包里总共有500元。

②代码的第2行使用while语句启动了一个无限循环，因为条件True永远为真，所以循环将一直执行，直到遇到break语句退出循环。

③代码的第3、4行使用try语句提示用户输入一个金额，并尝试将其转换为整数。

④代码的第5、6行表示如果用户输入了非数字字符，将捕获异常并提示用户重新输入合法的金额。

⑤如果在运行try语句中的代码时没有抛出异常，则执行7~19行的代码并判断：如果支付金额大于当前的总金额，输出余额不足的提示信息；如果支付金额小于等于0，提示用户输入错误，应输入正数；如果上述条件都不满足，即支付金额合法且账户余额充足，则从总金额中减去支付金额，并输出支付成功的消息及剩余金额。

运行代码后，会输出使用微信钱包进行支付的信息，代码的运行效果如下。

```
请输入支付的金额(元):a
输入错误，请输入一个数字
请输入支付的金额(元):-10
```

> 输入错误，请输入一个正数
> 请输入支付的金额(元):10
> 支付成功，剩余490元

4. 课堂小结

使用Python中的try-except-else语句时，需要确保在try语句内放置可能出错的代码，在except语句中捕获并处理特定异常，在else语句中添加无异常时执行的代码，注意不要在else语句中放置可能出现异常的语句，同时合理组织结构以增强代码的健壮性和可读性。

5. 课后练习

在本例的基础上，尝试修改代码，当程序捕获到异常时输出异常的具体信息。修改后的代码保存在3.3文件夹下的test02.py文件中。

3.3.3 案例33：计算礼物的平均价格（try-except-else-finally语句）

1. 案例背景

小明购买了一些精美的礼物，他想计算一下所有礼物的平均价格。

2. 知识准备

在Python编程语言中，可以使用try-except-else-finally语句计算礼物的平均价格。

Python的try-except-else-finally语句是完整的异常处理结构，try语句尝试执行代码，except语句捕获并处理异常，else语句在无异常时运行，finally语句无论程序是否异常都会执行，该语句增强了程序的健壮性、稳定性以及可靠性。try-except-else-finally语句的语法如下。

```
try:
    语句1
except 异常类型:
    语句2
else:
    语句3
finally:
    语句4
```

尝试执行try后的语句1，如果遇到异常和错误，会执行except后的语句2；如果没有遇到异常和错误，会执行else后的语句3；无论是否遇到错误，都会执行语句4。

3. 编写代码

尝试编写代码，提示用户输入礼物的总价以及数量，如果程序正常运行，会输出礼物的平均价格；如果程序在运行时遇到了错误，会输出相应的信息并提示用户重新输入；无论程序是否出现错误，都会输出"圣诞快乐！"的信息。代码保存在3.3文件夹下的gift.py文件中，代码如下。

```
1.    while True:
2.        try:
3.            money = int(input("请输入礼物的总价(元):"))
4.            number = int(input("请输入礼物的个数:"))
5.            average = money / number
6.        except Exception as e:
7.            print(f"输入错误，错误原因如下:\n{e}")
8.        else:
9.            print(f"礼物的平均价格为{average}元")
10.            break
11.        finally:
12.            print(f"圣诞快乐！")
```

①代码的第1行创建了一个无限循环，直到成功计算礼物的平均价格才会退出循环。

②代码的第2~5行使用try语句包裹可能出现异常的代码。首先提示用户输入礼物的总价，并尝试将输入转换为整数赋值给变量money，随后提示用户输入礼物的个数，并尝试将其转换为整数赋值给变量number，最后将总价money除以礼物个数number，计算每个礼物的平均价格。

③如果在运行try语句时程序遇到了异常，则执行代码的第6、7行并输出异常信息。

④如果在运行try语句时没有遇到异常，则执行代码的第8~10行，输出礼物的平均价格并退出无限循环。

⑤无论运行try语句时是否发生异常，都会执行代码的第11、12行，输出"圣诞快乐！"的信息。

运行代码后，会输出礼物的平均价格信息，代码的运行效果如下。

```
请输入礼物的总价(元):100
请输入礼物的个数:5
礼物的平均价格为20.0元
圣诞快乐！
```

4. 课堂小结

使用Python的try-except-else-finally语句时，尽量对预期可能发生的异常类型进行精确捕获，同时保持代码的清晰性，避免过度捕获导致难以调试的问题。无论是否发生异常，finally语句都会执行，通常用于在程序结束时清理和释放资源。

5. 课后练习

在本例的基础上，尝试修改代码，捕获并处理ValueError异常和ZeroDivisionError异常。修改后的代码保存在3.3文件夹下的test03.py文件中。

3.3.4 小结

本节主要介绍了Python编程语言中有关异常处理的知识，便于开发者处理异常情况，预防程序崩溃，增强代码的健壮性和程序的可靠性。

3.4 文件操作

在日常的生活和工作中，我们经常要处理大量的文件，因此有必要学习一些处理文件的基本方法。本节将详细阐述Python编程语言中的with语句、OS模块、Shutil模块以及Pickle模块等操作文件的工具。下面将编写代码实现查看信件的内容、创建礼物收藏夹、分类并备份旅游照片、记录苏州的经典美食等案例。通过本节的学习，读者将更深入地理解文件操作的核心概念，提升工作的效率。

3.4.1 案例34：查看信件的内容（with语句）

1. 案例背景

小明通过计算机给小红发送了一封神秘的信件，该信件只能使用Python代码打开，你可以帮小红查看一下信件的内容吗？

注：该信件保存在3.4文件夹下，名称为letter.txt。

2. 知识准备

在Python编程语言中，可以使用open()函数结合with语句打开并查看信件的内容。

(1) open()函数。

Python的open()函数是一个强大的文件操作工具，用于以读取、写入、追加等模式打开文件，并返回一个文件对象。该函数通过一个简明的接口实现文件系统的交互，极大地简化了数据存储和检索的过程。打开文件的模式见表3.10。

表 3.10　打开文件的模式

符　号	模　式	说　明
r	读取模式	默认模式，读取的文件必须存在
w	写入模式	如果文件存在，则被覆盖；如果不存在，则创建
a	追加模式	在文件末尾添加内容，不存在则创建
b	二进制模式	可与读取、写入、追加等模式组合，如 rb 表示读取二进制文件
+	更新模式	读写模式，如 r+ 表示读写存在的文件

例如，以下代码以读取模式打开了文件test.txt。

```
open('test.txt', 'r')
```

使用open()函数打开文件后,可以调用Python的内置函数操作文件。常见的操作文件的函数见表3.11。

表 3.11　常见的操作文件的函数

函　　数	说　　明
file.read(size)	读取并返回文件内容的字符串,参数 size 可以指定读取的字符数
file.readline()	读取并返回一行内容,包括换行符 \n
file.readlines()	读取所有行并返回一个列表,每行作为一个元素,包括换行符 \n
file.write(str)	将字符串 str 写入文件,返回写入的字符数
file.writelines(seq)	将序列 seq 中的字符串逐一写入文件,不添加换行符
file.seek(offset, whence)	将文件读取指针移动到指定位置,offset 为偏移量,whence 为基准位置
file.tell()	返回当前文件读取指针的位置
file.close()	关闭文件,释放系统资源
file.flush()	刷新缓冲区,立即将缓冲区中的内容写入文件

注:表3.11中的file表示文件对象。

(2) with 语句。

Python的with语句提供了一种上下文管理机制,用于自动处理文件打开与关闭等资源管理操作,确保在代码块执行完毕后释放系统资源,可增强代码的简洁性、可靠性以及健壮性。with语句的语法如下。

```
with open(文件名,模式) as file:
    语句1
```

以指定模式打开指定文件,随后执行语句1,当语句1执行完毕后自动关闭文件并释放系统资源。

3. 编写代码

尝试编写代码,使用Python的open()函数打开并查看letter.txt信件的内容。代码保存在3.4文件夹下的readletter.py文件中,代码如下。

```
1.    with open('letter.txt', 'r') as file:
2.        text = file.read()
3.        print(f"信件的内容为:\n{text}")
```

①代码的第1行使用open()函数打开文件letter.txt并赋值给变量file。

②代码的第2行从打开的文件中读取全部内容,并将其存储到变量text中。

③代码的第3行使用print()函数输出了文件letter.txt的内容。

运行代码后,会输出信件的内容,代码的运行效果如下。

```
信件的内容为:
To XiaoHong:
    I Love You!
```

```
By XiaoMing
2024.05 .07
```

4. 课堂小结

使用Python的open()函数时，需要指定正确的文件路径和模式，如读取（r）、写入（w）和追加（a），处理文件后需要调用close()函数释放资源，或者使用with语句自动释放资源。

5. 课后练习

小红查看了信件的内容后，决定给小明回信。尝试编写代码，创建一封内容为"Thank you, but I don't like you"的回信。代码保存在3.4文件夹下的test01.py文件中。

3.4.2 案例35：创建礼物收藏夹（OS模块）

1. 案例背景

小红在过生日时收到了很多精美的礼物。小红是一个喜欢收藏的小女孩，她决定创建一个文件夹来记录这些礼物。

2. 知识准备

在Python编程语言中，可以使用OS模块创建一个用于记录礼物的文件夹。

Python的OS模块是与操作系统交互的桥梁，通常用于执行文件与目录的创建、删除、重命名等操作，是构建跨平台应用程序、执行底层系统任务和实现文件系统管理的核心模块。OS模块的常用函数见表3.12。

表 3.12　OS 模块的常用函数

函　　数	说　　明
os.name	返回操作系统类型标识符
os.uname()	返回详细的系统信息，元组包含操作系统名称、主机名、发行版本、版本信息等
os.environ	返回环境变量的字典，如 PATH、HOME 等
os.getenv(key[, default])	获取环境变量的值，若不存在，则返回 default
os.putenv(key, value)	设置环境变量的值
os.getcwd()	返回当前工作目录
os.chdir(path)	改变当前工作目录到 path
os.mkdir(path[, mode])	创建目录
os.makedirs(path[, mode])	递归创建多级目录
os.rmdir(path)	删除目录
os.removedirs(path)	递归删除目录及其包含的文件和子目录
os.listdir(path)	返回指定目录下的文件和目录名列表
os.rename(src, dst)	重命名文件或目录

续表

函　数	说　明
os.remove(path)	删除文件
os.stat(path)	获取文件或目录的状态信息
os.path.abspath(path)	返回 path 的绝对路径
os.path.basename(path)	返回 path 最后的文件名部分
os.path.dirname(path)	返回 path 的目录部分
os.path.exists(path)	检查 path 是否存在
os.path.isfile(path)	检查 path 是否为文件
os.path.isdir(path)	检查 path 是否为目录
os.path.join(path1[, path2[, ...])	连接多个路径
os.path.split(path)	分割路径为目录和文件名
os.path.splitext(path)	分割文件名和扩展名
os.system(command)	执行 shell 命令
os.execl	获取或设置程序的参数列表
os.fork()	创建子进程
os.waitpid()	等待子进程结束
os.kill(pid, sig)	发送信号给进程
os.times()	返回当前进程的 CPU 时间
os.urandom(n)	从系统级别的随机数生成器中生成 n 字节的随机字符串，主要用于加密和安全敏感的场景

3. 编写代码

尝试编写代码，在当前Python的工作目录下创建一个礼物收藏夹Gifts。代码保存在3.4文件夹下的gift.py文件中，代码如下。

```
1.    import os
2.    current_path = os.getcwd()
3.    gift_name = 'Gifts'
4.    gift_path = os.path.join(os.getcwd(), gift_name)
5.    if os.path.exists(gift_path):
6.        print(f"文件夹{gift_name}已存在! ")
7.    else:
8.        os.makedirs(gift_path)
9.        print(f"创建{gift_name}文件夹成功! ")
```

①代码的第1行导入了Python的OS模块。

②代码的第2行调用os.getcwd()函数获取当前工作目录，即Python脚本运行时所在的目录，并将结果存储在变量current_path中。

③代码的第3行定义了变量gift_name并初始化其值为Gifts，作为文件夹的名称。

④在代码的第4行中，调用os.path.join()函数将当前工作目录与文件夹的名称拼接成一个完整的路径，并将结果赋值给变量gift_path，即Gifts文件夹的完整路径。

⑤代码的第5~9行使用os.path.exists()函数判断目录gift_path是否存在。如果条件判断为真，则输出文件夹已经存在的信息。如果条件判断为假，即目录Gifts不存在，则调用os.makedirs()函数创建多级目录，并输出成功创建文件夹的信息。

运行代码后，会在当前工作目录下创建一个名为Gifts的文件夹，代码的运行效果如下。

创建Gifts文件夹成功!

此时，在当前的工作目录下可以看到图3.1所示的Gifts文件夹。

图3.1 Gifts文件夹

4. 课堂小结

使用Python的OS模块操作文件和目录时，需要留意其跨平台兼容性，尽量使用函数os.getcwd()和os.path.join()构建文件路径，同时谨慎处理路径字符串，捕获可能出现的IOError和FileNotFoundError等异常。

5. 课后练习

在本例的基础上，尝试修改代码，在Gifts文件夹中再创建一个名为Toys的文件夹。修改后的代码保存在3.4文件夹下的test02.py文件中。

3.4.3 案例36：分类并备份旅游照片（Shutil模块）

1. 案例背景

最近小明在整理去年旅游时拍的照片，他想将这些照片按城市分类并备份。

注：旅游照片保存在3.4文件夹下的Images文件夹中，如图3.2所示。

2. 知识准备

在Python编程语言中，可以使用Shutil模块分类并备份这些旅游照片。

图3.2 旅游照片的位置

Python的Shutil模块主要用于操作文件和目录，该模块封装了复制、移动、重命名文件等高级功能，并且支持压缩与解压缩操作，极大地简化了复杂的文件管理任务，是进行文件操作时不可或缺的工具包。Shutil模块的常用函数见表3.13。

表 3.13 Shutil 模块的常用函数

函　数	说　明
shutil.rmtree(path)	递归删除文件夹及其中的所有子文件和目录

续表

函 数	说 明
shutil.copyfile(src, dst)	将源文件 src 复制到目标文件 dst，只复制文件内容
shutil.copy(src, dst)	复制文件 src 到 dst，若 dst 是目录，则在该目录下创建 src 的副本
shutil.move(src, dst)	将文件或目录 src 移动到 dst
shutil.copytree(src, dst)	复制整个目录 src 到 dst，包括子目录和文件
shutil.make_archive(base_name, format)	创建压缩文件，base_name 为压缩名，format 为压缩格式
shutil.unpack_archive(filename[, extract_dir])	将压缩文件 filename 解压到 extract_dir 目录
shutil.get_terminal_size()	获取并返回终端的大小
shutil.chown(path, user, group)	改变文件或目录的所有者和组
shutil.copymode(src, dst)	复制源文件 src 的权限模式到目标文件 dst
shutil.copystat(src, dst)	复制源文件 src 的权限模式、最后访问时间和修改时间到目标文件 dst

3. 编写代码

尝试编写代码，遍历指定目录下的所有jpg图片文件，根据图片文件名中的城市信息创建相应的子目录，并将图片移动到对应的子目录下，同时输出每张图片的移动信息。代码保存在3.4文件夹下的photos.py文件中，代码如下。

```
1.    import os
2.    import re
3.    import shutil
4.    def photos(directory):
5.        for filename in os.listdir(directory):
6.            if filename.endswith('.jpg'):
7.                city = re.findall(r'\D+', filename)[0]
8.                city_folder = os.path.join(directory, city)
9.                if not os.path.exists(city_folder):
10.                    os.makedirs(city_folder)
11.                source_path = os.path.join(directory, filename)
12.                city_path = os.path.join(str(city_folder), filename)
13.                shutil.copy(source_path, city_path)
14.                print(f"已成功将图片{filename}分类并备份到文件夹{city_folder}中。")
15.    photos('Images')
```

①代码的第1~3行导入OS、Re和Shutil等模块，用于处理文件和目录。

②代码的第4行定义了一个名为photos()的函数，该函数接收一个参数directory，表示要处理的图片目录。

③代码的第5行遍历了directory目录下的所有文件和子目录的名称。

④代码的第6行用于判断当前对象是否以jpg结尾，即是否为jpg格式的图片文件。

⑤代码的第7行使用正则表达式查找文件名中所有由非数字字符组成的匹配项，即城市

名称，并将其赋值给变量city。

⑥代码的第8行用于构建城市文件夹的完整路径，并赋值给变量city_folder。

⑦代码的第9、10行用于检查city_folder目录是否存在，如果不存在，则创建该目录。

⑧代码的第11行用于获取图片源文件的完整路径。

⑨代码的第12行用于获取图片将存放的城市文件夹的完整路径。

⑩代码的第13行用于将图片从源文件夹复制到城市文件夹中。

⑪代码的第14行用于输出分类信息，说明已将某个图片备份到了相应的文件夹下。

⑫代码的第15行调用photos()函数并传入参数Images，执行图片分类操作。

运行代码后，会将图片移动到相应的文件夹中并输出移动信息，代码的运行效果如下。

```
已成功将图片shanghai01.jpg分类并备份到文件夹Images\shanghai中。
已成功将图片shanghai02.jpg分类并备份到文件夹Images\shanghai中。
已成功将图片shanghai03.jpg分类并备份到文件夹Images\shanghai中。
已成功将图片tianjin01.jpg分类并备份到文件夹Images\tianjin中。
已成功将图片tianjin02.jpg分类并备份到文件夹Images\tianjin中。
已成功将图片tianjin03.jpg分类并备份到文件夹Images\tianjin中。
已成功将图片wuhan01.jpg分类并备份到文件夹Images\wuhan中。
已成功将图片wuhan02.jpg分类并备份到文件夹Images\wuhan中。
```

4. 课堂小结

Python的OS模块提供了基本的文件和目录操作功能，如路径管理、文件属性查询等，适用于简单的系统交互，而Shutil模块则构建于OS之上，提供了更高级的文件和目录操作功能，如文件的复制、移动、压缩以及目录的递归删除等，适合进行复杂的文件管理和批量处理任务。通常将OS、Shutil模块结合使用，管理复杂的文件和目录系统。

5. 课后练习

在本例的基础上，尝试修改代码，将照片按数字分类并备份到Images目录下。修改后的代码保存在3.4文件夹下的test03.py文件中。

3.4.4 案例37：记录苏州的经典美食（Pickle模块）

1. 案例背景

苏州有许多经典的美食，包括松鼠桂鱼、苏式鲜肉月饼、苏式绿豆汤、桂花鸡头米、酒酿饼、阳澄湖大闸蟹等，体现了江南水乡的独特风味。

2. 知识准备

在Python编程语言中，可以使用Pickle模块记录并保存苏州的经典美食。

Python的Pickle模块用于实现对象的序列化和反序列化，该模块能够将复杂的Python对象

转换为一系列字节流,以便数据存储和网络传输,同时也能将这些字节流还原为原来的Python
对象。Pickle模块的常用函数见表3.14。

表 3.14　Pickle 模块的常用函数

函　数	说　明
pickle.dump(obj, file)	将 obj 对象序列化后写入 file 文件对象中
pickle.load(file)	从 file 文件对象中读取并反序列化出 Python 对象
pickle.dumps(obj)	将 obj 对象序列化为 bytes 对象
pickle.loads(bytes_object)	将 bytes_object 反序列化为 Python 对象

3. 编写代码

尝试编写代码,先创建一个列表记录苏州的经典美食,然后将该列表对象序列化并写入文件中。代码保存在3.4文件夹下的food.py文件中,代码如下。

```
1.    import pickle
2.    data = ['松鼠桂鱼', '苏式鲜肉月饼', '苏式绿豆汤', '桂花鸡头米', '酒酿饼', '阳
      澄湖大闸蟹']
3.    with open('food.pickle', 'wb') as file:
4.        pickle.dump(data, file)
5.    print("保存美食信息成功。")
```

①代码的第1行导入了Python的Pickle模块。

②代码的第2行定义了一个名为data的列表变量,其中包含6个字符串元素,每个字符串代表苏州的一种特色美食。

③代码的第3行用二进制写入模式(wb)打开一个名为food.pickle的文件。

④代码的第4行使用Pickle模块的dump()函数,将之前定义的data列表对象序列化,并写入已经打开的food.pickle文件中。

⑤代码的第5行输出了美食信息被成功保存的消息。

运行代码后会将美食信息保存到指定文件中,代码的运行效果如下。

保存美食信息成功。

4. 课堂小结

Python的Pickle模块与普通文件操作的主要区别在于,前者通常用于Python对象的序列化和反序列化,可以将复杂对象如列表、字典、类实例等转换为字节流进行存储或传输,而后者则是基于文本或二进制数据的通用读写操作,不涉及对象结构的保留与恢复。

5. 课后练习

尝试编写代码,读取并输出food.pickle文件中的美食内容。代码保存在3.4文件夹下的test04.py文件中。

3.4.5 小结

本节主要介绍了Python编程语言中有关文件操作的知识，包括打开、读取、写入、追加文本以及创建、移动、删除文件等基本功能，有助于强化初学者的数据存储与处理能力，提升编程实践水平。

3.5 本章小结

本章从4个方面详细阐述了Python的高级语法知识。

首先，探讨了Python的面向对象编程。面向对象编程是一种编程范式，该范式将数据和操作数据的函数捆绑在一起，形成独立的数据结构实体，即对象。读者可以通过类来定义对象，类是对具有相同属性和方法的对象的抽象。

接下来，介绍了Python的模块与库。Python的标准库提供了大量的模块，用于处理各种常见的任务，如文件处理、网络编程、数据库接口、图形界面开发、科学计算等。此外，Python还有大量的第三方库，如NumPy、Pandas、Matplotlib等，这些库提供了强大的功能，可以帮助读者更高效地进行编程。

随后，探索了Python的异常处理机制。当程序在执行过程中出现错误或异常情况时，读者可以使用try-except语句来捕获这些异常，并进行相应的处理。

最后，阐述了Python的文件操作。Python提供了丰富的内置函数和方法来操作文件，读者可以使用这些函数和方法实现读取文件内容、向文件写入数据、删除文件等功能。

总的来说，本章涵盖了Python面向对象、模块与库、异常处理以及文件操作等4个重要的高级语法。通过本章的学习，读者可以深入理解和掌握这些语法，提高编程效率和代码质量。

第4章

探索 Python 的应用领域

经过前面3章的学习,读者已经熟练掌握了Python的核心语法,并能够编写一些基础的代码。接下来将介绍一些复杂的案例。通过本章的学习,读者可以巩固已经掌握的Python知识,进一步提高利用Python解决实际问题的能力。

4.1 数学领域的案例

Python在数学领域的应用非常广泛，它不仅是一种强大的编程语言，更是进行数学计算的得力助手。从基础的代数运算到高级的微积分方程求解，从统计分析到机器学习，借助Math、Numpy等模块，Python能够高效处理复杂的数值计算、科学计算、数据分析等任务。

4.1.1 案例38：计算最大公约数

1. 案例背景

最大公约数（Greatest Common Divisor，GCD）与最小公倍数（Least Common Multipie，LCM）是数学中用于描述两个或多个整数间关系的重要概念。如果数a能被数b整除，a就叫作b的倍数，b就叫作a的约数。最大公约数是指能同时整除a、b的最大正整数，它反映了这些数的共同属性，可通过辗转相除法求得；而最小公倍数则是指能够被a、b同时整除的最小正整数，它反映了这些数的合成特性，通常使用公式LCM(a, b) = |a × b| ÷ GCD(a, b)计算，其中a和b为任意整数。

辗转相除法的步骤如下。

（1）用较大的数除以较小的数，得到余数。

（2）用除数即较小的数继续除以余数，求出新的余数。

（3）重复以上步骤，直到余数为0为止。

（4）当余数为0时，此时的除数就是最大公约数。

2. 编写代码

尝试编写代码，当用户输入两个整数后，计算并输出这两个数的最大公约数。代码保存在4.1文件夹下的gcd.py文件中，代码如下。

```
def gcd(a, b):
    while b != 0:
        a, b = b, a % b
    return a
a, b = map(int, input('请输入两个整数，用空格分隔:').split(' '))
print(f"{a}和{b}的最大公约数为{gcd(a, b)}")
```

以上代码实现了计算两个整数最大公约数的功能。其中，首先，定义了一个名为gcd的函数，该函数将持续执行while循环，直到b的值变为0，在每次循环中，将a和b的值分别更新为b和a%b，当a能被b整除时循环结束，此时a的值就是最大公约数的值。然后，使用input()函数提示用户输入两个整数，并利用map()和split()方法将输入的字符串转换为整数a和b。最后，调用gcd()函数计算最大公约数，并通过print()函数将其输出。

运行代码后，程序会计算并输出用户输入数字的最大公约数，代码的运行效果如下。

请输入两个整数，用空格分隔：20 12
20和12的最大公约数为4。

3. 课堂小结

本例使用Python的内置函数map()、split()和自定义函数gcd()，结合while循环结构，计算了两个整数的最大公约数。通过本例的学习，读者能够加深对Python基本函数的理解。

4. 课后练习

尝试编写代码，当用户输入两个整数后，计算并输出这两个数的最小公倍数。代码保存在4.1文件夹下的test01.py文件中。

4.1.2 案例39：判断回文数

1. 案例背景

回文数是一种特殊的数字，其特性是按从左到右和从右到左读数时，数字的顺序是相同的。也就是说，如果一个数反转后仍然等于自身，那么这个数是回文数。例如，121、1331都是回文数，而1314、520不是回文数。

2. 编写代码

尝试编写代码，当用户输入一个数字时，判断并输出该数字是否为回文数。代码保存在4.2文件夹下的palindrome.py文件中，代码如下。

```python
def is_palindrome(num):
    if num == num[::-1]:
        print("该数字是回文数。")
        return True
    print("该数字不是回文数。")
    return False
num = input("请输入一个数字：")
is_palindrome(num)
```

以上代码实现了回文数的判断。其中，首先定义了一个is_palindrome()函数，用于检查输入的字符串num是否为回文数，即字符串正读和反读相同。该函数将反转后的num与原字符串比较，如果相同，则输出"该数字是回文数。"并返回True；否则输出"该数字不是回文数。"并返回False。然后提示用户输入一个数字，并调用is_palindrome()函数进行判断。

运行代码后，程序会判断用户输入的数字是否为回文数，代码的运行效果如下。

请输入一个数字：12344321
该数字是回文数。

3. 课堂小结

本例综合运用Python的输入输出、数据结构、基本函数等知识，实现了判断回文数的基本功能。通过本例的学习，读者可以巩固Python的基础语法知识。

4. 课后练习

尝试编写代码，输出10000以内回文数的个数。代码保存在4.1文件夹下的test02.py文件中。

4.1.3　案例40：实现奇偶校验

1. 案例背景

奇偶校验是一种基本的错误检测机制，通过在数据末尾添加一个校验位来检测单个位错误。奇校验可以确保数据中字符1的总数为奇数，偶校验可以确保数据中字符1的总数为偶数。这种方法简单有效，常用于数据传输和存储。

2. 编写代码

尝试编写代码，输入1~255之间的十进制待校验数，输出该数对应的二进制值和奇校验位值。代码保存在4.3文件夹下的check.py文件中，代码如下。

```
def check(n):
    bins = bin(n)[2:]
    print(f"转换后的二进制数:{bins}")
    print("校验位值:", end='')
    if bins.count("1") % 2 == 0:
        print("1")
    else:
        print("0")
number = int(input("请输入校验数:"))
check(number)
```

以上代码实现了一个简单的奇校验位计算功能，主要思路是将输入的十进制数转换为二进制数，并统计二进制数中1的个数来决定校验位的值。首先，自定义了一个check()函数，在函数中使用内置函数bin()将十进制数n转换为二进制字符串，其中[2:]表示从第2个字符开始截取，即去除开头的0b。然后，使用count()函数统计二进制字符串中1的个数，若1的个数为偶数，则校验位为1，否则为0。最后，调用输入函数获取用户输入的一个十进制数n，并调用check()函数输出数字n的二进制值和奇校验位值。

运行代码后，程序会提示用户输入一个数字并进行奇校验，代码的运行效果如下。

```
请输入校验数:10
转换后的二进制数:1010
奇校验位值:1
```

3. 课堂小结

本例使用Python的bin()、count()等内置函数，结合自定义函数check()实现了奇偶校验的功能。通过本例的学习，读者可以提高使用Python的基本函数解决实际问题的能力。

4. 课后练习

在本例的基础上，尝试修改代码，循环输出十进制数1~10（含1和10）的偶校验位值。代码保存在4.1文件夹下的test03.py文件中。

4.1.4 小结

本节介绍了Python在数学领域的应用，通过计算最大公约数、判断回文数、实现奇偶校验等3个数学案例，读者可以提高利用Python解决数学问题的能力。

4.2 物理学领域的案例

Python在物理学研究中扮演着至关重要的角色，它以简洁的语法和强大的数据处理能力，成为物理学家进行科学计算、数据分析和模拟实验的首选语言。无论是基础理论研究，如量子力学、统计物理，还是应用领域，如天体物理、粒子加速器设计，Python都能提供高效、灵活的解决方案，实现复杂物理模型的构建与可视化，加速科研进程，推动物理学科的发展。

4.2.1 案例41：温度转换

1. 案例背景

华氏度和摄氏度是两种通用的温度计量单位，两者可通过公式相互转换，即摄氏度=（华氏度−32）×5÷9，华氏度=32+摄氏度×9÷5。这两种温标虽有不同起源和应用地域，但都为温度测量提供了标准体系。

2. 编写代码

尝试编写代码，将华氏温度转换为摄氏温度。代码保存在4.2文件夹下的temperature.py文件中，代码如下。

```python
def convert(temperature):
    new_temperature = (temperature - 32) * 5/9
    return new_temperature
fahrenheit_temperature = float(input("请输入华氏温度："))
celsius_temperature = convert(fahrenheit_temperature)
print(f"{fahrenheit_temperature}华氏度等于{celsius_temperature:.2f}摄氏度。")
```

以上代码实现了将华氏度转为摄氏度的功能。其中，首先定义了一个convert()函数，该函数接收一个华氏温度作为输入参数，然后按照华氏度转摄氏度的公式，即(华氏度−32)×5÷9进行计算，最后返回计算得到的摄氏温度值。接下来，使用input()函数提示用户输入一个华氏温度，并使用float将其转换为浮点数以便进行计算。最后，调用之前定义的转换函数，并使用print()函数输出转换结果，其中.2f用来格式化输出结果，表示保留两位小数的浮点数。

运行代码后，程序会根据用户输入的华氏温度，计算并输出相应的摄氏温度，代码的运行效果如下。

```
请输入华氏温度：100
100.0华氏度等于37.78摄氏度。
```

3. 课堂小结

本例运用Python的内置函数float()、input()和自定义函数convert()，实现了华氏温度与摄氏温度间的自由转换。通过本例的学习，读者可以感受到Python在物理领域的应用。

4. 课后练习

在本例的基础上，尝试修改代码，将摄氏温度转换为华氏温度。代码保存在4.2文件夹下的test01.py文件中。

4.2.2 案例42：研究自由落体运动

1. 案例背景

自由落体运动描述的是一个理想化场景，即物体在没有任何其他外力干扰的情况下，仅受重力作用，从静止状态开始下落的过程。简而言之，当一物体从静止中释放，在完全失重环境或仅考虑重力影响的理想情况下所发生的下落运动，即可称为自由落体运动。例如，将手中的物体在真空中无初速释放，该物体的运动状态便是自由落体的一个典型实例。

假设物体做自由落体运动的时间为t，重力加速度为g，则物体在任意时刻的速度公式为$v = gt$，位移公式为$x = \frac{1}{2}gt^2$。

2. 编写代码

尝试编写代码，设计一个描述物体做自由落体运动的类Fall，要求能根据时刻t获取物体的速度v和位移x，假设重力加速度g为9.8m/s²。代码保存在4.2文件夹下的fall.py文件中，代码如下。

```
class Fall:
    def __init__(self, t):
        self.t = t
        self.g = 9.8
    def get_v(self):
```

```
            return self.g * self.t
    def get_x(self):
            return 1 / 2 * self.g * self.t * self.t
time = float(input("请输入物体做自由落体运动的时间:"))
fall = Fall(time)
print(f"物体在{fall.t}时刻的速度为{fall.get_v()}m/s。")
print(f"物体在{fall.t}时刻的位移为{fall.get_x()}m。")
```

以上代码利用面向对象编程的方法模拟了物体的自由落体运动。其中，首先定义了一个表示自由落体运动的类Fall，在该类的构造函数__init__()中，接收时间参数t并设置重力加速度g为9.8 m/s²。随后定义了get_v()和get_x()两个方法，分别用于计算物体在t时刻的速度和位移。最后，程序接收用户输入的时间t，创建Fall类的实例fall，调用get_v()和get_x()方法计算并输出物体在t时刻的速度和位移。

运行代码后，程序会根据用户输入的物体运动时间，计算并输出物体的速度和位移，代码的运行效果如下。

```
请输入物体做自由落体运动的时间:5
物体在5.0时刻的速度为49.0m/s。
物体在5.0时刻的位移为122.5m。
```

3. 课堂小结

本例综合运用Python面向对象编程的知识，计算了物体做自由落体运动的速度和位移。通过本例的学习，读者可以巩固类和对象、属性、方法等面向对象编程的基础知识。

4. 课后练习

尝试编写代码，设计一个描述物体做自由落体运动的类Fall，要求能根据物体的运动速度v获取物体的运动时间t。代码保存在4.2文件夹下的test02.py文件中。

4.2.3 案例43:探索平抛运动

1. 案例背景

物体在水平方向上以某一初始速度被抛出，且仅受到重力的作用，这样的运动被称为平抛运动。物体在做平抛运动时，在水平方向上是速度恒定的直线运动，而在竖直方向上是自由落体运动。因此，平抛运动实质上是水平匀速运动与竖直自由落体运动的叠加。由于物体所受的合外力为恒力，因此平抛运动是匀变速曲线运动，其运动轨迹是一条抛物线。

假设物体做平抛运动的水平初速度为v，时间为t，重力加速度为g，则物体在任意时刻水平方向的位移公式为$x = vt$，竖直方向的位移公式为$h = \dfrac{1}{2}gt^2$。

2. 编写代码

尝试编写代码，设计一个描述物体做平抛运动的类Throw，要求能根据物体的水平初速度 v 和竖直位移 h，获取水平方向的位移 x，假设重力加速度 g 为9.8m/s^2。代码保存在4.2文件夹下的throw.py文件中，代码如下。

```python
import math
class Throw:
    def __init__(self, v, h):
        self.v = v
        self.h = h
        self.g = 9.8
    def get_x(self):
        return self.v * math.sqrt((2*self.h)/self.g)
speed = float(input("请输入物体做平抛运动的水平初速度:"))
time = float(input("请输入物体做平抛运动的竖直位移:"))
throw = Throw(speed, time)
print(f"物体水平方向的位移为{throw.get_x()}m。")
```

以上代码模拟实现了物体做平抛运动的情况。在代码中，首先定义了一个Throw类，在初始化方法中接收物体的水平初速度 v 和竖直位移 h 作为参数，并设定重力加速度 g 等于9.8m/s^2。然后，在类中定义了get_x()方法，用于计算物体在水平方向的位移。最后，用户可以输入物体做平抛运动的水平初速度和竖直位移，程序会创建Throw类的实例throw，并调用get_x()方法计算并输出物体水平方向的位移。

运行代码后，程序会根据用户输入的水平初速度和竖直位移，计算并输出物体在水平方向的位移，代码的运行效果如下。

```
请输入物体做平抛运动的水平初速度:5
请输入物体做平抛运动的竖直位移:4.9
物体水平方向的位移为5.0m。
```

3. 课堂小结

本例综合运用Python的math模块和面向对象编程等知识，获取了物体做平抛运动的位移。通过本例的学习，读者可以加深对Python面向对象编程的理解。

4. 课后练习

尝试编写代码，设计一个描述物体做平抛运动的类Throw，要求能根据物体的水平初速度 v 和时间 t，获取水平位移 x 和竖直位移 h。代码保存在4.2文件夹下的test03.py文件中。

4.2.4 小结

本节介绍了Python在物理学领域的应用，通过温度转换、研究自由落体运动和探索平抛运动3个物理学案例，培养读者利用Python解决物理学问题的能力。

4.3 生活领域的案例

Python作为一种简洁、易读的编程语言，在人们的日常生活中扮演着不可或缺的角色。本节将编写代码实现呈现爱心图案、筹备Python课程、记录商店的销售情况等案例。通过本节的学习，读者可以灵活使用Python解决日常生活中遇到的问题。

4.3.1 案例44：呈现爱心图案

1. 案例背景

情人节即将到来，小明是一位热爱编程的大学生，决定向心仪已久的女孩小雅表达爱意。不同于传统的玫瑰和巧克力，他选择了一段精心编写的Python代码作为礼物，该代码能够在终端呈现出由一个个字符*组成的爱心图案。小明相信，这颗独特的爱心不仅能够展现他的编程才华，更能触动小雅的心弦，成为他们之间的美好回忆。

2. 编写代码

尝试编写代码，在控制台中输出一个由字符*组成的爱心图案。代码保存在4.3文件夹下的heart.py文件中，代码如下。

```python
for y in range(15, -15, -1):
    for x in range(-30, 30):
        if ((x*0.05)**2 + (y*0.1)**2 - 1)**3 - (x*0.05)**2 * (y*0.1)**3 <= 0:
            print('*', end='')
        else:
            print(' ', end='')
    print()
```

以上代码实现了一个由字符*组成的心形图案。其中，首先使用双重循环遍历坐标系中的点，横轴的范围是-30~30，纵轴的范围是15~-15。然后判断每个点是否在心形曲线内，如果满足条件，则输出字符*，否则输出一个空格。

运行代码后，程序会在控制台打印出由字符*组成的心形图案，代码的运行效果如下。

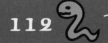

```
              * * * * * * * *                * * * * * * * *
         * * * * * * * * * * * * * *      * * * * * * * * * * * * * *
       * * * * * * * * * * * * * * * * * * * * * * * * * * * * * *
     * * * * * * * * * * * * * * * * * * * * * * * * * * * * * * * *
     * * * * * * * * * * * * * * * * * * * * * * * * * * * * * * * *
     * * * * * * * * * * * * * * * * * * * * * * * * * * * * * * * *
     * * * * * * * * * * * * * * * * * * * * * * * * * * * * * * * *
       * * * * * * * * * * * * * * * * * * * * * * * * * * * * * *
       * * * * * * * * * * * * * * * * * * * * * * * * * * * * * *
         * * * * * * * * * * * * * * * * * * * * * * * * * * * *
           * * * * * * * * * * * * * * * * * * * * * * * * * *
             * * * * * * * * * * * * * * * * * * * * * * * *
               * * * * * * * * * * * * * * * * * * * * * *
                 * * * * * * * * * * * * * * * * * * * *
                   * * * * * * * * * * * * * * * * * *
                     * * * * * * * * * * * * * * * *
                       * * * * * * * * * * * * * *
                         * * * * * * * * * *
                           * * *
                             *
```

3. 课堂小结

本例使用Python的print()函数结合for循环结构输出了一个独特的爱心图案。通过本例的学习，读者可以熟练掌握print()函数和循环结构的相关知识。

4. 课后练习

尝试编写代码，在控制台输出一个由字符#组成的矩形图案。代码保存在4.3文件夹下的test01.py文件中。

4.3.2 案例45：筹备Python课程

1. 案例背景

在一所知名的科技大学里，计算机科学与技术学院正积极筹备新学期的课程安排。为了确保学生能够获得优质的教育资源，教务处精心挑选了经验丰富的教师团队，并给每门课程分配了合适的教学场地。其中，一门名为"Python程序设计"的课程备受关注，它由深受学生喜爱的资深讲师wjw负责授课，课程将在环境优雅、设施齐全的3-108教室进行。通过使用自定义的Course类，学校能够清晰地展示每门课程的关键信息，包括课程编号、课程名称、任课教师及上课地点，从而帮助学生和教师更好地规划教学活动。

2. 编写代码

尝试编写代码，设计一个课程类Course，包括课程编号cno、课程名称cname、任课教师teacher、上课地点classroom等属性，并将上课地点classroom设为私有变量，同时增加构造方法__init__()和显示课程信息的方法show()。代码保存在4.3文件夹下的course.py文件中，代码如下。

```python
class Course:
    def __init__(self, cno, cname, teacher, classroom):
        self.cno = cno
        self.cname = cname
        self.teacher = teacher
        self.__classroom = classroom
    def show(self):
        print("课程编号:%d" % self.cno)
        print("课程名称:%s" % self.cname)
        print("任课教师:%s" % self.teacher)
        print("上课地点:%s" % self.__classroom)
course = Course(1, "Python程序设计", "wjw", "3-108")
course.show()
```

以上代码定义了一个Course类，用于展示一门课程的基础信息，包括课程编号cno、课程名称cname、任课教师teacher和上课地点classroom。其中，首先定义构造函数__init__()，初始化这些属性；然后定义了show()方法，用于展示课程的所有信息；最后，创建了一个课程对象course，并调用show()方法展示课程的详细信息，输出了课程编号:1、课程名称:Python程序设计、任课教师:wjw以及上课地点:3-108。

运行代码后，程序会在控制台中输出Python程序设计课程的详细信息，代码的运行效果如下。

```
课程编号:1
课程名称:Python程序设计
任课教师:wjw
上课地点:3-108
```

3. 课堂小结

本例使用Python面向对象编程的类与对象、封装特性等知识，实现了筹备Python程序设计课程的功能。通过本例的学习，读者可以熟练掌握Python面向对象编程的基础知识。

4. 课后练习

在本例的基础上，尝试修改代码，给Course类添加一个表示课程学分的私有属性score。代码保存在4.3文件夹下的test02.py文件中。

4.3.3 案例46：记录商店的销售情况

1. 案例背景

在信息爆炸的时代背景下，记录商店的销售情况不仅是一种传统的商业操作，而且已经成为探索用户购物偏好、优化库存管理、提升销售策略的关键环节。如何高效、精准地记录与分析销售数据，已经成为商店管理者必须面对的重要课题。

2. 编写代码

尝试编写代码，使用Python创建一个简单的商店销售记录系统，该系统可以将每天的销售记录写入一个文本文件sales.txt中，并且能够读取这些记录以进行分析或生成报告。代码保存在4.3文件夹下的shore.py文件中，代码如下。

```python
def record_sale(item, quantity, price):
    with open("sales.txt", "a") as file:
        file.write(f"{item},{quantity},{price}\n")
    print("成功录入销售情况。")
def read_sales():
    try:
        with open("sales.txt", "r") as file:
            for line in file:
                item, quantity, price = line.strip().split(',')
                print(f"商品:{item},数量:{int(quantity)},单价:{float(price)}")
    except FileNotFoundError:
        print("没有找到商品。")
try:
    n = int(input("1.查看销售情况\n2.记录销售情况\n请输入你的选择(1或2):"))
    if n == 1:
        read_sales()
    elif n == 2:
        item = input("请输入商品名称:")
        quantity = input("请输入商品数量:")
        price = input("请输入商品的单价:")
        record_sale(item, quantity, price)
    else:
        print("输入错误。")
except Exception as e:
    print(f"遇到异常:{e}。")
```

以上代码实现了商品销售情况的记录与查询功能。其中，首先，定义了record_sale()函数，用于将商品名、数量和价格写入文件sales.txt中。然后，定义了read_sales()函数，用于读取并输出文件sales.txt中所有销售记录的详细信息，若文件不存在，则输出没有找到商品的

信息。最后，在主程序接收用户输入并调用相应函数，输入1显示所有销售记录，输入2则提示用户输入商品信息，并将信息记录在文件sales.txt中。

运行代码后，程序会根据用户输入的信息，执行相应的操作，代码的运行效果如下。

```
1.查看销售情况
2.记录销售情况
请输入你的选择(1或2):1
商品:矿泉水，数量:2，单价:1.8
```

3. 课堂小结

本例综合运用Python的基本函数、文件操作、异常处理等知识，实现了记录商店销售情况的功能。通过本例的学习，读者可以加强使用Python操作文本文件的能力。

4. 课后练习

在本例的基础上，尝试修改代码，增加商品总价记录，该记录由商品数量和商品单价计算得出。代码保存在4.3文件夹下的test03.py文件中。

4.3.4 小结

本节介绍了Python在日常生活领域的应用，通过呈现爱心图案、筹备Python课程和记录商店的销售情况3个生活案例，培养读者利用Python解决实际问题的能力。

4.4 本章小结

本章介绍了Python在数学、物理学和日常生活等领域的实际应用。通过案例实践，读者不仅能够巩固和深化对Python语言的理解，还能培养利用Python解决实际问题的能力。通过本章的学习，每位读者都能成为具备扎实理论功底与丰富实践经验的Python高手。

第二篇

Python 进阶挑战

第5章

爱画画的小海龟

本章将介绍Python的一个图形编程工具:Turtle模块(以下用"小海龟"代替),并用该模块制作一些有趣的案例,包括但不限于绘制简单的几何图形、绘制爱心效果图、绘制"福"字、绘制生日蛋糕效果图以及绘制圣诞树效果图等。

5.1 初识小海龟

在Python编程语言中，"小海龟"是Python中用于绘制图形的模块。"小海龟"就像一支充满魔力的画笔，可以在屏幕上描绘出丰富多彩的图形。本节将简单认识一下小海龟，包括小海龟简介、小海龟的绘图窗口以及小海龟的基本方法。

5.1.1 小海龟简介

使用小海龟可以绘制文字、线条以及动画，它的操作简单易懂，是一个有趣且功能强大的工具！无论是对于初学者还是有经验的开发者，小海龟都是一个非常不错的选择。小海龟在画布中的示例如图5.1所示。

👉 指点迷津

图5.1 小海龟在画布中的示例

因为 Turtle 模块的标志性图标是一只小海龟，这只小海龟可以根据代码的指令在窗口中绘制图形，所以人们习惯将 Turtle 模块称为小海龟。

Python 中的小海龟具有以下优点。

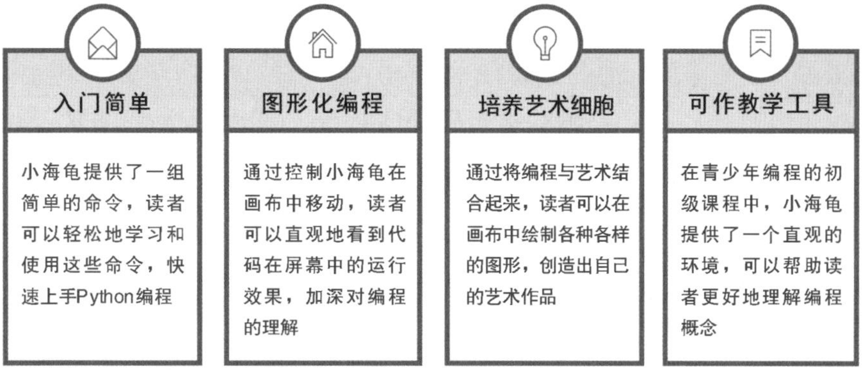

入门简单

小海龟提供了一组简单的命令，读者可以轻松地学习和使用这些命令，快速上手Python编程

图形化编程

通过控制小海龟在画布中移动，读者可以直观地看到代码在屏幕中的运行效果，加深对编程的理解

培养艺术细胞

通过将编程与艺术结合起来，读者可以在画布中绘制各种各样的图形，创造出自己的艺术作品

可作教学工具

在青少年编程的初级课程中，小海龟提供了一个直观的环境，可以帮助读者更好地理解编程概念

5.1.2 小海龟的绘图窗口

1. 绘图窗口的简要介绍

小海龟是一个图形化的编程工具，而绘图窗口则是小海龟不可缺少的重要元素，也可以称为"图形窗口""窗口"。

小海龟的绘图窗口如图5.2所示。

绘图窗口的特点如下。

- 绘图窗口的中间是一个空白区域，即画布，该区域可以显示用户绘图的结果。
- 绘图窗口的左上角是窗口的标题，默认为Python Turtle Graphics。
- 绘图窗口通常没有菜单栏和其他复杂的组件。

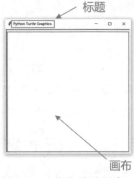

图5.2　小海龟的绘图窗口

2. 设置窗口属性的基本方法

小海龟有一些设置窗口属性的方法，小海龟中设置窗口属性的基本方法见表5.1。

表5.1　小海龟中设置窗口属性的基本方法

方　法	说　明
turtle.setup(width, height)	设置窗口的大小，参数 width 和 height 分别代表宽度和高度，可以使用像素值或表示屏幕百分比的浮点数
turtle.screensize(canvwidth=None, canvheight=None, bg=None)	设置画布的大小和背景颜色，参数 canvwidth 和 canvheight 分别代表画布的宽度和高度，参数 bg 代表背景颜色
turtle.window_width()	返回当前窗口的宽度，单位为像素
turtle.window_height()	返回当前窗口的高度，单位为像素
turtle.mainloop()	启动图形界面的主循环，显示绘图结果并等待用户交互
turtle.done()	启动图形界面的主循环，类似于 root.mainloop() 方法
turtle.title(string)	设置窗口标题栏的文本内容为 string
turtle.bgcolor(color)	设置窗口的背景颜色为 color，color 可以是颜色名或颜色的十六进制代码
turtle.bgpic(picname=None)	设置或返回窗口的背景图片。如果提供 picname 参数，则将背景图片设置为指定的图片文件；如果不提供，则返回当前背景图片的文件名

3. 创建一个自定义的绘图窗口

接下来尝试编写代码，使用小海龟创建一个简单的图形窗口，代码保存在5.1文件夹下的init.py文件中。详细的创建步骤和代码如下。

(1) 导入需要用到的工具，代码如下。

```
import turtle
```

以上代码导入了Turtle模块，用于创建窗口以及绘制图形。

(2) 使用turtle.setup()方法设置窗口的大小和位置，代码如下。

```
turtle.setup(500, 300, 50, 50)
```

以上代码可以设置窗口的宽度为500像素、高度为300像素，并将窗口放置在屏幕的坐标点(50，50)处。

指点迷津

像素（Pixel）是构成数字图像或屏幕点阵图像的最基本单元。它代表图像中一个最小的、不可分割的元素，每个像素都有一个明确的位置和颜色值。在计算机图形学、摄影、打印和其他涉及图像处理的领域中，像素是用于构建图像的"砖块"。

(3) 使用turtle.screensize()方法设置画布的大小，代码如下。

```
turtle.screensize(1000, 500)
```

以上代码可以在窗口中创建一个宽度为1000像素、高度为500像素的画布。因为画布的宽度1000大于窗口的宽度500，画布的高度500大于窗口的高度300，所以在窗口中会出现滚动条，可以方便用户查看画布的完整内容。

(4) 使用title()方法设置窗口的标题，代码如下。

```
turtle.title('这是一个自定义的窗口')
```

以上代码可以将窗口的标题修改为"这是一个自定义的窗口"。

(5) 使用turtle.bgcolor()方法设置窗口的背景颜色，代码如下。

```
turtle.bgcolor('pink')
```

以上代码可以将窗口的背景颜色修改为粉红色。Python的基本颜色见表5.2。

表5.2　Python 的基本颜色

颜　色	标准颜色名	十六进制代码
红色	red	#FF0000
绿色	green	#00FF00
蓝色	blue	#0000FF
黑色	black	#000000
白色	white	#FFFFFF
黄色	yellow	#FFFF00
紫色	magenta	#FF00FF
橙色	orange	#FFA500
粉红色	pink	#FFC0CB

(6) 使用turtle.done()方法结束绘图，代码如下。

```
turtle.done()
```

整个代码使用小海龟创建了一个简单的图形窗口，并设置了窗口的大小、位置、标题和背景颜色。在代码的最后必须使用turtle.done()方法结束绘图，保证窗口一直显示，否则窗口会立刻关闭，无法看到代码的运行效果。

此时，运行代码后，程序会在屏幕中创建一个自定义的窗口，如图5.3所示。使用小海龟创建自定义窗口的代码运行效果如图5.3所示。

窗口的标题为"这是一个自定义的窗口"，窗口的背景颜色为粉红色。窗口中包含两个滚动条，方便用户查看整个画布的内容。

图5.3　使用小海龟创建自定义窗口的代码运行效果

5.1.3　小海龟的基本方法

5.1.2小节介绍了小海龟的图形窗口并创建了一个自定义的窗口。下面介绍在创建好的窗口中绘制图形的基本方法。

1. 常用方法及说明

小海龟提供了一些基本方法，可以用于创建画笔、设置画笔属性、控制画笔、移动画笔、旋转画笔、给图形填充颜色等，下面具体介绍。

（1）创建画笔的方法见表5.3。

表5.3　创建画笔的方法

方　　法	说　　明
turtle.Turtle()	在窗口的中心位置创建一个画笔对象
turtle.Pen()	在窗口的中心位置创建一个画笔对象，类似于 Turtle() 方法
turtle.clone()	克隆一个画笔对象

（2）设置画笔属性的方法见表5.4。

表5.4　设置画笔属性的方法

方　　法	说　　明
Turtle.pensize(size)	设置画笔的大小为 size 个像素，参数 size 通常是一个整数
Turtle.pencolor(color)	设置画笔的颜色，参数 color 是一个字符串，可以用标准颜色名，也可以用颜色的十六进制代码
Turtle.speed(speed)	设置绘图的速度，参数 speed 的范围为 0~10 之间的整数
Turtle.shape(shape)	设置画笔的形状，参数 shape 是一个字符串，可以设置成 turtle、circle、square 等，分别表示海龟形、圆形和矩形
Turtle.shapesize(size)	设置画笔形状的大小，不改变画笔的大小，参数 size 通常是一个整数

（3）控制画笔的方法见表5.5。

表5.5　控制画笔的方法

方　　法	说　　明
Turtle.penup()	提起笔头，移动画笔时不会在画布中留下轨迹

续表

方 法	说 明
Turtle.up()	提起笔头，和 penup() 方法的作用一样
Turtle.pendown()	落下笔头，移动画笔时会在画布中留下轨迹
Turtle.down()	落下笔头，和 pendown() 方法的作用一样
Turtle.hideturtle()	隐藏画笔的形状，绘图时不显示画笔的形状
Turtle.showturtle()	显示画笔的形状，绘图时显示画笔的形状

（4）移动画笔的方法见表5.6。

表 5.6　移动画笔的方法

方 法	说 明
Turtle.forward(distance)	将画笔沿当前方向前进 distance 个像素，参数 distance 是一个整数。当 distance 大于 0 时，画笔向前移动；当 distance 小于 0 时，画笔向后移动
Turtle.fd(distance)	将画笔沿当前方向前进 distance 个像素，类似于 forward() 方法
Turtle.backward(distance)	将画笔沿当前方向后退 distance 个像素，参数 distance 是一个整数。当 distance 大于 0 时，画笔向后移动；当 distance 小于 0 时，画笔向前移动
Turtle.bk(distance)	将画笔沿当前方向后退 distance 个像素，类似于 backward() 方法
Turtle.setx(x)	将画笔移动到指定的 x 坐标位置，y 坐标不变。参数 x 是一个整数或浮点数，表示 x 坐标
Turtle.sety(y)	将画笔移动到指定的 y 坐标位置，x 坐标不变。参数 y 是一个整数或浮点数，表示 y 坐标
Turtle.goto(x,y)	将画笔移动到指定坐标位置，参数 x 和 y 是一个整数或浮点数，表示坐标

（5）旋转画笔的方法见表5.7。

表 5.7　旋转画笔的方法

方 法	说 明
Turtle.right(angle)	将画笔向右旋转 angle 度，参数 angle 是一个整数或浮点数
Turtle.left(angle)	将画笔向左旋转 angle 度，参数 angle 是一个整数或浮点数
Turtle.setheading(angle)	设置画笔的朝向为 angle 度方向，参数 angle 是一个整数或浮点数

（6）给图形填充颜色的方法见表5.8。

表 5.8　给图形填充颜色的方法

方 法	说 明
Turtle.begin_fill()	设置开始填充图形
Turtle.fillcolor(color)	设置填充的颜色，参数 color 是一个字符串，可以用标准颜色名，也可以用颜色的十六进制代码
Turtle.end_fill()	设置结束填充图形
Turtle.color(color)	同时设置画笔的颜色和填充的颜色，参数 color 是一个字符串，可以用标准颜色名，也可以用颜色的十六进制代码

注：表5.4～表5.8中的Turtle表示画笔对象。

👉 指点迷津

为图形填充颜色时，begin_fill()、fillcolor() 和 end_fill() 方法要一起使用。

2. 示例01：绘制一个矩形

在学习了小海龟的绘图窗口与基本方法以后，就可以绘制简单的图形了。接下来尝试编写代码，在画布中绘制一个矩形。代码保存在5.1文件夹下的rectangle.py文件中，详细的绘制步骤和代码如下。

(1) 导入绘图工具，代码如下。

```
import turtle          # 导入Turtle模块
```

(2) 使用turtle.Turtle()方法创建一个画笔对象，代码如下。

```
t = turtle.Turtle()    # 在窗口的中心位置创建一个画笔对象
```

(3) 使用forward()方法将画笔沿当前方向前进100个像素，代码如下。

```
t.forward(100)         # 将画笔沿当前方向前进100个像素
```

此时，可以使用turtle.done()方法结束绘图，然后运行代码，查看turtle.forward(100)方法的运行效果。turtle.forward(100)方法的运行效果如图5.4所示。

由图5.4可知，在画布中绘制了一条长度为100个像素的直线段。

(4) 使用turtle.right()方法将画笔向右旋转90°，代码如下。

```
t.right(90)            # 将画笔向右旋转90°
```

(5) 将步骤(3)(4)重复3次，代码如下。

```
t.forward(100)
t.right(90)
t.forward(100)
t.right(90)
t.forward(100)
t.right(90)
```

(6) 使用turtle.done()方法结束绘图，保持窗口不关闭。

```
turtle.done()          # 结束绘图
```

整个代码使用小海龟绘制了一个边长为100像素的矩形，每执行一次turtle.forward()方法和一次turtle.right()方法，就会在画布中绘制出矩形的一条边，最后通过turtle.done()方法结束绘图，启动事件循环以展示最终的图形。

此时，运行代码，程序会在窗口中绘制一个矩形的形状。使用小海龟绘制矩形的代码运行效果如图5.5所示。

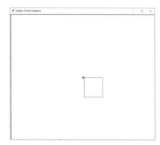

图5.4 turtle.forward(100)方法的运行效果　　　图5.5 使用小海龟绘制矩形的代码运行效果

由图5.5可知，控制画笔从画布的中心（原点）向右开始绘制，最终在画布中呈现出一个边长为100像素的矩形。但是编写的代码比较烦琐，可以使用for循环结构优化代码，优化后的代码保存在5.1文件夹下的rectangled.py文件中，代码如下。

```
import turtle
t = turtle.Turtle()              # 创建一个画笔对象
for i in range(4):               # 循环4次
    t.forward(100)               # 将画笔沿着当前方向前进100个像素
    t.right(90)                  # 将画笔向右旋转90°
turtle.done()
```

以上代码使用for循环结构迭代4次，在每层循环中，使用turtle.forward(100)方法和turtle.right(90)方法绘制出矩形的一条边，完美解决了代码的冗余问题。使用for循环结构绘制矩形的代码运行效果如图5.5所示。

3. 示例 02：绘制多个矩形

接下来尝试编写代码，使用for循环结构绘制多个矩形。代码保存在5.1文件夹下的rectangles.py文件中，详细的绘制步骤和代码如下。

(1) 导入绘图工具，代码如下。

```
import turtle
```

(2) 创建一个画笔对象，代码如下。

```
t = turtle.Turtle()              # 创建一个画笔对象t
```

(3) 使用for循环结构迭代3次，代码如下。

```
for i in range(3):               # 循环迭代3次
```

(4) 在每层循环中，先使用turtle.penup()方法将画笔提起，代码如下。

```
    t.penup()                    # 提起笔头
```

(5) 使用turtle.forward()方法将画笔沿着当前方向前进60个像素，代码如下。

```
    t.forward(60)                # 参数60表示距离，单位是像素
```

(6) 使用turtle.pendown()方法落下笔头，代码如下。

```
t.pendown()          # 落下笔头
```

(7) 使用for循环结构绘制矩形，代码如下。

```
for j in range(4):      # 循环4次
    t.forward(50)       # 将画笔沿着当前方向前进50个像素
    t.right(90)         # 将画笔向右旋转90°
```

(8) 使用turtle.done()方法结束绘图，代码如下。

```
turtle.done()
```

此时，运行代码，会在窗口中绘制出3个大小相等的矩形，如图5.6所示。

图5.6　使用小海龟绘制3个矩形的代码运行效果

5.1.4　课堂小结

　　本小节学习了小海龟的基本操作，并利用小海龟绘制了一些简单图形。接下来，将进一步探索小海龟，学习如何控制画笔绘制出更加复杂且引人入胜的图像，让抽象的编程语言在屏幕中具体化，展现出生动形象、富有创意的艺术效果。

5.2　案例47：绘制简单的几何图形

　　在日常生活中，三角形、正方形和五边形等几何形状无处不在，从建筑结构的线条勾勒，到日常家具的轮廓设计，再到自然界中雪花的精密构造，无不体现出这些简单图形的魅力。本案例将通过简单的编程命令，描绘出规则的正三角形、正方形以及正五边形等图案，让读者不仅能够学会绘制这些基本图形，还能体验到几何美学与逻辑思维的完美结合，培养动手能力和空间想象力。

5.2.1　案例背景

　　正多边形是一种特殊的多边形，它具备等边性、等角性、规则性等特点，具体介绍如下。

①等边性：正多边形的每条边的长度都相等。

②等角性：正多边形的每个内角的大小也都相等。

③规则性：正多边形的所有顶点都排列得非常整齐，相邻顶点间的连线即为边，且形成的每个小三角形或四边形都是全等的。

④对称性：正多边形拥有极高的对称性，它不仅关于中心点对称，而且沿着中心点与任何一条顶点的连线折叠都会重合，这条直线称为对称轴，每个正多边形有n条对称轴，其中n是正多边形边的数量。

⑤数学特性：无论正多边形有多少条边，其所有外角之和始终等于360°；正多边形的内角和可以用公式（$n-2$）×180°计算；正多边形共有$n(n-3)/2$条对角线，这里的n是正多边形边的数量。

总的来说，正多边形因其具有以上特点，在建筑设计、艺术创作以及图形编程等领域都有着广泛应用，我们可以借助小海龟的基本方法，塑造出这些简单的图形。

5.2.2 编写代码

接下来尝试编写代码，使用小海龟依次绘制正三角形、正方形、正五边形和圆形。

1. 示例03：绘制正三角形

将画笔沿着当前方向前进200个像素，随后向左旋转120°，重复3次即可绘制出一个正三角形。代码保存在5.2文件夹下的triangle.py文件中，详细的绘制步骤和代码如下。

(1) 导入绘图工具，代码如下。

```
import turtle
```

(2) 使用turtle.Turtle()方法创建一个画笔对象，代码如下。

```
t = turtle.Turtle()
```

(3) 使用for循环结构迭代3次，用于绘制正三角形的3条边，代码如下。

```
for i in range(3):          # 使用for循环结构重复执行3次以下动作
```

(4) 在每层循环中，使用turtle.forward()和turtle.left()方法绘制正三角形的边，代码如下。

```
    t.forward(200)          # 将画笔沿着当前方向前进200个像素
    t.left(120)             # 将画笔向左旋转120°
```

(5) 使用turtle.done()方法结束绘图，代码如下。

```
turtle.done()
```

此时，运行代码会在画布中绘制出一个正三角形，效果如图5.7所示。

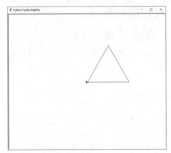

图5.7 使用小海龟绘制正三角形的代码运行效果

由图5.7可知，从画布的中心位置开始向右移动画笔，最终绘制了一个边长为200像素、内角为60°的正三角形。

2. 示例04：绘制正方形

与绘制正三角形的方法相似，将画笔沿着当前方向前进200个像素，随后向左旋转90°，重复4次即可绘制出一个正方形。代码保存在5.2文件夹下的square.py文件中，代码如下。

```python
import turtle
t = turtle.Turtle()
for i in range(4):              # 使用for循环重复执行4次以下动作
    t.forward(200)
    t.left(90)                  # 将画笔向左旋转90°
turtle.done()
```

此时，运行代码会在画布中绘制出一个正方形，效果如图5.8所示。

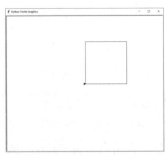

图5.8 使用小海龟绘制正方形的代码运行效果

由图5.8可知，从画布的中心位置向右移动画笔，最终绘制了一个边长为200像素、内角为90°的正方形。

3. 示例05：绘制正五边形

与绘制正三角形、正方形的方法相似，将画笔沿着当前方向前进200个像素，随后向左旋转72°，重复5次即可绘制出正五边形。代码保存在5.2文件夹下的pentagon.py文件中，代码如下。

```
import turtle
t = turtle.Turtle()
for i in range(5):              # 使用for循环重复执行5次以下动作
    t.forward(200)
    t.left(72)                  # 将画笔向左旋转72°
turtle.done()
```

此时，运行代码，会在画布中绘制出一个正五边形，效果如图5.9所示。

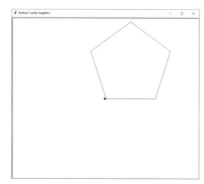

图5.9　使用小海龟绘制正五边形的代码运行效果

由图5.9可知，从画布的中心位置向右移动画笔，最终绘制了一个边长为200像素、内角为108°的正五边形。

4. 示例06：绘制圆形

在示例05中，使用for循环结构迭代5次，最终绘制了一个正五边形，如果继续增加循环的次数，同时缩小画笔移动的距离和旋转的角度，就可以绘制一个圆形。例如，使用for循环结构迭代360次，在每层循环中，将画笔沿着当前方向前进1个像素后立刻向右旋转1°，最终会形成一个圆形。代码保存在5.2文件夹下的circle.py文件中，代码如下。

```
import turtle
t = turtle.Turtle()
for i in range(360):           # 使用for循环结构重复执行动作360次
    t.forward(1)               # 将画笔沿着当前方向前进1个像素
    t.right(1)                 # 将画笔向右旋转1°
turtle.done()
```

此时，运行代码，会在画布中绘制出一个圆形，效果如图5.10所示。

图5.10　使用小海龟绘制圆形的代码运行效果

由图5.10可知，从画布的中心位置向右移动画笔，最终绘制了一个圆形。

5.2.3　拓展提高

小海龟拥有一个绘制圆形的方法turtle.circle()，可以绘制指定半径大小的圆形或圆弧。调用turtle.circle()方法的语法如下。

```
turtle.circle(radius[, extent=None, steps=None])
```

turtle.circle()方法的参数说明如下。

- radius通常是一个整数或浮点数，用于设置圆的半径。如果radius为正数，则圆心在画笔的左侧；如果radius为负数，则圆心在画笔的右侧。
- extent是一个可选参数，通常是一个整数或浮点数，用于设置圆弧的角度，默认为360°，即绘制一个完整的圆。如果extent为正数，则逆时针绘制圆弧；如果extent为负数，则顺时针绘制圆弧。
- steps是一个可选参数，通常是一个整数，用于设置绘制圆形的步骤数，每个步骤画一小段圆弧。默认情况下，steps为None，小海龟会自动计算绘制圆形的步骤数。

接下来尝试编写代码，使用turtle.circle()方法绘制一个红色的圆形。代码保存在5.2文件夹下的circles.py文件中，详细的绘制步骤和代码如下。

(1) 导入绘图模块，代码如下。

```
import turtle
```

(2) 使用turtle.Turtle()方法创建一个画笔对象t，代码如下。

```
t = turtle.Turtle()
```

(3) 使用turtle.fillcolor()方法给要绘制的图形填充颜色，代码如下。

```
t.begin_fill()              # 设置开始填充
t.fillcolor('red')          # 将填充的颜色设置为红色
```

(4) 使用turtle.circle()方法绘制一个圆形，代码如下。

```
t.circle(50)              # 绘制一个半径为50像素的圆形
t.end_fill()              # 设置结束填充
```

(5) 使用turtle.done()方法结束绘图，代码如下。

```
turtle.done()
```

此时，运行代码，会在画布中绘制出一个填充了红色的圆形，效果如图5.11所示。

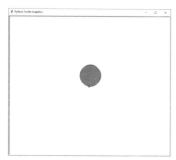

图5.11 使用turtle.circle()方法绘制红色圆形的代码运行效果

由图5.11可知，在画布中的逆时针方向绘制了一个半径为50像素的圆形，并将圆形填充成红色。

5.2.4 课堂小结

本例使用Python内置的绘图模块小海龟绘制了一系列基本的几何图形，具体包括一个正三角形、一个正方形、一个正五边形和两个圆形。通过调用小海龟提供的基本方法，如前后移动和旋转角度等，成功地绘制出了这些几何图形，并在窗口中展示了图形的对称美，从而直观地演示了使用小海龟进行图形绘制的基本步骤和功能实现。

5.2.5 课后练习

在拓展提高的基础上，尝试修改代码，绘制一个正六边形。修改后的代码保存在5.2文件夹下的test.py文件中，代码的运行效果如图5.12所示。

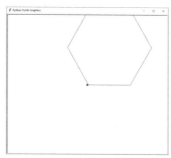

图5.12 使用小海龟绘制正六边形的代码运行效果

👍 小提示 ....

与绘制正三角形、正方形等图形的步骤相似，修改 for 循环结构的迭代次数和画笔左转的角度即可。

5.3 案例48：绘制爱心效果图

爱心通常由两条对称的弧线构成，象征着深情与关怀，像是汇聚在一起的温暖情感，轻轻触动人心，它不仅是视觉上的美，更是一种无声的情感语言，常用于传递爱意与温暖。

5.3.1 案例背景

相关机构为了培养孩子对计算机科学的兴趣和动手实践能力，精心策划了一场以图形化编程为主题的活动。本次活动的主题是"用代码书写爱"，要求使用一个名为"小海龟"的经典编程工具，通过编写指令控制窗口中的虚拟小海龟移动，最终绘制出一个爱心图案。使用小海龟绘制爱心图案的代码运行效果如图5.13所示。

由图5.13可知，在画布中绘制了一个正方形和两个半圆形，共同组成了爱心图案。

图5.13 使用小海龟绘制爱心图案的代码运行效果

5.3.2 编写代码

要绘制一个爱心图案，需要先绘制一个正方形，然后以正方形的两条相邻的边为直径，绘制两个半圆形，最终形成一个爱心图案。

尝试编写代码，绘制图5.13所示的爱心图案。代码保存在5.3文件夹下的heart.py文件中，详细的绘制步骤和代码如下。

(1) 导入绘图工具，创建一个窗口并设置窗口的基本属性，代码如下。

```
import turtle
turtle.setup(666, 666)          # 设置窗口的宽度为666像素、高度为666像素
turtle.title('爱心效果图')       # 设置窗口的标题为'爱心效果图'
turtle.bgcolor('white')         # 设置窗口的背景颜色为白色
```

(2) 创建一个画笔对象并设置画笔的基本属性，代码如下。

```
t = turtle.Turtle()             # 创建画笔
t.hideturtle()                  # 隐藏画笔的形状
t.pencolor('red')               # 将画笔的颜色设置为红色
t.pensize(5)                    # 将画笔的大小修改为5个像素
```

(3) 修改画笔的朝向并绘制一个正方形，代码如下。

```
t.setheading(45)        # 将画笔的朝向修改为45°方向
for i in range(4):      # 使用for循环结构迭代4次，绘制正方形的4条边
    t.forward(180)      # 将画笔沿着当前方向前进180个像素
    t.right(90)         # 将画笔向右旋转90°
```

此时，可以使用turtle.done()方法结束绘图，然后运行代码在画布中绘制出一个正方形。使用小海龟绘制正方形的代码运行效果如图5.14所示。

由图5.14可知，在画布中沿着45°方向绘制了一个红色的正方形。

(4) 绘制完正方形以后，画笔会回到原点即画布的中心位置，接下来修改画笔的朝向并绘制一个半圆形，代码如下。

```
t.setheading(135)       # 修改画笔的朝向为135°方向
t.circle(-90, 180)      # 沿着顺时针方向画一个圆弧，半径为90，角度为180°
```

在以上代码中，参数−90表示圆的半径为90像素，"−"号表示顺时针画圆，参数180表示圆心角。

此时，可以使用turtle.done()方法结束绘图，然后运行代码在画布中绘制出半圆形和正方形。使用小海龟绘制半圆形和正方形的代码运行效果如图5.15所示。

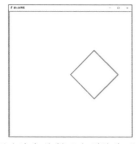 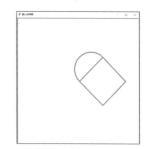

图5.14 使用小海龟绘制正方形的代码运行效果　图5.15 使用小海龟绘制半圆形和正方形的代码运行效果

由图5.15可知，在画布中绘制了一个正方形，并以正方形的一条边为直径绘制了一个半圆形。

(5) 再次修改画笔的朝向并绘制另一个半圆形，代码如下。

```
t.setheading(45)        # 将画笔的朝向修改为45°方向
t.circle(-90, 180)      # 沿着顺时针的方向画一个圆弧，半径为90，角度为180°
turtle.done()
```

此时，可以运行代码绘制出一个爱心图案。图案如图5.13所示。

5.3.3 拓展提高

本案例绘制了一个简单的爱心图案，但是只有爱心的外边框是红色，下面尝试修改代码，将爱心图案填充成红色。代码保存在5.3文件夹下的hearts.py文件中，详细的修改步骤和代码如下。

(1) 给正方形填充颜色，代码如下。

```
t.begin_fill()              # 设置开始填充正方形
t.fillcolor('red')         # 设置填充的颜色为红色
t.setheading(45)
for i in range(4):
    t.forward(180)
    t.right(90)
t.end_fill()               # 设置结束填充
```

(2) 给半圆形填充颜色，代码如下。

```
t.begin_fill()              # 设置开始填充半圆形
t.fillcolor('red')         # 设置填充的颜色为红色
t.setheading(135)
t.circle(-90, 180)
t.setheading(45)
t.circle(-90, 180)
t.end_fill()               # 设置结束填充
```

此时，运行代码，会在窗口中绘制一个红色的爱心。使用小海龟绘制红色爱心的代码运行效果如图5.16所示。

图5.16　使用小海龟绘制红色爱心的代码运行效果

5.3.4　课堂小结

本例使用小海龟绘制了一个红色的爱心图案，详细展示了如何利用小海龟创建画笔、设置画笔颜色、绘制线条和圆弧等基本绘图操作。总的来说，本例可以作为学习Python图形编程的起点，并可以进一步拓展到更复杂的图形绘制中。

5.3.5　课后练习

在拓展提高的基础上，尝试修改代码，绘制一个外边框为红色、内部填充粉红色的爱心。修改后的代码保存在5.3文件夹下的test.py文件中，代码的运行效果如图5.17所示。

图5.17 使用小海龟绘制粉红色爱心的代码运行效果

👉 **小提示**

使用 pencolor() 方法修改画笔的颜色，fillcolor() 方法修改填充的颜色。

5.4 案例49：绘制一个"福"字

"福"字，作为中国汉字文化中的一个标志性字符，承载着深厚的历史底蕴和丰富的文化内涵。该字起源于商代甲骨文，其古朴的字形像双手恭敬地捧着酒樽进行祭祀的样子，展现了古时人们对神灵的敬畏与祈愿。

5.4.1 案例背景

随着新春佳节的临近，家家户户都会在门户上贴上象征吉祥如意的"福"字，营造出浓厚的节日氛围。本例使用小海龟绘制一个饱满而醒目的"福"字，通过编程的方式为这个传统节日增添一份科技的色彩。使用小海龟绘制"福"字的代码运行效果如图5.18所示。

5.4.2 编写代码

图5.18 使用小海龟绘制"福"字的代码运行效果

"福"字可以分解成一个"礻"和一个"畐"，只要依次绘制出"礻"和"畐"，就可以组成一个"福"字。

尝试编写代码，绘制图5.18所示的"福"字。代码保存在5.4文件夹下的fu.py文件中，详细的绘制步骤和代码如下。

(1) 导入绘图工具，创建一个窗口并设置窗口的基本属性，代码如下。

```python
import turtle
turtle.setup(666, 666)          # 设置窗口的宽度为666个像素、高度为666个像素
turtle.title('福字')            # 设置窗口的标题为"福字"
turtle.bgcolor('red')           # 设置窗口的背景颜色为红色
```

(2) 创建一个画笔对象并设置画笔的基本属性，代码如下。

```
t = turtle.Turtle()        # 创建画笔
t.hideturtle()             # 隐藏画笔的形状
t.pensize(50)              # 将画笔的大小修改为50个像素
t.pencolor('gold')         # 将画笔的颜色修改为金色
t.shape('circle')          # 将画笔的形状修改为圆形
t.speed(0)                 # 将绘图速度设置为快速
```

(3) 绘制"福"字的左半部分，即字符"礻"，具体步骤如下。

1) 绘制"礻"最上面的字符"丶"，代码如下。

```
t.penup()                  # 提起笔头
t.goto(-160, 200)          # 将画笔移动到坐标(-160,200)处
t.pendown()                # 落下笔头
t.setheading(-45)          # 将画笔的朝向修改为-45°方向
t.forward(50)              # 绘制字符"丶"
```

此时，可以使用turtle.done()方法结束绘图，然后运行代码在画布中绘制出字符"丶"。使用小海龟绘制字符"丶"的代码运行效果如图5.19所示。

2) 绘制"礻"中的字符"一"，代码如下。

```
t.penup()
t.goto(-210, 80)           # 将画笔移动到坐标(-210,80)处
t.pendown()
t.setheading(15)           # 将画笔的朝向修改为15°方向
t.forward(135)             # 绘制字符"一"
```

此时，可以使用turtle.done()方法结束绘图，然后运行代码在画布中绘制出"丶""一"等字符。使用小海龟绘制"丶""一"等字符的代码运行效果如图5.20所示。

图5.19 使用小海龟绘制字符"丶"的代码运行效果　图5.20 使用小海龟绘制"丶""一"等字符的代码运行效果

3) 绘制"礻"中的字符"丿"，代码如下。

```
t.setheading(-125)         # 将画笔的朝向修改为-125°方向
t.forward(200)             # 绘制字符"丿"
```

此时，可以使用turtle.done()方法结束绘图，然后运行代码在画布中绘制出"丶""一""丿"等字符。使用小海龟绘制"丶""一""丿"等字符的代码运行效果如图5.21所示。

4) 绘制"礻"中的字符"丨"，代码如下。

```
t.penup()
t.goto(-110, 40)        # 将画笔移动到坐标(-110,40)处
t.pendown()
t.setheading(-90)       # 将画笔的朝向修改为-90°方向
t.forward(220)          # 绘制字符"丨"
```

此时，可以使用turtle.done()方法结束绘图,然后运行代码在画布中绘制出"丶""一""丿""丨"等字符。使用小海龟绘制"丶""一""丿""丨"等字符的代码运行效果如图5.22所示。

图5.21　使用小海龟绘制"丶""一""丿"
等字符的代码运行效果

图5.22　使用小海龟绘制"丶""一""丿""丨"
等字符的代码运行效果

5) 绘制"丨"旁的"丶"，代码如下。

```
t.penup()
t.goto(-110, 50)        # 将画笔移动到坐标(-110,50)处
t.pendown()
t.setheading(-45)       # 将画笔的朝向修改为-45°方向
t.forward(60)           # 绘制字符"丶"
```

此时，可以使用turtle.done()方法结束绘图，然后运行代码在画布中绘制出字符"礻"。使用小海龟绘制字符"礻"的代码运行效果如图5.23所示。

(4) 绘制"福"字的右半部分，即字符"畐"，具体步骤如下。

1) 绘制"畐"最上面的"一"，代码如下。

```
t.penup()
t.goto(20, 200)         # 将画笔移动到坐标(20,200)处
t.pendown()
t.setheading(10)        # 将画笔的朝向修改为10°方向
t.forward(120)          # 绘制字符"一"
```

此时，可以使用turtle.done()方法结束绘图，然后运行代码在画布中绘制出"礻""一"等

字符。使用小海龟绘制"衤""一"等字符的代码运行效果如图5.24所示。

图5.23　使用小海龟绘制字符"衤"的代码运行效果　　图5.24　使用小海龟绘制"衤""一"等字符的代码运行效果

2) 绘制"畐"中间的"口"，代码如下。

```
t.penup()
t.goto(20, 120)
t.pendown()
t.setheading(-85)
t.forward(85)          # 绘制"口"左边的"丨"
t.penup()
t.goto(20, 120)
t.pendown()
t.setheading(10)
t.forward(120)         # 绘制"口"上面的"一"
t.setheading(-95)
t.forward(90)          # 绘制"口"右边的"丨"
t.penup()
t.goto(30, 40)
t.pendown()
t.setheading(10)
t.forward(95)          # 绘制"口"下面的"一"
```

此时，可以使用turtle.done()方法结束绘图，然后运行代码在画布中绘制出"衤""一""口"等字符。使用小海龟绘制"衤""一""口"等字符的代码运行效果如图5.25所示。

图5.25　使用小海龟绘制"衤""一""口"等字符的代码运行效果

3) 绘制"畐"最下面的"田"，代码如下。

```
t.penup()
t.goto(-5, -50)
t.pendown()
t.setheading(-85)
t.forward(110)          # 绘制"田"左边的"丨"
t.penup()
t.goto(-5, -50)
t.pendown()
t.setheading(10)
t.forward(175)          # 绘制"田"上面的"一"
t.setheading(-95)
t.forward(145)          # 绘制"田"右边的"丨"
t.pensize(30)
t.penup()
t.goto(0, -110)
t.pendown()
t.setheading(5)
t.forward(150)          # 绘制"田"中间的"一"
t.penup()
t.goto(80, -50)
t.pendown()
t.setheading(-90)
t.forward(100)          # 绘制"田"中间的"丨"
t.pensize(50)
t.penup()
t.goto(10, -170)
t.pendown()
t.setheading(5)
t.forward(120)          # 绘制"田"下面的"一"
turtle.done()
```

此时，运行代码，会在画布中绘制出一个"福"字。"福"字如图5.18所示。

5.4.3 拓展提高

在小海龟中有一个turtle.write()方法，可以在窗口中绘制文本。调用turtle.write()方法的语法如下。

```
turtle.write(text,[move=False,align='left',font=('Arial',8,'normal')])
```

turtle.write()方法的参数说明如下。

● text通常是一个字符串，用于设置文本的内容。

● move是一个可选参数，通常是一个布尔值，用于设置是否移动画笔到新的位置。

- align是一个可选参数，通常是一个字符串值，用于设置文本的对齐方式。可以设置为left、center或right，分别表示左对齐、居中对齐和右对齐，默认为left，即左对齐。
- font是一个可选参数，通常是一个元组，用于设置字体的名称、大小和样式。

接下来，尝试编写代码，使用turtle.write()方法在画布中绘制一个"福"字。代码保存在5.4文件夹下的fus.py文件中，代码如下。

```python
import turtle
turtle.setup(666, 666)          # 设置窗口宽为666像素、高为666像素
turtle.bgcolor('red')           # 设置画布背景颜色为红色
turtle.title('福字')            # 设置窗口标题为"福字"
t = turtle.Turtle()             # 创建一个画笔对象，并命名为t
t.hideturtle()                  # 隐藏画笔的形状
t.pencolor('gold')              # 设置画笔的颜色为金色
t.shape('circle')               # 将画笔的轨迹形状设置为圆形
t.speed(0)                      # 设置绘图速度
# 绘制 "福"字
t.write('福', move=False, align='center', font=('黑体', 200, 'bold'))
turtle.done()
```

这段代码首先使用小海龟创建了一个正方形窗口，然后在窗口中用turtle.write()方法绘制了一个金色、黑体、加粗的"福"字，最后进入事件循环持续显示绘图结果。使用turtle.write()方法绘制"福"字的代码运行效果如图5.26所示。

与图5.18相比，使用turtle.write()方法绘制的福字更加方正。

图5.26 使用turtle.write()方法绘制"福"字的代码运行效果

5.4.4 课堂小结

本例借助Python的小海龟，展示了两种编程指令绘制的"福"字。这样的实践操作不仅可以帮助初学者掌握小海龟的基本方法，还可以让他们运用这些技术创造出更加复杂的图形与字符，从而加深对Python编程语言的理解。

5.4.5 课后练习

尝试编写代码，不使用拓展提高中的turtle.write()方法，在画布中绘制一个"王"字。代码保存在5.4文件夹下的test.py文件中，代码的运行效果如图5.27所示。

图5.27 使用小海龟绘制"王"字的代码运行效果

👍 小提示

将"王"字分解成"三横一竖",在画布中依次绘制"三横一竖"。

5.5 案例50：绘制生日蛋糕效果图

生日是每个人一年中最特别的日子。自古以来,世界各地的人们都有庆祝生日的传统习俗,虽然形式各异,但都饱含着对寿星深深的祝福。蛋糕是庆祝生日的重要元素,吹灭生日蛋糕上的蜡烛,可以许下心中最真挚的愿望。

5.5.1 案例背景

假如好朋友的生日要到了,即使相隔千里,你还是想制作一个特别的礼物送给他。最近你正好在学习Python的图形编程,于是你灵机一动,决定运用Python的小海龟,精心设计并绘制一个虚拟的生日蛋糕作为礼物送给他。使用小海龟绘制生日蛋糕效果图的代码运行效果如图5.28所示。

图5.28 使用小海龟绘制生日蛋糕效果图的代码运行效果

5.5.2　编写代码

生日蛋糕效果图由蛋糕底盘、每层蛋糕、蛋糕蜡烛、星星装饰物、生日祝福和日期信息组成。

尝试编写代码，绘制图5.28所示的生日蛋糕效果图。代码保存在5.5文件夹下的cake.py文件中，详细的绘制步骤和代码如下。

(1) 导入绘图工具，定义需要用到的颜色列表，代码如下。

```python
import turtle
import random    # 导入Random模块，用于生成随机数
import math       # 导入Math模块，用于数学计算
colors_a = ['oldlace', 'mistyrose']          # 蛋糕底盘的颜色列表
colors_b = ['lightcyan', 'oldlace', 'pink', 'mistyrose']    # 蛋糕层的颜色列表
colors_c = ['skyblue', 'white']      # 蜡烛的颜色列表
```

在以上代码中，colors_a是蛋糕底盘的颜色列表，colors_b是每层蛋糕的颜色列表，colors_c是蛋糕蜡烛的颜色列表。列表中字符串对应的颜色见表5.9。

表5.9　列表中字符串对应的颜色

字符串	颜色
oldlace	米白色
mistyrose	玫瑰色
lightcyan	浅青色
pink	粉红色
skyblue	天蓝色
white	白色

(2) 创建窗口和画笔，并设置窗口和画笔的基本属性，代码如下。

```python
turtle.setup(0.66, 0.66)      # 将窗口大小设置为屏幕的0.66倍
turtle.title('生日蛋糕效果图') # 设置窗口的标题为"生日蛋糕效果图"
turtle.bgcolor('pink')        # 设置窗口的背景颜色为粉红色
turtle.tracer(0)              # 隐藏绘图过程，提高绘图的速度
t = turtle.Turtle()           # 创建一个画笔对象t
t.screen.delay(0)             # 关闭绘图的延迟，提高绘图的速度
t.speed(0)                    # 将绘图速度设置为快速
t.hideturtle()                # 隐藏画笔的形状
t.pencolor('white')           # 将画笔设置为白色
```

👉 指点迷津

turtle.tracer(0) 方法用于关闭图形窗口中的动画刷新。其中，参数0表示隐藏绘图过程，即不会实时显示绘图的结果，而是等到所有的图形都画完后再一次性显示出来，这样可以提

高绘图的速度，特别适用于绘制大量的图形或者复杂的动画效果图。而turtle.screen.delay(0)方法则用于设置动画的延迟，参数0表示没有延迟，即动画立即执行。如果将参数设置成正数，则表示延迟一定的时间后执行动画，延迟时间功能可以控制动画的速度和流畅性。

(3) 自定义draw_x()和draw_y()函数，用于绘制椭圆形，代码如下。

```
def draw_x(x, i):
    return x * math.cos(math.radians(i))  # 根据角度计算x轴上的坐标
def draw_y(y, i):
    return y * math.sin(math.radians(i))  # 根据角度计算y轴上的坐标
```

以上代码定义了draw_x()和draw_y()函数，调用这两个函数可以在窗口中绘制一个椭圆形。在以上代码中，参数x表示椭圆长轴的大小，参数y表示椭圆短轴的大小，参数i表示角度。同时使用这两个函数循环迭代360次，就可以绘制出一个完整的椭圆形。

👉 指点迷津 ......

　　math.cos() 和 math.sin() 是两个数学函数，用于计算给定角度的余弦值和正弦值，而math.radians() 函数则用于将给定的角度值转换为弧度值。

此时，可以添加下面的代码，然后运行代码在画布中绘制一个椭圆形。

```
for i in range(360):                              # 循环360次
    turtle.goto(draw_x(100, i), draw_y(50, i))    # 绘制椭圆形
turtle.done()
```

使用小海龟绘制椭圆形的代码运行效果如图5.29所示。

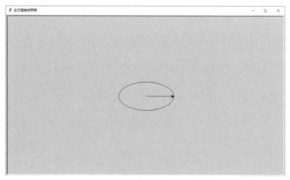

图5.29　使用小海龟绘制椭圆形的代码运行效果

由图5.29可知，在画布中绘制了一个长轴为100像素、短轴为50像素的椭圆形。

(4) 自定义ground_floor()函数，用于绘制蛋糕的底盘，具体步骤如下。

ground_floor()函数接收4个参数，ground_floor()函数的参数说明见表5.10。

表5.10 ground_floor() 函数的参数说明

参　数	说　明
width	参数 width 是一个整数或浮点数，用于设置蛋糕底盘的宽度
height	参数 height 是一个整数或浮点数，用于设置蛋糕底盘的高度
colors_a	参数 colors_a 一个包含多种颜色的列表，用于给蛋糕底盘涂色
h	参数 h 是一个整数或浮点数，用于设置蛋糕底盘中心点的 y 坐标

1) 将画笔移动到指定坐标处，绘制蛋糕底盘的上半部分，即椭圆形区域，代码如下。

```
def ground_floor(width, height, colors_a, h):
    t.penup()
    t.goto(width, h)                # 将画笔移动到坐标(width,h)处
    t.pendown()
    t.begin_fill()
    t.fillcolor(colors_a[0])        # 设置蛋糕底盘上半部分的颜色为colors_a[0]
    for i in range(360):            # 循环迭代360次，绘制蛋糕底盘上半部分的椭圆形
        x = draw_x(width, i)        # 计算椭圆形的x坐标
        y = draw_y(height, i) + h   # 计算椭圆形的y坐标
        t.goto(x, y)                # 绘制椭圆形
    t.end_fill()
```

以上代码使用for循环结构迭代360次，在每层循环中，根据角度 i 计算出每个点在x轴和y轴的坐标，并使用turtle.goto()方法将画笔移动到计算出的坐标位置，最终可以形成一个椭圆形。

此时，可以添加下面的代码，然后运行代码在画布中绘制出蛋糕底盘的上半部分。

```
ground_floor(160, 30, colors_a, -100)        # 调用函数绘制蛋糕底盘的上半部分
turtle.done()
```

使用ground_floor()函数绘制蛋糕底盘上半部分的代码运行效果如图5.30所示。

图5.30　使用ground_floor()函数绘制蛋糕底盘上半部分的代码运行效果

由图5.30可知，在画布中绘制了一个黄色的椭圆形，作为蛋糕底盘的上半部分。

2) 绘制完蛋糕底盘的上半部分后，开始绘制蛋糕底盘的下半部分，代码如下。

```
t.begin_fill()
t.fillcolor(colors_a[1])              # 设置蛋糕底盘下半部分的颜色为colors_a[1]
for i in range(180):                  # 绘制蛋糕底盘的下半部分
    x = draw_x(width, -i)
    y = draw_y(height + 10, -i) + h
    t.goto(x, y)
for i in range(180, 360):             # 将蛋糕底盘的下半部分围成封闭区域，以方便填充颜色
    x = draw_x(width, i)
    y = draw_y(height, i) + h
    t.goto(x, y)
t.end_fill()
```

以上代码与绘制蛋糕底盘上半部分的方法类似，计算出蛋糕底盘下半部分扇形的位置，通过for循环结构绘制出一个封闭的扇形区域，最后给扇形区域填充指定的颜色。

此时，可以添加下面的代码，然后运行代码在画布中绘制出蛋糕底盘的图案。

```
ground_floor(160, 30, colors_a, -100)      # 调用函数绘制蛋糕的底盘
turtle.done()
```

使用ground_floor()函数绘制蛋糕底盘的代码运行效果如图5.31所示。

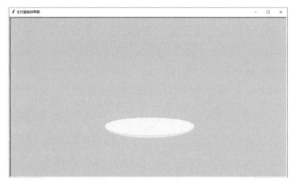

图5.31 使用ground_floor()函数绘制蛋糕底盘的代码运行效果

由图5.31可知，用ground_floor()函数在画布中绘制了一个蛋糕底盘的图案。其中，上半部分是一个完整的椭圆形，而下半部分是一个扇形，共同构成了蛋糕底盘的独特外观。

(5) 自定义each_piece()函数，用于绘制蛋糕的每一层，具体步骤如下。

each_piece()函数接收5个参数，each_piece()函数的参数说明见表5.11。

表 5.11　each_piece() 函数的参数说明

参　数	说　明
width	参数 width 是一个整数或浮点数，用于设置每层蛋糕的宽度
height_1	参数 height_1 是一个整数或浮点数，用于设置每层蛋糕的高度
height_2	参数 height_2 是一个整数或浮点数，用于设置每层蛋糕的厚度
colors_b	参数 colors_b 是一个颜色列表，用于填充每层蛋糕的不同区域
h	参数 h 是一个整数或浮点数，用于设置每层蛋糕底部中心点的 y 坐标

1) 将画笔移动到指定的坐标位置，绘制每层蛋糕底部的椭圆形轮廓，代码如下。

```python
def each_piece(width, height_1, height_2, colors_b, h):
    t.penup()
    t.goto(width, h)
    t.begin_fill()
    t.fillcolor(colors_b[0])          # 设置每层蛋糕底部的颜色为colors_b[0]
    for i in range(360):              # 绘制每层蛋糕底部的椭圆形
        x = draw_x(width, i)
        y = draw_y(height_1, i) + h
        t.goto(x, y)
    t.end_fill()
```

以上代码使用turtle.begin_fill()方法设置开始填充，并使用turtle.fillcolor()方法设置了填充的颜色，然后使用for循环结构、draw_x()和draw_y()函数结合turtle.goto()方法绘制了一个椭圆形，作为每层蛋糕的底部轮廓，最后使用turtle.end_fill()方法设置结束填充。

此时，可以添加下面的代码，然后运行代码在画布中绘制出每层蛋糕的底部。

```python
each_piece(120, 30, 40, colors_b, -100)   # 调用函数绘制每层蛋糕的底部
turtle.done()
```

使用each_piece()函数绘制每层蛋糕底部的代码运行效果如图5.32所示。

图5.32　使用each_piece()函数绘制每层蛋糕底部的代码运行效果

由图5.32可知，在画布中绘制了一个蓝色的椭圆形，作为每层蛋糕的底部。

2) 绘制每层蛋糕顶部的椭圆形轮廓，代码如下。

```
t.begin_fill()
t.fillcolor(colors_b[0])        # 设置每层蛋糕侧面的颜色为colors_b[0]
for i in range(540):            # 绘制每层蛋糕顶部的椭圆形
    x = draw_x(width, i)
    y = draw_y(height_1, i) + height_2 + h
    t.goto(x, y)
t.goto(-width, h)
t.end_fill()
```

以上代码与绘制每层蛋糕底部的方法相似，可以绘制出每层蛋糕顶部的椭圆形轮廓。代码中使用了540次循环，其中前360次循环可以绘制出椭圆形，后180次循环用于连接每层蛋糕的底部和顶部，形成蛋糕层的主体。

此时，可以添加下面的代码，然后运行代码在画布中绘制蛋糕层的主体。

```
each_piece(120, 30, 40, colors_b, -100)    # 调用函数绘制蛋糕层的主体
turtle.done()
```

使用each_piece()函数绘制蛋糕层主体的代码运行效果如图5.33所示。

由图5.33可知，在画布中绘制了一个圆柱体，并将圆柱体的部分区域填充成蓝色。

3) 绘制每层蛋糕顶部中间的小椭圆，代码如下。

```
t.penup()
t.goto(width - 10, height_2 + h)
t.pendown()
t.begin_fill()
t.fillcolor(colors_b[1])    # 设置每层蛋糕顶部小椭圆的颜色为colors_b[1]
for i in range(360):        # 绘制每层蛋糕顶部中间的小椭圆形
    x = draw_x(width - 10, i)
    y = draw_y(height_1 * 0.9, i) + height_2 + h
    t.goto(x, y)
t.end_fill()
```

以上代码将画笔移动到每层蛋糕顶部的中心，绘制了一个比每层蛋糕顶部小一点的椭圆形。

此时，可以添加下面的代码，然后运行代码在画布中绘制一个简单的蛋糕层。

```
each_piece(120, 30, 40, colors_b, -100)    # 调用函数绘制简单的蛋糕层
turtle.done()
```

使用each_piece()函数绘制简单蛋糕层的代码运行效果如图5.34示。

图5.33 使用each_piece()函数绘制蛋糕层
主体的代码运行效果

图5.34 使用each_piece()函数绘制简单蛋糕层
的代码运行效果

由图5.34可知，在圆柱体的顶部绘制了一个黄色的椭圆形，组成了一个简单的蛋糕层。

4) 绘制每层蛋糕底部的过渡部分，代码如下。

```
t.penup()
t.goto(width, h)
t.pendown()
t.begin_fill()
t.fillcolor(colors_b[2])          # 设置每层蛋糕底部过渡层的颜色为colors_b[2]
for i in range(180):              # 绘制每层蛋糕底部的过渡层
    x = draw_x(width, -i)
    y = draw_y(height_1, -i) + 10 + h
    t.goto(x, y)
t.goto(-width, h)
for i in range(180, 360):         # 将过渡层围成封闭图形，以方便填充颜色
    x = draw_x(width, i)
    y = draw_y(height_1, i) + h
    t.goto(x, y)
t.end_fill()
```

以上代码将画笔移动到每层蛋糕的底部，使用两个for循环绘制出一个小圆环，作为每层蛋糕底部的过渡部分。

此时，可以添加下面的代码，然后运行代码在画布中绘制出一个含过渡部分的蛋糕层。

```
each_piece(120, 30, 40, colors_b, -100)   # 调用函数绘制含过渡部分的蛋糕层
turtle.done()
```

使用each_piece()函数绘制含过渡部分蛋糕层的代码运行效果如图5.35所示。

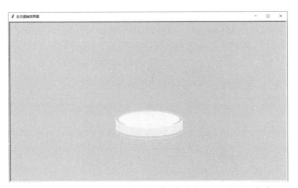

图5.35　使用each_piece()函数绘制含过渡部分蛋糕层的代码运行效果

由图5.35可知，在每层蛋糕的底部绘制了一个粉红色的过渡部分。

5) 绘制每层蛋糕的奶油，代码如下。

```python
t.penup()
t.goto(width, height_2 + h)
t.pendown()
t.begin_fill()
t.fillcolor(colors_b[3])          # 设置每层蛋糕奶油的颜色为colors_b[3]
for i in range(1800):             # 绘制每层蛋糕的奶油部分
    x = draw_x(width, 0.1 * i)
    y = draw_y(-height_1 * 0.3, i) + h
    t.goto(x, y)
t.goto(-width, height_2 + h)
for i in range(180, 360):         # 将奶油部分围成封闭图形，以方便填充颜色
    x = draw_x(width, i)
    y = draw_y(height_1, i) + height_2 + h
    t.goto(x, y)
t.end_fill()
```

以上代码将画笔移动到画布中的指定位置，随后调用两次for循环，在循环中通过draw_x()、draw_y()函数以及turtle.goto()方法绘制出一条曲线和一个圆弧，组成蛋糕的奶油图案。

此时，可以添加下面的代码，然后运行代码在画布中绘制出一个含奶油的蛋糕层。

```python
each_piece(120, 30, 40, colors_b, -100)    # 调用函数绘制含奶油的蛋糕层
turtle.done()
```

使用each_piece()函数绘制含奶油蛋糕层的代码运行效果如图5.36所示。

图5.36　使用each_piece()函数绘制含奶油蛋糕层的代码运行效果

由图5.36可知,在每层蛋糕的主体部分绘制了一层奶油。

(6) 自定义candle()函数,用于绘制蛋糕上的蜡烛,具体步骤如下。

candle()函数接收6个参数,candle()函数的参数说明见表5.12。

表5.12　candle()函数的参数说明

参　　数	说　　明
width	参数width是一个整数或浮点数,用于设置蜡烛的宽度
height	参数height是一个整数或浮点数,用于设置蜡烛的高度
color_c	参数color_c是一个存放颜色的列表,用于填充蜡烛的不同区域
w	参数w是一个整数或浮点数,用于设置蜡烛底部和顶部中心点的x坐标
h1	参数h1是一个整数或浮点数,用于设置蜡烛底部中心点的y坐标
h2	参数h2是一个整数或浮点数,用于设置蜡烛顶部中心点的y坐标

1) 将画笔移动到指定的坐标位置,绘制蜡烛的主体部分,代码如下。

```python
def candle(width, height, color_c, w, h1, h2):
    t.penup()
    t.goto(w, h1)
    t.pendown()
    t.begin_fill()
    t.fillcolor(color_c[0])              # 设置蜡烛的颜色为color_c[0]
    for i in range(360):                 # 绘制蜡烛主体下半部分的椭圆形
        x = draw_x(width, i) + w
        y = draw_y(height, i) + h1
        t.goto(x, y)
    t.goto(width + w, h2)
    for i in range(540):                 # 绘制蜡烛主体上半部分的椭圆形
        x = draw_x(width, i) + w
        y = draw_y(height, i) + h2
        t.goto(x, y)
```

```
        t.goto(-width + w, h1)
        t.end_fill()
```

以上代码使用两次for循环，分别绘制了蜡烛底部和顶部的椭圆形，并将这两个椭圆形连接成一个圆柱体，形成蜡烛主体的图案。

此时，可以添加下面的代码，然后运行代码在画布中绘制一个蜡烛的主体。

```
candle(4, 1, colors_c, 15, -10, 50)        # 调用函数绘制蜡烛的主体
turtle.done()
```

使用candle()函数绘制蜡烛主体的代码运行效果如图5.37所示。

图5.37 使用candle()函数绘制蜡烛主体的代码运行效果

由图5.37可知，在画布中绘制了一个蓝色的圆柱体，表示蜡烛的主体。

2) 绘制蜡烛的装饰线条，代码如下。

```
    t.pencolor(colors_c[1])                 # 设置蜡烛线条的颜色为colors_c[1]
    for i in range(1, 6):                   # 循环5次，绘制5条装饰线条
        t.goto(width + w, h1 + 10 * i)      # 移动到每条装饰线条的起点
        t.penup()
        t.goto(-width + w, h1 + 10 * i)     # 移动到每条装饰线条的终点
        t.pendown()
```

以上代码先将画笔修改为参数color_c[1]所表示的颜色，然后调用5次for循环，在每层循环中，朝着蜡烛主体的右上方向绘制一条直线段，模拟出多层装饰线条的效果。

此时，可以添加下面的代码，然后运行代码在画布中绘制一根含装饰线条的蜡烛。

```
candle(4, 1, colors_c, 15, -10, 50)        # 调用函数绘制蛋糕的蜡烛
turtle.done()
```

使用candle()函数绘制蛋糕蜡烛的代码运行效果如图5.38所示。

图5.38 使用candle()函数绘制蛋糕蜡烛的代码运行效果

由图5.38可知,在蜡烛的主体上添加了一些装饰线条。

(7) 自定义year()函数,用于绘制蜡烛上的数字,具体步骤如下。

year()函数接收4个参数,year()函数的参数说明见表5.13。

表5.13 year() 函数的参数说明

参　　数	说　　明
x	参数 x 是一个整数或浮点数,用于设置文本的 x 坐标
y	参数 y 是一个整数或浮点数,用于设置文本的 y 坐标
c	参数 c 是一个字符串,用于设置文本的颜色
k	参数 k 是一个字符串,用于设置文本的内容

将画笔移动到指定的坐标位置,使用turtle.write()方法绘制蜡烛上的数字,代码如下。

```python
def year(x, y, c, k):
    t.penup()
    t.goto(x, y)
    t.pendown()
    t.pencolor(c)                # 将画笔的颜色修改为指定颜色c
    t.write(k, font=('Curlz MT', 25, 'bold'))   # 绘制蜡烛上的数字
```

以上代码定义了一个名为year的函数,调用该函数可以在窗口中绘制数字。在该函数中,参数k表示要绘制的字符,参数font是一个元组,用于设置文本的属性。这里使用Curlz MT字体,大小为25个像素,并设置加粗样式。

此时,可以添加下面的代码,然后运行代码在蜡烛上绘制出数字。

```python
candle(4, 1, colors_c, 15, 40, 100)      # 调用函数绘制左侧蜡烛
candle(4, 1, colors_c, -15, 40, 100)     # 调用函数绘制右侧蜡烛
year(-22, 95, 'aliceblue', '2')          # 在坐标(-22, 95)处绘制数字"2"
year(8, 95, 'aliceblue', '0')            # 在坐标(8, 95)处绘制数字"0"
turtle.done()
```

使用year()函数绘制蜡烛上数字的代码运行效果如图5.39所示。

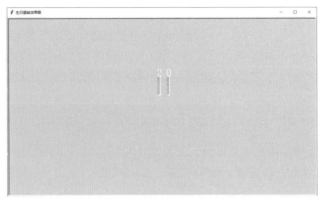

图5.39 使用year()函数绘制蜡烛上数字的代码运行效果

由图5.39可知，year()函数在每根蜡烛上用特定的颜色和样式绘制了一个数字，用于装饰生日蛋糕。

(8) 自定义writes()函数，用于绘制生日祝福和日期信息，步骤如下。

1) 将画笔移动到指定的坐标位置，绘制生日祝福，代码如下。

```
def writes():
    t.penup()
    t.goto(-250, 200)
    t.pendown()
    t.pencolor('aliceblue')          # 设置生日祝福的颜色为aliceblue
    t.write('Happy Birthday!', font=('Curlz MT', 50, 'bold')) # 绘制生日祝福
```

以上代码用于绘制生日祝福，"Happy Birthday!"是祝福信息，字体为Curlz MT，大小为50，样式为加粗。

此时，可以添加下面的代码，然后运行代码在画布中绘制出生日祝福。

```
writes()                      # 调用函数绘制生日祝福
turtle.done()
```

使用writes()函数绘制生日祝福的代码运行效果如图5.40所示。

由图5.40可知，在画布中绘制了生日祝福"Happy Birthday!"。

2) 将画笔移动到指定的坐标位置，绘制日期信息，代码如下。

```
    t.penup()
    t.goto(250, -150)
    t.pendown()
    t.pencolor('white')         # 设置日期信息的颜色为white
    t.write('2024.01.22', font=('黑体', 20, 'bold'))
```

以上代码用于绘制日期信息,日期为"2024.01.22",字体为黑体,大小为20,样式为加粗。此时,可以添加下面的代码,然后运行代码在画布中绘制出日期信息。

```
writes()                      # 调用函数绘制生日祝福和日期信息
turtle.done()
```

使用writes()函数绘制生日祝福和日期信息的代码运行效果如图5.41所示。

图5.40 使用writes()函数绘制生日祝福　　　　　　图5.41 使用writes()函数绘制生日祝福和日期信息
　　　的代码运行效果　　　　　　　　　　　　　　　　　的代码运行效果

由图5.41可知,用writes()函数在画布中绘制了淡蓝色的生日祝福"Happy Birthday!"以及白色的日期信息"2024.01.22"。

(9) 自定义star()函数,用于绘制五角星,步骤如下。

star()函数接收6个参数,star()函数的参数说明见表5.14。

表5.14　star()函数的参数说明

参　　数	说　　明
x1 和 x2	参数 x1 和 x2 是整数或浮点数,用于设置五角星 x 坐标的最大值和最小值
x1 和 x2	参数 x1 和 x2 是整数或浮点数,用于设置五角星 y 坐标的最大值和最小值
a	参数 a 是一个整数,用于设置五角星每条边的长度
color	参数 color 是一个字符串,用于设置五角星的颜色

随机生成五角星的x坐标和y坐标,将画笔移动到指定的坐标位置,然后调用for循环结构绘制五角星,代码如下。

```
def star(x1, x2, y1, y2, a, color):
    x = random.randint(x1, x2)        # x坐标在参数x1~x2的范围内
    y = random.randint(y1, y2)        # y坐标在参数y1~y2的范围内
    t.penup()
    t.goto(x, y)
    t.pendown()
    t.pencolor(color)                 # 将画笔的颜色设置为color
```

```
    t.begin_fill()
    t.fillcolor(color)                    # 设置填充的颜色为color
    for i in range(5):                    # 循环迭代5次，绘制五角星
        t.forward(a)                      # 将画笔沿着当前方向前进a个像素
        t.right(144)                      # 将画笔向右旋转144°
        t.forward(a)                      # 将画笔沿着当前方向前进a个像素
        t.left(72)                        # 将画笔向左旋转72°
    t.end_fill()
```

以上代码定义了一个名为star的函数，调用该函数可以在窗口中绘制五角星。在该函数中，使用for循环结构迭代了5次，在每层循环中先使用turtle.forward()方法将画笔沿着当前方向前进a个像素，然后使用turtle.right()方法将画笔向右旋转144°，再使用forward()方法将画笔沿着当前方向前进a个像素，最后使用turtle.left()方法将画笔向左旋转72°。经过5次循环，最终形成了一个五角星的图案。

此时，可以添加下面的代码，然后运行代码在画布中绘制一个五角星。

```
star(-200, 200, -200, 200, 100, 'yellow') # 调用函数绘制五角星
turtle.done()
```

使用star()函数绘制五角星的代码运行效果如图5.42所示。

图5.42　使用star()函数绘制五角星的代码运行效果

由图5.42可知，用star()函数在画布中的随机位置绘制了一个边长为100像素的五角星。

(10) 依次调用ground_floor()、each_piece()、candle()、year()、writes()、star()等自定义函数，绘制生日蛋糕效果图，代码如下。

```
ground_floor(160, 30, colors_a, -100)       # 调用函数绘制蛋糕底层部分
each_piece(120, 30, 40, colors_b, -100)     # 调用函数绘制蛋糕的第1层
each_piece(90, 20, 30, colors_b, -60)       # 调用函数绘制蛋糕的第2层
each_piece(60, 10, 20, colors_b, -30)       # 调用函数绘制蛋糕的第3层
candle(4, 1, colors_c, 15, -10, 50)         # 调用函数绘制左侧蜡烛
```

```
candle(4, 1, colors_c, -15, -10, 50)            # 调用函数绘制右侧蜡烛
year(-22, 45, 'aliceblue', '2')                 # 在坐标(-22, 45)处绘制数字'2'
year(8, 45, 'aliceblue', '0')                   # 在坐标(8, 45)处绘制数字'0'
writes()                                        # 调用函数绘制生日祝福和日期信息
for i in range(199):                            # 使用for循环迭代199次
    star(-500, 500, -500, 500, 3, 'yellow')     # 调用函数绘制五角星
turtle.done()
```

整个代码使用小海龟依次绘制了蛋糕的底盘、蛋糕的每一层、蛋糕的蜡烛、蜡烛上的数字、星星装饰物、生日祝福和日期信息，共同组成了一幅生日蛋糕效果图。生日蛋糕效果图如图5.28所示。

5.5.3　拓展提高

在这个案例中，将朋友的年龄由20岁改为18岁，该如何修改代码呢？接下来尝试修改代码，将蜡烛上的数字修改为"18"。修改后的代码保存在5.5文件夹下的cakes.py文件中，详细的修改步骤和代码如下。

修改调用year()函数的代码，修改后的代码如下。

```
ground_floor(160, 30, colors_a, -100)
each_piece(120, 30, 40, colors_b, -100)
each_piece(90, 20, 30, colors_b, -60)
each_piece(60, 10, 20, colors_b, -30)
candle(4, 1, colors_c, 15, -10, 50)
candle(4, 1, colors_c, -15, -10, 50)
year(-22, 45, 'aliceblue', '1')     # 在坐标(-22, 45)处绘制数字'1'
year(8, 45, 'aliceblue', '8')       # 在坐标(8, 45)处绘制数字'8'
writes()
for i in range(199):
    star(-500, 500, -500, 500, 3, 'yellow')
turtle.done()
```

此时，运行代码，会在窗口中绘制出修改蜡烛上的数字后的生日蛋糕效果图。修改蜡烛上的数字后的生日蛋糕效果图如图5.43所示。

由图5.43可知，生日蛋糕蜡烛上的数字已经由20变成了18。

图5.43 修改蜡烛上的数字后的生日蛋糕效果图

5.5.4 课堂小结

本例从实际需求出发，手把手教学如何使用Python的小海龟绘制一个生日蛋糕效果图，并在拓展提高中帮助初学者进行知识迁移与创新实践，并进一步巩固其对Python图形编程原理的理解。

5.5.5 课后练习

在拓展提高的基础上，尝试修改代码，绘制一个有4个蛋糕层的生日蛋糕。修改后的代码保存在5.6文件夹下的test.py文件中，代码的运行效果如图5.44所示。

图5.44 有4个蛋糕层的生日蛋糕效果图

👉 小提示

调用 4 次 each_piece() 函数，绘制 4 个蛋糕层。

5.6　案例51：绘制圣诞树效果图

圣诞树，是圣诞节象征性的装饰物。圣诞树起源于德国，象征着生命与希望，寓意着四季常青、生命永恒。圣诞树上常常挂满五彩灯饰、彩球、小礼物、雪花等装饰物，以营造浓厚的节日氛围，在圣诞树的顶端通常点缀一颗闪耀的大五角星，承载着人们对和平、喜乐和爱的向往与祝福。

5.6.1　案例背景

在圣诞节即将来临之际，你刚刚掌握了Python的图形编程技术，于是决定借此节日氛围，亲手绘制一棵精美的圣诞树，为这个美好的节日注入一份别致的艺术气息。使用小海龟绘制圣诞树效果图的代码运行效果如图5.45所示。

图5.45　使用小海龟绘制圣诞树效果图的代码运行效果

5.6.2　编写代码

在绘制一个包含圣诞树、五角星装饰物、礼物盒以及雪花背景的圣诞树效果图时，主要的难点在于如何巧妙地运用递归算法，构造出层次丰富且形态自然的圣诞树图案，就像用积木一层层堆叠出圣诞树一样。

尝试编写代码，绘制出图5.45所示的圣诞树效果图。代码保存在5.6文件夹下的tree.py文件中，详细的绘制步骤和代码如下。

(1) 导入绘图工具，定义五角星的颜色列表和礼物盒的颜色列表，代码如下。

```
import turtle
import random
colors_star = ['red', 'orange', 'yellow', 'brown', 'cyan', 'pink', 'blue',
'blueviolet', 'gold', 'white']                # 定义五角星的颜色列表
colors_gift = ['red', 'orange', 'yellow', 'green', 'cyan', 'blue',
'blueviolet']                                 # 定义礼物盒的颜色列表
```

colors_star列表用于存放五角星的颜色，colors_gift列表用于存放礼物盒的颜色，列表中

各字符串对应的颜色见表5.15。

表 5.15 列表中各字符串对应的颜色

字 符 串	颜 色
red	红色
orange	橘黄色
yellow	黄色
brown	棕色
cyan	青色
pink	粉红色
blue	蓝色
blueviolet	蓝紫色
gold	金色
green	绿色

(2) 创建窗口和画笔，并设置窗口和画笔的基本属性，代码如下。

```
turtle.setup(1.0, 1.0)          # 设置窗口与屏幕的大小相等
turtle.title('圣诞树效果图')     # 设置窗口的标题为"圣诞树效果图"
turtle.bgcolor('black')
t = turtle.Turtle()
t.hideturtle()
t.screen.delay(0)
```

(3) 自定义tree()函数，用于递归绘制圣诞树的树枝，代码如下。

```
def tree(d, s):                    # 参数d表示当前层级的深度，参数s表示当前层级的树枝长度
    t.pencolor('limegreen')        # 参数limegreen是一个标准颜色名，表示黄绿色
    t.pensize(5)                   # 修改画笔的大小为5像素，即树干和树枝的大小
    if d <= 0:                     # 如果当前层级的深度d小于等于0
        return                     # 结束当前递归，返回上一层
    t.forward(s)                   # 向前移动画笔，绘制当前层级的树干部分
    tree(d - 1, s * 0.8)           # 递归调用自身，绘制下一层级的树枝
    t.right(120)                   # 将画笔向右旋转120°，准备绘制右侧树枝
    tree(d - 3, s * 0.5)           # 递归调用自身，绘制下一层级的树枝
    t.right(120)                   # 将画笔再向右旋转120°，绘制树枝右侧的分枝
    tree(d - 3, s * 0.5)           # 递归调用自身，绘制下一层级的树枝
    t.right(120)                   # 将画笔再向右旋转120°，绘制分枝的分枝
    t.backward(s)                  # 向后移动画笔，回到当前层级开始的位置
```

以上代码定义了一个名为tree的函数，调用该函数可以在窗口中绘制圣诞树的树枝，该函数首先将每层树干分成3个部分，即中心树干和两侧分枝，然后递归绘制每一侧的树枝、树枝的分枝以及分枝的分枝，直到达到指定的深度。在每次绘制新的分枝时，需要使用turtle.forward()、turtle.right()和turtle.backward()等方法调整画笔的位置和方向。

此时，可以添加下面的代码，然后运行代码在画布中递归绘制出树干和树枝。

```
t.setheading(90)              # 将画笔的朝向修改为90°方向
tree(15, 60)                  # 调用递归函数tree()绘制树干和树枝
turtle.done()
```

使用tree()函数绘制树干和树枝的代码运行效果如图5.46所示。

由图5.46可知，用tree()函数在画布中绘制了绿色的树干和树枝。

(4) 自定义top()函数，用于绘制树顶的大五角星，代码如下。

```
def top():
    t.pensize(2)              # 修改画笔的大小为2像素，即五角星边长的宽度
    t.pencolor('gold')        # 参数gold是一个标准颜色名，表示金色
    t.penup()
    t.forward(5)
    t.pendown()
    t.begin_fill()
    t.fillcolor('yellow')     # 设置填充的颜色为黄色
    for i in range(5):        # 因为是五角星，所以要循环5次画5个角
        t.forward(20)         # 将画笔沿着当前方向前进20个像素
        t.right(144)          # 将画笔向右旋转144°
        t.forward(20)         # 将画笔沿着当前方向前进20个像素
        t.left(72)            # 将画笔向左旋转72°
    t.end_fill()
```

以上代码定义了一个名为top的函数，调用该函数可以在窗口中绘制出圣诞树顶的大五角星。该函数使用for循环结构迭代5次，在每层循环中使用turtle.forward()、turtle.right()、turtle.left()等方法绘制大五角星的一个角，最终构成了一个大五角星的图案。

此时，可以添加下面的代码，然后运行代码在画布中绘制一个大五角星。

```
top()                         # 调用函数绘制一个大五角星
turtle.done()
```

使用top()函数绘制大五角星的代码运行效果如图5.47所示。

图5.46　使用tree()函数绘制树干和树枝的代码运行效果　图5.47　使用top()函数绘制大五角星的代码运行效果

由图5.47可知，top()函数在画布中绘制了一个黄色的大五角星。

(5) 自定义trees()函数，用于绘制一棵圣诞树，具体步骤如下。

1) 绘制圣诞树的树枝和树根，代码如下。

```
def trees():              # 和top()函数一样，trees()函数也不需要设置参数
    t.penup()
    t.goto(0, -110)
    t.pendown()
    t.color('saddlebrown')  # 先画树根，将画笔设置为棕色
    t.pensize(20)          # 树根比较粗，画笔的大小需设置大一点
    t.setheading(90)       # 修改画笔的朝向为竖直向上
    t.forward(50)          # 树根长度为50像素
    tree(15, 60)           # 画树枝
```

以上代码先将画笔移动到(0，-110)处，绘制圣诞树的树根，然后调用tree()函数，绘制圣诞树的树枝。

此时，可以添加下面的代码，然后运行代码绘制树根和树枝，组成一棵树。

```
trees()                   # 调用trees()函数绘制一棵树
turtle.done()
```

使用trees()函数绘制一棵树的代码运行效果如图5.48所示。

2) 绘制圣诞树顶的大五角星，代码如下。

```
    t.penup()
    t.goto(0, 250)
    t.pendown()
    t.right(90)
    top()                 # 画圣诞树顶的大五角星
```

以上代码先将画笔移动到圣诞树顶，即坐标(0，250)处，随后调整画笔的角度，使用top()函数在圣诞树的树顶绘制了一个大五角星。

此时，可以添加下面的代码，然后运行代码在画布中绘制圣诞树。

```
trees()                   # 调用trees()函数绘制圣诞树
turtle.done()
```

使用trees()函数绘制圣诞树的代码运行效果如图5.49所示。

图5.48 使用trees()函数绘制一棵树的代码运行效果　　图5.49 使用trees()函数绘制圣诞树的代码运行效果

(6) 绘制树枝上的五角星装饰物，步骤如下。

1) 定义star()函数，用于绘制单个五角星的图案，代码如下。

```
def star(color):
    t.pensize(5)
    t.pencolor(color)
    for i in range(5):          # 循环5次画5个角
        t.forward(5)            # 将画笔沿着当前方向前进5个像素
        t.right(144)            # 将画笔向右旋转144°
        t.forward(5)            # 将画笔沿着当前方向前进5个像素
        t.left(72)              # 将画笔向左旋转72°
```

以上代码定义了一个名为star的函数，调用该函数可以在窗口中绘制出指定颜色的五角星图案。

此时，可以添加下面的代码，然后运行代码在画布中绘制一个五角星。

```
star('white')                   # 调用star()函数绘制五角星
turtle.done()
```

使用star()函数绘制五角星的代码运行效果如图5.50所示。

2) 定义stars()函数，用于绘制树枝上的所有五角星装饰物，代码如下。

```
def stars():
    x1 = -110                   # 给x1赋初值，表示五角星x坐标的最小值
    x2 = 110                    # 给x2赋初值，表示五角星x坐标的最大值
    y1 = -40                    # 给y1赋初值，表示五角星y坐标的最小值
    y2 = -15                    # 给y2赋初值，表示五角星y坐标的最大值
    n = 0                       # n用于控制在圣诞树的两边画五角星
    for color in colors_star:   # 遍历五角星颜色列表，循环画不同颜色的五角星
        t.penup()
        if n % 2 == 0:                      # 当n为偶数时，在圣诞树左侧画五角星
            t.setx(random.randint(x1, 0))   # 随机设置x坐标
            t.sety(random.randint(y1, y2))  # 随机设置y坐标
```

```
    else:                                 # 当n为奇数时，在圣诞树右侧画五角星
        t.setx(random.randint(0, x2))     # 随机设置x坐标
        t.sety(random.randint(y1, y2))    # 随机设置y坐标
    t.pendown()
    star(color)                           # 开始画五角星
    x1 += 10                              # 增大x1
    x2 -= 10                              # 缩小x2
    y1 += 25                              # 增大y1
    y2 += 25                              # 增大y2
    n += 1                               # n=n+1
```

以上代码定义了一个名为stars的函数，调用该函数可以在窗口中绘制圣诞树树枝的五角星装饰物。该函数在圣诞树左右两侧的树枝上按照一定的规律绘制了一些五角星装饰物，因为使用了函数random.randint()，所以每次运行stars()函数时，五角星的位置都是随机的。

此时，可以添加下面的代码，然后运行代码在画布中绘制一些五角星装饰物。

```
stars()                     # 调用stars()函数绘制五角星装饰物
turtle.done()
```

使用stars()函数绘制五角星装饰物的代码运行效果如图5.51所示。

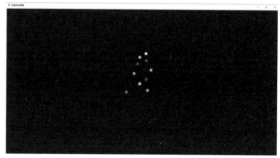

图5.50 使用star()函数绘制五角星的代码运行效果　图5.51 使用stars()函数绘制五角星装饰物的代码运行效果

(7) 绘制圣诞树下的礼物盒装饰物。

1) 定义gift()函数，用于绘制单个礼物盒，代码如下。

```
def gift(color):
    x = 40                      # 礼物盒的长和高相等
    y = 16                      # 礼物盒的长和宽不相等
    t.pencolor(color)           # 设置画笔的颜色，即礼物盒的颜色
    t.pensize(5)                # 设置画笔的大小
    for i in range(4):          # 循环4次，画礼物盒正面的正方形
        t.forward(x)            # 将画笔沿着当前方向前进x个像素
        t.left(90)              # 将画笔向左旋转90°
    t.penup()                   # 提起笔头
```

```
    t.left(45)                  # 将画笔向左旋转45°
    t.forward(y)                # 将画笔沿着当前方向前进y个像素
    t.right(45)                 # 将画笔向右旋转45°
    t.pendown()                 # 落下笔头
    for i in range(4):          # 循环4次，画礼物盒背面的正方形
        t.forward(x)            # 将画笔沿着当前方向前进x个像素
        t.left(90)              # 将画笔向左旋转90°
    t.penup()                   # 提起笔头
    t.right(135)                # 将画笔向右旋转135°
    t.forward(y)                # 将画笔沿着当前方向前进y个像素
    t.pendown()                 # 落下笔头
    t.left(180)                 # 将画笔向左旋转180°
    t.forward(y)                # 将画笔沿着当前方向前进y个像素
    t.backward(y)               # 将画笔沿着当前方向后退y个像素
    t.right(45)                 # 将画笔向右旋转45°
    t.forward(x)                # 将画笔沿着当前方向前进x个像素
    t.left(45)                  # 将画笔向左旋转45°
    t.forward(y)                # 将画笔沿着当前方向前进y个像素
    t.backward(y)               # 将画笔沿着当前方向后退y个像素
    t.left(45)                  # 将画笔向左旋转45°
    t.forward(x)                # 将画笔沿着当前方向前进x个像素
    t.right(45)                 # 将画笔向右旋转45°
    t.forward(y)                # 将画笔沿着当前方向前进y个像素
    t.backward(y)               # 将画笔沿着当前方向后退y个像素
    t.left(135)                 # 将画笔向左旋转135°
    t.forward(x)                # 将画笔沿着当前方向前进x个像素
    t.right(135)                # 将画笔向右旋转135°
    t.forward(y)                # 将画笔沿着当前方向前进y个像素
    t.backward(y)               # 将画笔沿着当前方向后退y个像素
    t.right(135)                # 将画笔向右旋转135°
    t.forward(x)                # 将画笔沿着当前方向前进x个像素
    t.left(90)                  # 将画笔向左旋转90°
```

以上代码定义了一个名为gift的函数，调用该函数可以在窗口中绘制指定颜色的礼物盒。在该函数中，首先使用for循环分别绘制了礼物盒正面和背面的正方形，然后通过一系列旋转和移动等操作，绘制连接这两个正方形面的4条直线段，从而形成一个礼物盒的图案。

此时，可以添加下面的代码，然后运行代码在画布中绘制一个礼物盒。

```
gift('white')                   # 调用gift()函数绘制礼物盒
turtle.done()
```

使用gift()函数绘制图形的代码运行效果如图5.52所示。

2) 定义gifts()函数，用于绘制圣诞树下的所有礼物盒，代码如下。

```
def gifts():
```

```
    t.penup()
    t.goto(-180, -150)
    t.pendown()
    t.setheading(0)
    for color in colors_gift:        # 遍历礼物盒的颜色列表
        t.penup()
        t.forward(40)
        t.pendown()
        gift(color)                  # 调用gift()函数绘制礼物盒
```

以上代码定义了一个名为gifts的函数，调用该函数可以在窗口中绘制一排礼物盒装饰物。在该函数中，首先将画笔移动到指定的坐标位置并调整画笔的方向，然后使用for循环结构遍历礼物盒的颜色列表，在每层循环中，调用gift()函数绘制礼物盒。

此时，可以添加下面的代码，然后运行代码在画布中绘制一排礼物盒。

```
gifts()                             # 调用gifts()函数绘制所有礼物盒
turtle.done()
```

使用gifts()函数绘制礼物盒的代码运行效果如图5.53所示。

图5.52 使用gift()函数绘制立体图形的代码运行效果　　图5.53 使用gifts()函数绘制礼物盒的代码运行效果

(8) 自定义snows()函数，用于绘制雪花背景效果，代码如下。

```
def snows():
    t.pensize(2)            # 将画笔大小修改为2像素，使画出的雪花更具体
    t.speed(0)              # 速度范围为0~10，0表示快速
    t.pencolor('white')     # 因为雪花是白色的，所以将画笔修改成白色
    for i in range(500):                      # 循环画500片雪花
        t.penup()                             # 提起笔头
        t.setx(random.randint(-1000, 1000))   # 设置画笔的x坐标
        t.sety(random.randint(-1000, 1000))   # 设置画笔的y坐标
        t.pendown()                           # 落下笔头
        snowsize = random.randint(4, 10)      # 设置雪花的大小
        for i in range(6):                    # 雪花为6瓣，需要循环6次
            t.forward(snowsize)               # 将画笔沿着当前方向前进snowsize个像素
```

```
        t.backward(snowsize)          # 将画笔沿着当前方向后退snowsize个像素
        t.left(60)                    # 将画笔向左旋转60°
```

以上代码定义了一个名为snows的函数，调用该函数可以在窗口中绘制500片白色的雪花。该函数中的第一层for循环用于控制生成指定数量的雪花，第二层for循环则用于绘制每片雪花。在第一层for循环中，先使用turtle.setx()、turtle.sety()方法设置画笔的x坐标和y坐标，然后使用random.randint()函数随机生成雪花的大小。在第二层for循环中，使用turtle.forward()、turtle.backward()、turtle.left()等方法绘制雪花的每一条边，循环6次，最终构成一个精美的雪花图案。

此时，可以添加下面的代码，然后运行代码在画布中绘制500片雪花。

```
snows()                    # 调用snows()函数绘制雪花
turtle.done()
```

使用snows()函数绘制雪花的代码运行效果如图5.54所示。

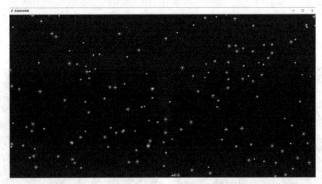

图5.54 使用snows()函数绘制雪花的代码运行效果

由图5.54可知，snows()函数在画布中绘制了500片大小、位置随机的白色雪花，营造出浓厚的节日氛围。

(9) 依次调用trees()、stars()、gifts()、snows()等函数，绘制圣诞树效果图，代码如下。

```
trees()                    # 调用绘制圣诞树的函数
stars()                    # 调用绘制五角星装饰物的函数
gifts()                    # 调用绘制礼物盒的函数
snows()                    # 调用绘制雪花背景的函数
turtle.done()
```

这段代码使用小海龟依次绘制了圣诞树、五角星、礼物盒以及雪花背景，共同组成了一幅圣诞树效果图，如图5.45所示。

5.6.3 拓展提高

本例绘制了一棵精美的圣诞树，唯一美中不足的是，缺少了圣诞节的祝福语，接下来尝试

修改代码，在画布中加上对朋友的节日祝福。代码保存在5.6文件夹下的trees.py文件中，详细的修改步骤和代码如下。

(1) 自定义writes()函数，用于绘制圣诞祝福，代码如下。

```python
def writes():
    t.pencolor('cyan')          # 修改画笔的颜色为青色
    t.hideturtle()
    t.penup()
    t.goto(-100, -250)
    t.pendown()
    t.write('圣诞节快乐!', font=('Comic Sans MS', 30, 'bold')) # 绘制祝福
```

(2) 依次调用trees()、stars()、gifts()、snows()、writes()等自定义函数，绘制含节日祝福的圣诞树效果图，代码如下。

```python
trees()
stars()
gifts()
snows()
writes()                         # 调用绘制节日祝福的函数
turtle.done()
```

此时，运行代码，会在窗口中绘制含节日祝福的圣诞树，效果图如图5.55所示。

图5.55　含节日祝福的圣诞树效果图

由图5.55可知，在圣诞树效果图中添加了节日祝福"圣诞节快乐!"。

5.6.4　课堂小结

本例使用小海龟绘制了一个精美的圣诞树效果图，包括递归绘制的圣诞树、随机分布的五角星、五颜六色的礼物盒以及漫天飘落的雪花等元素。总的来说，本例内容结构清晰，通过循环结构和随机数实现了元素的多样性，营造出浓厚的节日氛围。

5.6.5　课后练习

在拓展提高的基础上，尝试修改代码，给圣诞树效果图添加一个日期信息。修改后的代码保存在5.6文件夹下的test.py文件中，代码的运行效果如图5.56所示。

图5.56　含日期信息的圣诞树效果图

👉 小提示

使用 turtle.write() 函数给圣诞树效果图添加日期信息。

5.7　本章小结

在本章中，我们结识了一个爱画画的好朋友——小海龟，并使用它绘制了一系列精美的图形。从绘制简单的几何图案，如三角形和正方形，到绘制爱心效果图以及"福"字，再到绘制复杂的生日蛋糕、圣诞树等效果图，层层深入，逐步探索Python的图形编程。整章内容循序渐进，犹如一段精彩的探险历程，让编程初学者在跟随小海龟绘制图形的过程中，锻炼自身的逻辑思维能力和编程实践能力。

第6章

爱看动画的小海龟

第5章介绍了小海龟的基本知识，并运用它绘制了许多精彩的静态图形。在本章的学习过程中，我们将进一步探索小海龟，并运用它打造一系列炫酷的动态效果图，包括模拟宇宙中星球的运动、绘制"满天星"动画、绘制"流星雨"动画、呈现美丽的星空、绘制"爱心光波"动画、绘制"文字跑马灯"动画以及绘制"大雪纷飞"动画等。

6.1 案例52: 模拟宇宙中星球的运动

宇宙是我们所处的浩瀚空间，包含无数星系、恒星、行星等天体。宇宙诞生于约138亿年前的大爆炸，从炽热密集到冷寂辽阔，它见证了星云聚散、星辰更替的生命历程。在探索宇宙奥秘的过程中，我们不仅可以揭示物质与能量的本质，更能够理解与感悟人类存在的意义。

6.1.1 案例背景

周末，好朋友邀请你参加一个主题为"探索宇宙奥秘"的展览，你在那看到了许多宇宙中的星球，觉得超级好玩，最近你刚好学会了一种叫"小海龟"的编程工具，在活动结束后，你灵机一动，决定用小海龟模拟宇宙中星球的运动，再现一个迷你版的小宇宙。使用小海龟模拟宇宙中星球运动的代码运行效果如图6.1所示。

图6.1 使用小海龟模拟宇宙中星球运动的代码运行效果

由图6.1可知，在窗口中绘制了一些星球，并控制星球从左向右移动，当星球超出窗口的右侧边界时，重新设置星球的x坐标和y坐标，如此无限循环，在窗口中模拟出星球在宇宙中运动的动态效果。

6.1.2 知识准备

使用小海龟模拟宇宙中星球运动的技术需求如下。

①图形绘制模块：使用小海龟的turtle.shape()和turtle.shapesize()等方法修改画笔的形状，即宇宙元素的形状，使其能够显示为圆形、正方形或三角形，并具有不同的尺寸。

②随机数模块：使用随机数模块，实现对宇宙元素的数量、大小、形状、坐标和速度的随机化，增加视觉效果的变化性和多样性。

③图形动画原理：通过不断更新宇宙元素的坐标，实现宇宙元素从窗口左侧向右侧移动的动画效果。每当宇宙元素超出窗口的右侧边界时，就将其隐藏并重新定位到窗口的左侧，从而实现连续不断的运动画面。

④无延迟绘图原理：调用turtle.screen.delay(0)方法关闭默认的动画延迟，使得宇宙元素在窗口中的运动更为流畅。

6.1.3 编写代码

如何让静态的图形动起来？这是本例的一个难点。首先用画笔表示星球，然后使用while循环结构，让画笔在窗口中实时移动，模拟出星球在宇宙中运动的效果。

尝试编写代码，实现6.1.1小节中图6.1所示的星球运动效果。代码保存在6.1文件夹下的universe.py文件中，详细的实现步骤和代码如下。

(1) 导入需要用到的工具，代码如下。

```
import turtle
import random
```

(2) 创建一个窗口并设置窗口的基本属性，代码如下。

```
turtle.setup(1.0, 1.0)
turtle.title('小宇宙动画')              # 将窗口的标题设置为'小宇宙动画'
turtle.bgcolor('black')
```

(3) 创建一个画笔对象并设置画笔的基本属性，代码如下。

```
t = turtle.Turtle()
t.shape('circle')              # 将画笔的形状修改成圆形
t.hideturtle()                 # 隐藏画笔的形状
t.pencolor('white')            # 将画笔设置为白色
t.fillcolor('white')           # 将画笔的填充颜色设置为白色
t.screen.delay(0)              # 设置动画的延迟时间为0，即无延迟
t.penup()
```

(4) 生成199个大小、速度、坐标都随机的星球对象，代码如下。

```
planets = []                                    # 创建一个空列表planets，用于存储星球对象
for i in range(199):                            # 循环199次，生成199个星球对象
    planet = t.clone()                          # 克隆一个星球对象
    k = random.uniform(0, 0.5)                  # 随机生成星球的大小系数
    planet.shapesize(k, k)                      # 设置星球的大小
    planet.speed(random.uniform(2, 10))         # 设置星球的移动速度
    planet.setx(random.randint(-1500, -1000))   # 设置星球的初始x坐标
    planet.sety(random.randint(-500, 500))      # 设置星球的初始y坐标
    planets.append(planet)                      # 将星球添加到列表中
```

以上代码使用for循环结构迭代199次，用于创建星球对象并设置星球的基本属性。在每层for循环中，首先使用turtle.clone()方法克隆画笔对象，每克隆一个画笔就表示生成了一个星球，然后使用turtle.shapesize()方法设置星球的大小，接下来，使用turtle.speed()方法设置星球的

移动速度,并使用turtle.setx()和turtle.sety()方法设置星球的初始x坐标和初始y坐标,最后使用append()方法将星球对象添加到planets列表中。

(5) 启动无限循环,控制星球移动,当星球超出窗口最右侧边界时,重新设置星球的位置,代码如下。

```
while True:                          # 使用while(True)语句启动无限循环
    for planet in planets:           # 遍历星球列表
        planet.setx(planet.xcor() + planet.speed())    # 让星球在窗口中移动
        if planet.xcor() > 1000:     # 当星球的x坐标超出1000时
            planet.hideturtle()      # 隐藏当前星球
        planet.setx(random.randint(-1500, -1000))       # 重新设置星球的x坐标
            planet.sety(random.randint(-500, 500))      # 重新设置星球的y坐标
        planet.showturtle()          # 显示已经重新定位的星球
```

以上代码综合运用while循环结构和for循环结构,模拟出星球在宇宙中的运动效果。首先,使用while循环结构并将参数设置为True,表示无限循环,然后使用for循环结构遍历planets列表中的星球,在每层循环中,使用turtle.setx()、turtle.xcor()和turtle.speed()等方法修改星球在窗口中的x坐标,让星球水平向右移动,当星球的x坐标距离窗口的最左侧边界超过1000个像素时,重新设置星球的x坐标和y坐标。因为在代码中存在无限循环,所以可以省略最后的turtle.done()方法。

👍 指点迷津

turtle.xcor() 方法用于获取当前画笔在绘图窗口中的 x 坐标。

6.1.4 拓展提高

本例简单模拟了宇宙中星球的运动,但是宇宙中并不是只有星球,还有一些星云、粒子等元素。接下来尝试修改代码,在窗口中添加一些其他形状的宇宙元素。修改后的代码保存在6.1文件夹下的universes.py文件中,详细的修改步骤和代码如下。

(1) 创建一个存储宇宙中元素形状的列表,代码如下。

```
shapes = ['circle', 'square', 'triangle']   # 列表中依次为圆形、正方形、三角形
```

(2) 随机生成199个不同形状的宇宙元素,代码如下。

```
for i in range(199):
    t.shape(random.choice(shapes)) # 随机选择宇宙元素的形状
    planet = t.clone()
    k = random.uniform(0, 0.5)
    planet.shapesize(k, k)
    planet.speed(random.uniform(2, 10))
```

```
planet.setx(random.randint(-1000, 1000))
planet.sety(random.randint(-500, 500))
planets.append(planet)
```

此时，运行代码，会在窗口中绘制出含有不同宇宙元素的小宇宙。使用小海龟绘制小宇宙的代码运行效果如图6.2所示。

图6.2　使用小海龟绘制小宇宙的代码运行效果

6.1.5　课堂小结

本例可视化地展现了如何运用小海龟实现一个动态的小宇宙，有助于读者理解Python的图形绘制、随机数生成、循环控制以及事件驱动等概念。

6.1.6　课后练习

在拓展提高的基础上，尝试修改代码，绘制200个宇宙元素，其中100个宇宙元素从左向右运动，另外100个宇宙元素从右向左运动，模拟实现一个自定义的小宇宙。修改后的代码保存在6.1文件夹下的test.py文件中，代码的运行效果如图6.3所示。

图6.3　使用小海龟实现自定义小宇宙的代码运行效果

👉 小提示

将planets列表中的星球分类讨论。

6.2 案例53: 绘制"满天星"动画

夜空中的星星, 其实就是宇宙中的天体。星星就像地球的"亲戚"一样, 在遥远的宇宙空间中闪烁着光芒, 由于大气折射和光线传播, 使星星看起来像在夜空中眨着眼睛。星星的大小不一、亮度各异, 有的单独出现, 有的会聚集成璀璨夺目的星系。星星的能量来源于核聚变反应, 它照亮了黑暗的宇宙, 给我们带来无尽的遐想。每当夜幕降临时, 抬头仰望星空, 那一颗颗星星仿佛是大自然镶嵌在天幕上的钻石, 美丽而神秘。

6.2.1 案例背景

上周末, 你和好朋友一起参观了主题为"探索宇宙奥秘"的展览, 在活动结束后, 你立刻用小海龟模拟出了宇宙中星球的运动, 效果非常精彩。最近你被夜空中的繁星点点深深吸引, 于是决定再次借助小海龟, 模拟出星星在夜空中动态闪烁的效果。使用小海龟绘制"满天星"动画的代码运行效果如图6.4所示。

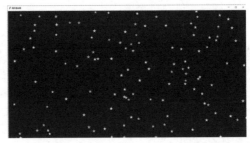

图6.4 使用小海龟绘制"满天星"动画的代码运行效果

6.2.2 知识准备

使用小海龟模拟夜空中星星闪烁的技术需求如下。

①图形绘制模块: 通过5次不同方向的前进和旋转操作, 完成五角星的绘制, 并使用turtle.begin_fill()、turtle.fillcolor()、turtle.end_fill()等方法给五角星填充颜色。

②随机数模块: 利用随机数模块生成星星的初始边长、位置坐标、移动速度和颜色, 使得每颗星星具有不同的特征, 从而增强画面的多样性。

③面向对象编程: 定义一个Star类, 实现对星星属性和行为的封装, 该类包含初始化星星属性的__init__()方法、绘制星星图案的star()方法和修改星星大小的change()方法。

④图形动画原理: 使用while(True)无限循环结构启动满天星动画, 利用turtle.tracer(0)方法隐藏绘图过程、turtle.clear()方法清除屏幕内容, 然后遍历星星列表, 使用change()方法控制星星缩放, 并调用star()方法将星星绘制在窗口中。

6.2.3 编写代码

与模拟星球在宇宙中运动的方法类似，需要用while(True)无限循环结构持续刷新窗口，显示出星星在窗口中动态缩放的效果。但是在小海龟的画笔中并没有星星的形状，我们可以创建一个类并自定义绘制星星图案以及控制星星缩放的方法，然后在循环中调用这些方法，最终模拟出星星在夜空中动态闪烁的效果。

尝试编写代码，实现图6.3所示的星星闪烁动画。代码保存在6.2文件夹下的star.py文件中，详细的实现步骤和代码如下。

(1) 导入需要用到的工具，创建窗口和画笔，并设置窗口和画笔的基本属性，代码如下。

```python
import turtle
import random
turtle.setup(1.0, 1.0)
turtle.title('满天星动画')          # 设置窗口的标题为"满天星动画"
turtle.bgcolor('black')
t = turtle.Turtle()
t.hideturtle()
t.pensize(1)
```

(2) 创建一个列表，用于存放星星的颜色，代码如下。

```python
colors = ['yellow', 'gold', 'orange']     # 列表中分别是黄色、金色、橘黄色
```

(3) 定义Star类，封装星星的属性和方法，具体步骤如下。

1) 在Star类中定义__init__()方法，用于初始化星星的基本属性，代码如下。

```python
class Star:
    def __init__(self):
        self.r = random.uniform(0, 1)          # 随机生成星星的初始边长
        self.x = random.randint(-1000, 1000)   # 随机生成星星的x坐标
        self.y = random.randint(-500, 500)     # 随机生成星星的y坐标
        self.color = random.choice(colors)     # 随机选择星星的颜色
```

以上代码定义了星星的初始边长self.r、初始x坐标self.x、初始y坐标self.y以及颜色self.color等基本属性。其中，星星的半径为0~1之间的随机小数，星星的初始x坐标为−1000~1000之间的随机整数，星星的初始y坐标为−500~500之间的随机整数，星星的颜色为列表colors中的随机颜色。

2) 在Star类中定义star()方法，用于绘制星星的图案，代码如下。

```python
    def star(self):
        t.penup()
        t.goto(self.x, self.y)
        t.pendown()
        t.begin_fill()
```

```
    t.fillcolor(self.color)          # 设置填充的颜色为self.color
    for i in range(5):               # 调用for循环结构迭代5次，绘制星星的5个角
        t.forward(self.r)            # 将画笔沿着当前方向前进self.r个像素
        t.right(144)                 # 将画笔向右旋转144°
        t.forward(self.r)            # 将画笔沿着当前方向前进self.r个像素
        t.left(72)                   # 将画笔向左旋转72°
    t.end_fill()
```

以上代码定义了一个名为star的方法，调用该方法可以在窗口中绘制出星星的图案。该方法首先将画笔移动到星星的起始坐标(self.x, self.y)处，然后设置填充颜色为self.color，随后通过循环结构绘制星星的5个角，每个角的绘制过程包括两次向前移动、一次右转和一次左转操作，最终形成了一颗星星。

此时，可以添加下面的代码，然后运行代码在窗口中绘制出一颗星星。

```
s = Star()                          # 创建一个星星对象
s.star()                            # 调用星星对象中绘制星星的方法
turtle.done()
```

使用star()方法绘制星星的代码运行效果如图6.5所示。

图6.5　使用star()方法绘制星星的代码运行效果

由图6.5可知，在窗口中的随机位置绘制了一颗大小、颜色都随机的星星，但是由于星星的初始边长不到1个像素，因此我们在窗口中很难看到它。

3) 在Star类中定义change()方法，用于控制星星在窗口中的缩放，代码如下。

```
def change(self):
    if self.r < 10:                              # 当星星的边长小于10个像素时
        self.r += 0.5                            # 逐渐增大星星的边长
    else:                                        # 当星星的边长过大时
        self.r = random.uniform(0, 1)            # 重新设置星星的初始边长
        self.x = random.randint(-1000, 1000)     # 重新设置星星的x坐标
        self.y = random.randint(-500, 500)       # 重新设置星星的y坐标
        self.color = random.choice(colors)       # 重新选择星星的颜色
```

以上代码定义了一个名为change的方法，调用该方法可以动态调整星星的外观和位置。该

方法会检查星星的边长self.r是否小于10个像素，如果是，则逐步增加边长，使星星缓慢变大。当星星的边长达到10个像素后，该方法会重置星星的状态，随机生成新的边长self.r、坐标self.x、坐标self.y和颜色self.color，实现星星的闪烁效果。

(4) 创建一个星星列表Stars，生成200个星星对象并添加到星星列表中，代码如下。

```
Stars = []                    # 定义星星列表
for i in range(200):          # 生成200个星星对象
    Stars.append(Star())      # 将星星对象添加到星星列表中
```

以上代码首先创建了一个Stars列表，然后使用for循环结构迭代200次，在每层循环中使用append()方法往列表中添加一个星星对象，最终生成200个星星对象。

(5) 启动无限循环，控制星星在窗口中实时缩放，模拟出星星在夜空中闪烁的动态效果，代码如下。

```
while True:
    turtle.tracer(0)
    t.clear()
    for i in range(200):          # 使用for循环结构迭代200次
        Stars[i].change()         # 修改星星的大小
        Stars[i].star()           # 将修改后的星星绘制在窗口中
    turtle.update()
```

以上代码使用for循环结构迭代了200次，在每层for循环中，先使用change()方法修改星星的大小，然后使用star()方法将星星绘制到窗口中，最终可以在窗口中绘制出200颗星星。

6.2.4 拓展提高

本例模拟出一个"一闪一闪亮晶晶"的星空，效果非常生动形象，但是所有星星闪烁的频率是固定的，让人感觉不太真实。因为在现实中我们观察到的星星并非按照固定的频率闪烁，它们会受到大气的干扰，从而产生随机且不规则的变化。接下来尝试修改代码，使星星闪烁得更加自然、逼真。修改后的代码保存在6.2文件夹下的stars.py文件中，详细的修改步骤和代码如下。

(1) 在Star类的__init__()方法中添加speed属性，并在0~1之间随机生成一个小数作为speed的值，代码如下。

```
def __init__(self):
    self.r = random.uniform(0, 1)
    self.x = random.randint(-1000, 1000)
    self.y = random.randint(-500, 500)
    self.color = random.choice(colors)
    self.speed = random.uniform(0, 1)          # 随机生成星星的缩放速度
```

(2) 在Star类的change()方法中将星星的缩放速度修改为self.speed，代码如下。

```
def change(self):
        if self.r < 10:
```

```
            self.r += self.speed                    # 逐渐增大星星, 增量为self.speed
        else:
            self.r = random.uniform(0, 1)
            self.x = random.randint(-1000, 1000)
            self.y = random.randint(-500, 500)
            self.color = random.choice(colors)
            self.speed = random.uniform(0, 1)       # 重新设置星星的缩放速度
```

此时，运行代码，会在窗口中绘制出随机闪烁的星星。使用小海龟模拟星星随机闪烁的代码运行效果如图6.6所示。

图6.6　使用小海龟模拟星星随机闪烁的代码运行效果

由图6.6可知，改进后的"满天星"动画更加真实。与6.2.1小节中的图6.4相比，该图中每颗星星的大小不同，更贴近现实。

6.2.5　课堂小结

本例设计并模拟星星在夜空中动态闪烁的效果，最终呈现了"满天星"的动画效果。总的来说，本例内容丰富有趣，有助于读者理解并掌握Python图形编程的基本概念和操作方法。

6.2.6　课后练习

在拓展提高的基础上，尝试修改代码，模拟出300颗星星在夜空中动态闪烁的效果。修改后的代码保存在6.2文件夹下的test.py文件中，代码的运行效果如图6.7所示。

图6.7　使用小海龟模拟300颗星星动态闪烁的代码运行效果

👉 小提示

将 for 循环结构的迭代次数修改为300。

6.3　案例54：绘制"流星雨"动画

"流星雨"是地球上空一场美丽的自然奇观，又称为"流星"或"星雨"。当地球穿过宇宙中充满小型陨石的区域时，这些陨石在大气层中燃烧，形成明亮的光迹并快速划过天际。当这种现象在某段时间内密集出现时，就像下雨一样，因此得名"流星雨"。每场流星雨都有特定的名称和活跃期。例如，每年8月的英仙座流星雨、12月的双子座流星雨等。

6.3.1　案例背景

自从参观了主题为"探索宇宙奥秘"的展览后，小明同学对浩瀚宇宙产生了浓厚的兴趣，并用小海龟创作了一系列天文主题的作品。最近，小明同学偶然得知一场流星雨即将来临，于是他灵机一动，打算再次借助小海龟，生动地展现出流星划过夜空的动态景象。使用小海龟绘制流星雨动画的代码运行效果如图6.8所示。

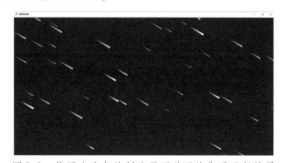

图6.8　使用小海龟绘制流星雨动画的代码运行效果

6.3.2　知识准备

使用小海龟绘制流星雨动画的技术需求如下。

①图形绘制模块：使用小海龟绘制出流星的图案，并使用begin_fill()、fillcolor()、end_fill()等方法给流星填充颜色。

②随机数模块：通过随机数模块生成流星的半径、初始位置、移动速度和颜色，使每颗流星具有不同的特征，从而增强动画的多样性和真实性。

③数学计算模块：使用数学计算模块确定流星头部的弧度值，并在绘制流星图案时应用这些计算结果。

④面向对象编程：定义一个名为Meteor的类，实现对流星属性和行为的封装。该类包含

初始化流星属性的__init__()方法、绘制流星图案的meteor()方法以及控制流星移动的move()方法。

⑤图形动画原理：调用无限循环结构并结合小海龟的turtle.tracer()、turtle.clear()、turtle.update()等方法控制动画帧的渲染和更新。

6.3.3 编写代码

在6.2.3小节中已经定义了一个星星类，并且通过无限循环结构控制星星在窗口中动态缩放，模拟出星星闪烁的效果。和星星闪烁的动画一样，我们可以定义一个流星类，然后在类中定义绘制流星图案以及控制流星下落的方法，模拟出流星雨的动画。

尝试编写代码，实现6.3.1小节中图6.8所示的流星雨动画。代码保存在6.3文件夹下的meteor.py文件中，详细的实现步骤和代码如下。

(1) 导入需要用到的工具，创建窗口和画笔，并设置窗口和画笔的基本属性，代码如下。

```python
import turtle
import random
import math
turtle.setup(1.0, 1.0)
turtle.title('流星雨动画')        # 设置窗口的标题为"流星雨动画"
turtle.bgcolor('black')
t = turtle.Turtle()
t.hideturtle()
t.pensize(1)
```

(2) 创建一个列表，用于存储流星的颜色，代码如下。

```python
colors = ['skyblue', 'white', 'cyan', 'aqua']   # 天蓝色、白色、青绿色、碧绿色
```

(3) 定义Meteor类，封装流星的属性和方法，具体步骤如下。

1) 在Meteor类中定义__init__()方法，用于初始化流星的基本属性，代码如下。

```python
class Meteor:
    def __init__(self):
        self.r = random.randint(50, 100)         # 随机生成流星的半径
        self.k = random.uniform(2, 4)            # 随机生成流星的角度参数
        self.x = random.randint(-1000, 1000)     # 随机生成流星的x坐标
        self.y = random.randint(-500, 500)       # 随机生成流星的y坐标
        self.meteor_s = random.uniform(5, 10)    # 随机生成流星的移动速度
        self.color = random.choice(colors)       # 随机选择流星的颜色
```

以上代码定义了流星的半径self.r、角度参数self.k、初始x坐标self.x、初始y坐标self.y、移动速度self.meteor_s以及颜色self.color等基本属性。其中，流星的半径为50~100之间的整数，流星的角度参数为2~4之间的小数，流星的初始x坐标为–1000~1000之间的整数，流星

的初始y坐标为-500~500之间的整数，流星的移动速度为5~10之间的浮点数，流星的颜色为列表colors中的随机颜色。

2) 在Meteor类中定义meteor()方法，用于绘制流星的图案，代码如下。

```
def meteor(self):
t.penup()
t.goto(self.x, self.y)
t.pendown()
t.begin_fill()
t.fillcolor(self.color)              # 设置流星的填充颜色为self.color
t.setheading(-30)                    # 将画笔的朝向修改为-30°方向，开始绘制流星
t.right(self.k)                      # 将画笔向右旋转指定角度
t.forward(self.r)                    # 将画笔沿着当前方向前进self.r个像素
t.left(self.k)                       # 将画笔向左旋转指定角度
t.circle(self.r * math.sin(math.radians(self.k)), 180)   # 绘制流星头部
t.left(self.k)                       # 将画笔向左旋转指定角度
t.forward(self.r)                    # 将画笔沿着当前方向前进self.r个像素
t.end_fill()
```

以上代码定义了一个名为meteor的方法，调用该方法可以在窗口中绘制出流星的图案。该方法首先将画笔移动到流星的起始坐标(self.x, self.y)处，并设置流星的填充颜色。随后通过一系列的转向和前进操作，绘制了一个半圆形的流星头部，以及特定长度的流星尾部，最终构成了一个流星的图案。

下面添加以下代码，可以在窗口中绘制出一颗流星。

```
m = Meteor()                         # 创建一个流星对象
m.meteor()                           # 调用流星对象中绘制流星的方法
turtle.done()
```

使用meteor()方法绘制流星的代码运行效果如图6.9所示。

图6.9 使用meteor()方法绘制流星的代码运行效果

由图6.9可知，在窗口中的随机位置绘制了一颗大小、颜色都随机的流星。

3) 在Meteor类中定义move()方法，用于控制流星在窗口中的移动，代码如下。

```
def move(self):
    if self.y >= -500:                          # 当流星的y坐标大于等于-500时
        self.y -= self.speed                    # 减小流星y坐标的大小，将流星向下移动
        self.x += 2 * self.speed                # 增大流星x坐标的大小，将流星向右移动
    else:                                       # 当流星的y坐标小于-500时
        self.r = random.randint(50, 100)        # 重新设置流星的半径
        self.k = random.uniform(2, 4)           # 重新设置角度参数
        self.x = random.randint(-2000, 1000)    # 重新设置流星的x坐标
        self.y = 500                            # 重新设置流星的y坐标
        self.speed = random.randint(5, 10)      # 重新设置流星的速度
        self.color = random.choice(colors)      # 重新选择流星的颜色
```

以上代码定义了一个名为move的方法，调用该方法可以控制流星在窗口中动态移动。在代码中，首先检查流星当前的y坐标是否大于等于-500，如果满足条件即流星仍在可见区域内，该方法会更新流星的位置，使其沿y轴向下移动，同时沿x轴向右移动，从而实现流星下落的效果；如果流星的y坐标降至-500以下，即流星已经"消失"于窗口底部，该函数会重置流星的属性，包括半径self.r、角度参数self.k、水平位置self.x、垂直位置self.y、移动速度self.speed以及颜色self.color，这一系列的随机化操作使得每次流星"重生"时都能展现出不同的外观和运动特性，增强了视觉效果的多样性和真实感。

(4) 创建一个流星列表Meteors，用于存储流星对象，代码如下。

```
Meteors = []                          # 定义流星列表
for i in range(100):                  # 生成100个流星对象
    Meteors.append(Meteor())          # 将流星对象添加到列表中
```

以上代码首先创建了一个Meteors列表，然后使用for循环结构迭代100次，在每层循环中使用append()方法往列表中添加一个流星对象，最终生成了100个流星对象。

(5) 启动无限循环，控制流星在窗口中动态移动，呈现出流星雨的动画，代码如下。

```
while True:
    turtle.tracer(0)
    t.clear()
    for i in range(100):
        Meteors[i].move()      # 修改流星的坐标位置
        Meteors[i].meteor()    # 将修改后的流星绘制在窗口中
    turtle.update()
```

以上代码使用for循环结构迭代了100次，在每层循环中，先使用move()方法更新流星的坐标，然后使用meteor()方法将流星绘制到窗口中。

此时，运行代码会在窗口中绘制出流星雨动画。流星雨动画如6.3.1小节中的图6.8所示。

6.3.4 拓展提高

本例呈现了一场精彩的流星雨动画，但是生活中的流星有很多颜色，并不全是蓝色或白色的。接下来尝试修改代码，将流星设置成粉红色，呈现一场粉红色的流星雨动画。修改后的代码保存在6.3文件夹下的meteors.py文件中，详细的修改步骤和代码如下。

下面修改colors列表中的标准颜色值，修改后的代码如下。

```
colors = ['pink', 'lightpink', 'deeppink'] # 列表中依次是粉红、亮粉红、深粉红色
```

此时，运行代码，会在窗口中绘制出粉红色流星雨动画。使用小海龟绘制粉红色流星雨动画的代码运行效果如图6.10所示。

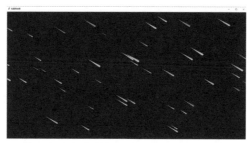

图6.10 使用小海龟绘制粉红色流星雨动画的代码运行效果

6.3.5 课堂小结

本例综合应用图形绘制、随机数生成和数学计算等模块，绘制出一款炫酷的流星雨动画。总的来说，本例内容生动有趣，有助于读者掌握Python图形编程的基本原理与实践技巧。

6.3.6 课后练习

在拓展提高的基础上，尝试修改代码，呈现出一场金色的流星雨动画。修改后的代码保存在6.3文件夹下的test.py文件中，代码的运行效果如图6.11所示。

图6.11 使用小海龟绘制金色流星雨动画的代码运行效果

👉 小提示：

修改流星的颜色列表 colors。

6.4 案例55：呈现美丽的星空

星空，就是在晴朗夜晚看到的亮晶晶的恒星，它们犹如钻石镶嵌在空中。除了恒星以外，还有些更为耀眼的行星，在夜空中格外醒目，有时甚至可以捕捉到流星划过天际的美景。星空就像一个浩瀚无垠、魅力无穷的宇宙大花园，让我们充满了探索的欲望。

6.4.1 案例背景

临近中秋佳节，老师给大家布置了一个有趣的编程任务：亲手设计并绘制一个绚丽的星空图。你听到这个作业的时候非常开心，因为在此之前，你已经学会了如何用代码模拟流星雨划过夜空的动画，以及夜空中星星闪烁的效果，于是你迫不及待地打开计算机，运用这些技术呈现出一幅美轮美奂的星空。使用小海龟呈现美丽星空的代码运行效果如图6.12所示。

图6.12 使用小海龟呈现美丽星空的代码运行效果

6.4.2 知识准备

使用小海龟呈现一个美丽星空的技术需求如下。

①图形绘制模块：通过小海龟模块实现画笔的移动、旋转等功能，从而绘制出月亮、星星和流星等元素。

②随机数模块：利用随机数模块生成星空元素的初始位置、速度、大小以及颜色，确保每次运行时星空动画的多样性和动态性。

③数学计算模块：在绘制流星时，使用数学计算模块中的math.sin()和math.radians()等函数进行角度计算，以便更准确地控制流星的图案。

④面向对象编程：定义一个名为Sky的类，封装星空中所有元素的属性和行为。其中包

含多个自定义方法，如draw_moon()、draw_star()、draw_meteor()等方法分别用于绘制月亮、星星、流星，move_moon()、change_star()、move_meteor()等方法分别用于更新月亮的位置、改变星的大小、更新流星的位置。

⑤循环结构与列表：通过循环语句创建多个星空对象，并将它们存储在一个列表中，随后在无限循环中遍历列表并调用每个对象的方法，不断更新和绘制星空中的所有元素。

⑥图形动画原理：先调用turtle.tracer(0)方法关闭绘图过程，然后使用turtle.clear()方法清除整个窗口的内容并重新绘制所有元素，最后调用turtle.update()方法更新画面，实现基本的图形动画效果。

6.4.3 编写代码

在6.2节和6.3节中，我们实现了满天星和流星雨动画，本小节将结合这两个动画效果，呈现出一个美丽的星空。

尝试编写代码，实现图6.12所示的美丽星空。代码保存在6.4文件夹下的sky.py文件中，详细的实现步骤和代码如下。

(1) 导入需要用到的工具，创建窗口和画笔，并设置窗口和画笔的基本属性，代码如下。

```
import turtle
import random
import math
turtle.setup(1.0, 1.0)
turtle.title('美丽的星空动画')          # 设置窗口的标题为"美丽的星空动画"
turtle.bgcolor('black')
t = turtle.Turtle()
t.hideturtle()
t.pensize(1)
```

(2) 分别创建星星和流星的颜色列表，代码如下。

```
star_colors = ['yellow', 'gold', 'orange']           # 定义星星的颜色列表
meteor_colors = ['skyblue', 'white', 'cyan', 'aqua'] # 定义流星的颜色列表
```

(3) 定义Sky类，封装月亮、星星、流星的属性和方法，具体步骤如下。

1) 在Sky类中定义__init__()方法，用于初始化月亮、星星和流星的属性，代码如下。

```
class Sky:
    def __init__(self):
        self.moon_x = random.randint(-600, -500)     # 随机生成月亮的x坐标
        self.moon_y = random.randint(200, 300)       # 随机生成月亮的y坐标
        self.moon_r = 66                             # 设置月亮的半径
        self.moon_c = 'yellow'                       # 设置月亮的颜色
```

以上代码定义了月亮的初始x坐标moon_x、初始y坐标moon_y、半径self.moon_r以及颜

色self.moon_c等基本属性。其中，月亮的初始x坐标为−600~−500之间的随机整数，月亮的初始y坐标为200~300之间的随机整数，月亮的半径为66个像素，月亮的颜色为黄色。

```
self.star_x = random.randint(-1000, 1000)          # 随机生成星星的x坐标
self.star_y = random.randint(-500, 500)            # 随机生成星星的y坐标
self.star_r = random.uniform(0, 1)                 # 随机生成星星的初始边长
self.star_s = random.uniform(0, 1)                 # 随机生成星星的缩放速度
self.star_c = random.choice(star_colors)           # 随机生成星星的颜色
```

以上代码定义了星星的初始x坐标self.star_x、初始y坐标self.star_y、星星的初始边长self.star_r、缩放速度self.star_s以及颜色self.star_c等基本属性。其中，星星的x坐标为−1000~1000之间的随机整数，星星的y坐标为−500~500之间的随机整数，星星的初始边长是缩放速度为0~1之间的随机小数，星星的颜色为列表star_colors中的随机颜色。

```
self.meteor_x = random.randint(-1000, 1000)        # 随机生成流星的x坐标
self.meteor_y = random.randint(-500, 500)          # 随机生成流星的y坐标
self.meteor_r = random.randint(50, 100)            # 随机生成流星的边长
self.meteor_k = random.uniform(2, 4)               # 随机生成流星的角度参数
self.meteor_s = random.uniform(5, 10)              # 随机生成流星的移动速度
self.meteor_c = random.choice(meteor_colors)       # 随机选择流星的颜色
```

以上代码定义了流星的初始x坐标self.meteor_x、初始y坐标self.meteor_y、边长self.meteor_r、角度参数self.meteor_k、移动速度self.meteor_s以及颜色self.meteor_c等基本属性。其中，流星的初始x坐标为−1000~1000之间的整数，流星的初始y坐标为−500~500之间的整数，流星的边长为50~100之间的整数，流星的角度参数为2~4之间的小数，流星的移动速度为5~10之间的小数，流星的颜色为列表meteor_colors中的随机颜色。

2) 在Sky类中定义draw_moon()方法，用于绘制月亮的图案，代码如下。

```
def draw_moon(self):
    t.penup()
    t.goto(self.moon_x, self.moon_y)
    t.pendown()
    t.begin_fill()
    t.fillcolor(self.moon_c)
    t.circle(self.moon_r)                                          # 绘制月亮
    t.end_fill()
```

以上代码定义了一个名为draw_moon的方法，调用该方法可以在窗口的指定位置处，绘制指定大小和颜色的月亮图案。

3) 在Sky类中定义draw_star()方法，用于绘制星星的图案，代码如下。

```
def draw_star(self):
    t.penup()
    t.goto(self.star_x, self.star_y)
```

```
        t.pendown()
        t.begin_fill()
        t.fillcolor(self.star_c)
        for i in range(5):                              # 绘制五角星
            t.forward(self.star_r)
            t.right(144)
            t.forward(self.star_r)
            t.left(72)
        t.end_fill()
```

以上代码定义了一个名为draw_star的方法，该方法与6.2.3小节中的star()方法一样，调用该方法可以绘制星星的图案。

4) 在Sky类中定义draw_meteor()方法，用于绘制流星的图案，代码如下。

```
    def draw_meteor(self):
        t.penup()
        t.goto(self.meteor_x, self.meteor_y)
        t.pendown()
        t.begin_fill()
        t.fillcolor(self.meteor_c)
        t.setheading(-30)                               # 绘制流星
        t.right(self.meteor_k)
        t.forward(self.meteor_r)
        t.left(self.meteor_k)
        t.circle(self.meteor_r * math.sin(math.radians(self.meteor_k)), 180)
        t.left(self.meteor_k)
        t.forward(self.meteor_r)
        t.end_fill()
```

以上代码定义了一个名为draw_meteor的方法，该方法与6.3.3小节中的meteor()方法一样，调用该方法可以绘制流星的图案。

5) 在Sky类中定义change_star()方法，用于控制星星的缩放，代码如下。

```
    def change_star(self):
            if self.star_r < 10:
                self.star_r += self.star_s
            else:
            self.star_r = random.uniform(0, 1)
            self.star_x = random.randint(-1000, 1000)
            self.star_y = random.randint(-500, 500)
            self.star_s = random.uniform(0, 1)
            self.star_c = random.choice(star_colors)
```

以上代码定义了一个名为change_star的方法，该方法与6.2.3小节中的change()方法一样，调用该方法可以控制星星的缩放。

6) 在Sky类中定义move_meteor()方法，用于控制流星的移动，代码如下。

```python
def move_meteor(self):
    if self.meteor_y >= -500:
        self.meteor_y -= self.meteor_s
        self.meteor_x += 2 * self.meteor_s
    else:
        self.meteor_r = random.randint(50, 100)
        self.meteor_k = random.uniform(2, 4)
        self.meteor_x = random.randint(-2000, 1000)
        self.meteor_y = 500
        self.meteor_s = random.randint(5, 10)
        self.meteor_c = random.choice(meteor_colors)
```

以上代码定义了一个名为move_meteor的方法，该方法与6.3.3小节中的move()方法一样，调用该方法可以控制流星的移动。

(4) 创建一个星空列表Skys，用于存储星空对象，代码如下。

```python
Skys = []
for i in range(100):            # 生成100个星空对象
    Skys.append(Sky())
```

以上代码首先创建了一个Skys列表，然后使用for循环结构迭代100次，在每层循环中使用append()方法往列表中添加一个星空对象，最终生成了100个星空对象。

(5) 启动无限循环，控制星星、流星等元素在窗口中动态变化，呈现出一个星空的效果，具体步骤如下。

1) 在窗口中绘制99颗星星，代码如下。

```python
while True:
    turtle.tracer(0)
    t.clear()
    for i in range(99):
    Skys[i].change_star()
    Skys[i].draw_star()
```

以上代码使用for循环结构迭代了99次，在每层循环中，先使用change_star()方法修改星星的大小，然后使用draw_star()方法将星星绘制到窗口中。在星空列表中一共添加了100个星空对象，但是这里只循环了99次，说明从星空列表中取出前99个星空对象用于绘制星星，有1个对象没有被用到。

2) 在窗口中绘制19颗流星，代码如下。

```python
for i in range(19):
Skys[i].move_meteor()
Skys[i].draw_meteor()
```

以上代码使用for循环结构迭代了19次，在每层循环中，先使用move_meteor()方法修改流星的位置，然后使用draw_meteor()方法将流星绘制到窗口中。在星空列表中一共添加了100个星空对象，但是这里只循环了19次，说明从星空列表中取出前19个星空对象用于绘制流星，有81个对象没有被用到。

3) 在窗口中绘制1个月亮，代码如下。

```
Skys[0].draw_moon()
turtle.update()
```

以上代码使用draw_moon()方法将月亮绘制到窗口中，虽然在星空列表中添加了100个星空对象，但是在这里只需要取出列表中的1个对象即可。

此时，运行代码，会在窗口中呈现出一个美丽的星空。美丽的星空如图6.12所示。

6.4.4 拓展提高

为了使星空更加自然，尝试修改代码实现月亮的水平运动，就像现实中月亮不断变化位置一样。修改后的代码保存在6.4文件夹下的skys.py文件中，详细的修改步骤和代码如下。

(1) 在Sky类的__init__()方法中添加moon_s属性，并在1~3之间随机选择一个整数作为它的值，代码如下。

```
class Sky:
    def __init__(self):
        self.moon_x = random.randint(-600, -500)
        self.moon_y = random.randint(200, 300)
        self.moon_s = random.uniform(1, 3)          # 给月亮添加速度属性
        self.moon_r = 66
        self.moon_c = 'yellow'
        self.star_x = random.randint(-1000, 1000)
        self.star_y = random.randint(-500, 500)
        self.star_r = random.randint(0, 1)
        self.star_s = random.uniform(0, 1)
        self.star_c = random.choice(star_colors)
        self.meteor_x = random.randint(-1000, 1000)
        self.meteor_y = random.randint(-500, 500)
        self.meteor_r = random.randint(50, 100)
        self.meteor_k = random.uniform(2, 4)
        self.meteor_s = random.uniform(5, 10)
        self.meteor_c = random.choice(meteor_colors)
```

(2) 在Sky类中添加move_moon()方法，代码如下。

```
def move_moon(self):
    if self.moon_x <= 850:          # 当月亮还在窗口中时
        self.moon_x += self.moon_s  # 修改月亮的x坐标
    else:                           # 当月亮超出窗口时
```

```
        self.moon_x = random.randint(-1000, -800)    # 重新设置月亮的x坐标
        self.moon_y = random.randint(200, 300)       # 重新设置月亮的y坐标
        self.moon_r = 66                             # 重新设置月亮的半径
        self.moon_s = random.uniform(0, 1)           # 重新设置月亮的移动速度
```

(3) 在无限循环中调用move_moon()方法，代码如下。

```
while True:
    turtle.tracer(0)
    t.clear()
    for i in range(99):
        Skys[i].change_star()
        Skys[i].draw_star()
    for i in range(19):
        Skys[i].move_meteor()
        Skys[i].draw_meteor()
    Skys[0].move_moon()                # 修改月亮的位置，控制月亮移动
    Skys[0].draw_moon()                # 绘制月亮
    turtle.update()
```

此时，运行代码，会在窗口中绘制出一个更加自然的星空。使用小海龟呈现自然星空的代码运行效果如图6.13所示。

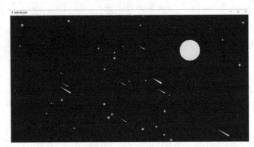

图6.13 使用小海龟呈现自然星空的代码运行效果

6.4.5 课堂小结

本例结合了6.2节的星星动画和6.3节的流星雨动画，最终呈现了一个美丽的星空。总的来说，本例可以培养读者对Python编程的兴趣，提升运用Python解决实际问题的能力。

6.4.6 课后练习

在拓展提高的基础上，尝试修改代码，呈现出一个自定义的星空，该星空包含1个月亮、30颗流星和50颗星星。修改后的代码保存在6.4文件夹下的test.py文件中，代码的运行效果如图6.14所示。

图6.14 使用小海龟绘制自定义星空的代码运行效果

👉 **小提示**

使用 for 循环结构，生成 30 颗流星和 50 颗星星。

6.5 案例56：绘制"爱心光波"动画

爱心光波，就是用爱心形状组成的光波，通常出现在一些文艺作品或者网络用语中，主要用于描述一种温暖的情感传递方式。当我们对他人充满爱意的时候，就像从内心发出一道无形的光波，这道"爱心光波"可以穿透空间，温暖对方的心灵，让对方感受到我们的爱意。

6.5.1 案例背景

为了进一步提升你的逻辑思维和艺术表达能力，你的父母决定再参加一场进阶版的编程活动。本次活动的主题是"用代码传递爱"，寓意着将温暖与爱心以动态的形式传递给他人。在得知这个活动的消息后，你迅速联想到了"爱心光波"，于是决定用小海龟将其绘制出来。使用小海龟绘制爱心光波动画的代码运行效果如图6.15所示。

图6.15 使用小海龟绘制爱心光波动画的代码运行效果

由图6.15可知，在窗口中绘制了100个爱心，每个爱心逐渐增大，呈现出爱心光波的动画效果。

6.5.2 知识准备

使用小海龟绘制爱心光波动画的技术需求如下。

①图形绘制模块：使用图形绘制模块创建窗口和画笔，在窗口中绘制出爱心的图案。

②随机数模块：利用随机数模块中的random.choice()函数从预设的颜色列表中随机选择爱心的颜色，丰富爱心的效果。

③面向对象编程：定义一个名为Heart的类，实现对爱心属性和行为的封装。该类包含初始化爱心属性的__init__()方法、绘制爱心图案的draw_heart()方法以及修改爱心大小的change_heart()方法。

④循环结构与列表：通过for循环创建多个爱心对象，并将它们存储在一个Hearts列表中，随后在无限循环里遍历这个列表，修改每个爱心的大小并将它们绘制到窗口中。

⑤图形动画原理：首先调用turtle.tracer(0)方法隐藏绘图的过程，然后使用turtle.clear()方法清除整个屏幕的内容并重新绘制所有爱心，最后调用turtle.update()方法更新画面，实现低帧率但流畅的图形动画效果。

6.5.3 编写代码

在前面的章节中，我们绘制过爱心的效果图，要想绘制出爱心光波的动画效果，只需像6.2小节中控制星星的边长动态变化一样，控制爱心的半径在一定的范围内动态变化即可。

尝试编写代码，实现6.5.1小节中图6.15所示的爱心光波动画。代码保存在6.5文件夹下的heart.py文件中，详细的实现步骤和代码如下。

(1) 导入需要用到的工具，创建窗口和画笔，并设置窗口和画笔的基本属性，代码如下。

```python
import turtle
import random
turtle.setup(1.0, 1.0)
turtle.title('爱心光波动画')    # 设置窗口的标题为"爱心光波动画"
turtle.bgcolor('black')
t = turtle.Turtle()
t.hideturtle()
t.pensize(1)
```

(2) 创建一个列表，存放爱心的颜色，代码如下。

```python
colors = ['pink', 'hotpink', 'deeppink', 'lightpink', 'white']
```

列表中的颜色从左到右分别是粉红色、热粉红色、深粉红色、亮粉红色、白色。

(3) 定义Heart类，封装爱心的属性和方法，具体步骤如下。

1) 在Heart类中定义__init__()方法，代码如下。

```python
class Heart:
```

```
def __init__(self, r):
    self.r = r                        # 初始化爱心的半径
    self.x = 0                        # 初始化爱心的x坐标
    self.y = -120                     # 初始化爱心的y坐标
    self.s = 1                        # 初始化爱心的缩放速度
    self.c = random.choice(colors)    # 初始化爱心的颜色
```

以上代码定义了爱心的半径self.r、初始x坐标self.x、初始y坐标self.y、缩放速度self.s以及颜色self.c等基本属性。其中，爱心的半径为变量r；爱心的x坐标为0；爱心的y坐标为-120，爱心的缩放速度为1个像素；爱心的颜色为列表colors中的随机颜色。

注意，在创建每个爱心对象时，需要设置一个参数r，表示爱心的半径。

👉 指点迷津

"爱心的半径"是一种表示爱心大小的说法，并不是爱心的真实半径。

2) 在Heart类中定义draw_heart()方法，用于绘制爱心，代码如下。

```
def draw_heart(self):
    t.penup()
    t.goto(self.x, self.y)
    t.pendown()
    t.pencolor(self.c)           # 将爱心的颜色设置成self.c
    t.setheading(135)            # 将画笔的初始方向调整为135°
    t.forward(self.r * 2)        # 将画笔沿着当前方向前进指定像素
    t.circle(-self.r, 180)       # 沿着顺时针的方向绘制一个半圆形
    t.setheading(45)             # 将画笔的朝向修改为45°方向
    t.circle(-self.r, 180)       # 沿着顺时针的方向绘制一个半圆形
    t.forward(self.r * 2)        # 将画笔沿着当前方向前进指定像素
```

以上代码定义了一个名为draw_heart的方法，调用该方法可以绘制一个爱心图案。该方法首先使用turtle.goto()方法将画笔移动到爱心的初始坐标处，并设置爱心的颜色为self.c。然后使用turtle.setheading()方法将画笔的初始方向调整为135°，并使用turtle.forward()方法将画笔向前移动指定距离，绘制爱心底部左侧的直线段。接下来，使用turtle.circle()绘制两个顺时针方向的半圆弧，构成爱心的顶部轮廓。最后再次使用turtle.forward()方法绘制爱心底部右侧的直线段，构成一个完整的爱心图案。

需要注意的是，这里使用的方法和5.3.2小节中绘制爱心的方法有点区别，目的是用一条线绘制出完整的爱心图案。

下面可以添加以下代码，在窗口中绘制出一个爱心。

```
heart = Heart(100)           # 创建一个半径为100像素的爱心对象
heart.draw_heart()           # 调用绘制爱心的方法
```

```
turtle.done()
```

使用draw_heart()方法绘制爱心的代码运行效果如图6.16所示。

图6.16 使用draw_heart()方法绘制爱心的代码运行效果

3) 在Heart类中定义change_heart()方法，用于控制爱心的半径在指定范围内动态变化，代码如下。

```
def change_heart(self):
    if self.r < 100:                          # 当爱心的半径小于100个像素时
        self.r += self.s                      # 不断增大爱心的半径
    else:                                     # 当爱心的半径大于等于100个像素时
        self.r = 0                            # 重新初始化爱心的半径
        self.x = 0                            # 重新设置爱心的x坐标
        self.y = -120                         # 重新设置爱心的y坐标
        self.s = 1                            # 重新设置爱心的缩放速度
        self.c = random.choice(colors)        # 重新设置爱心的颜色
```

以上代码定义了一个名为change_heart的方法，调用该方法可以动态调整并控制心形图案的尺寸、位置和颜色，实现循环渐变的视觉效果。该方法首先检查心形图案的半径self.r是否小于100像素，如果满足条件，则持续增加心形的半径大小。当心形的半径达到最大尺寸，即100像素时，其半径将被重置为0，x坐标和y坐标分别调整至0和−120，缩放速度恢复至初始值1，同时将其颜色重置为一个随机颜色。

(4) 创建一个爱心列表Hearts，用于存储爱心对象，代码如下。

```
Hearts = []                          # 定义爱心列表
for i in range(100):                 # 创建100个爱心对象
    Hearts.append(Heart(i + 1))      # 将爱心对象添加到列表中
```

以上代码先创建了一个Hearts列表，然后使用for循环结构迭代100次，在每层循环中使用append()方法添加一个爱心对象，且爱心对象的半径随循环次数的增大而增大。

(5) 启动无限循环，控制爱心在窗口中动态缩放，呈现出爱心光波动画效果，代码如下。

```
while True:
    turtle.tracer(0)
```

```
        t.clear()
        for i in range(100):
            Hearts[i].change_heart()          # 修改爱心的大小
            Hearts[i].draw_heart()            # 将修改后的爱心绘制到窗口中
turtle.update()
```

以上代码使用for循环结构迭代了100次，在每层for循环中，先使用change_heart()方法修改爱心的大小，然后使用draw_heart()方法将爱心绘制到窗口中。

此时，运行代码，在窗口中绘制出爱心光波动画。爱心光波动画如6.5.1小节中的图6.15所示。

6.5.4 拓展提高

上面绘制的爱心光波是从爱心的底部开始扩散的，尝试修改代码，使其从爱心的中心向外逐渐扩散。修改后的代码保存在6.5文件夹下的hearts.py文件中，详细的修改步骤和代码如下。

(1) 修改Heart类中的draw_heart()方法，从爱心的中心开始绘制整个图形，代码如下。

```
    def draw_heart(self):              # 从窗口中心绘制爱心
        t.penup()
        t.goto(self.x, self.y)
        t.setheading(135)              # 将画笔的朝向修改为135°方向
        t.forward(self.r)              # 将画笔沿着当前方向前进self.r个像素
        t.setheading(-135)
        t.forward(self.r)
        t.setheading(135)
        t.forward(2*self.r)            # 将画笔沿着当前方向前进2*self.r个像素
        t.setheading(-135)
        t.forward(4*self.r)            # 将画笔沿着当前方向前进4*self.r个像素
        t.pendown()
        t.pencolor(self.c)
        t.right(90)
        t.circle(-4*self.r, 180)       # 沿着顺时针的方向绘制一个半圆形
        t.setheading(45)
        t.circle(-4*self.r, 180)
        t.forward(8*self.r)            # 将画笔沿着当前方向前进8*self.r个像素
        t.right(90)
        t.forward(8*self.r)
```

(2) 修改Heart类中的change_heart()方法，代码如下。

```
    def change_heart(self):            # 改变爱心的大小（爱心不断增大）
        if self.r < 100:
            self.r += self.s
```

```
else:
    self.r = 0
    self.x = 0
    self.y = -120
    self.s = 1   # 定义爱心的缩放速度
    self.c = random.choice(colors)
```

此时，运行代码，在窗口中绘制出由内向外扩散的爱心光波动画。由内向外扩散的爱心光波动画如图6.17所示。

图6.17　由内向外扩散的爱心光波动画

6.5.5　课堂小结

本例使用小海龟绘制了两种不同的爱心光波动画，读者可以对比这两个爱心的异同点，以提高应用Python解决实际问题的能力。

6.5.6　课后练习

在拓展提高的基础上，尝试修改代码，实现一个从顶部开始扩散的爱心光波动画。修改后的代码保存在6.5文件夹下的test.py文件中，代码的运行效果如图6.18所示。

图6.18　从顶部开始扩散的爱心光波动画

👍 小提示

修改 Heart 类中绘制爱心的 draw_heart() 方法，从顶部开始绘制整个爱心。

6.6 案例57：绘制"文字跑马灯"动画

"文字跑马灯"是一种动态显示文字的方式。通过编写代码，让一行或多行文字从屏幕的一端移动到另一端，形成循环往复的滚动效果，就像电影里的弹幕一样，在有限的空间里持续不断地滚动显示信息。"文字跑马灯"常用于影视弹幕，既醒目又节省空间，具有良好的视觉传达效果。

6.6.1 案例背景

最近，一部名为《黑客帝国》的影片在全国范围内掀起观影狂潮，热爱编程的你在看完电影以后，被影片中动态滚动的弹幕效果深深吸引，于是决定亲手用小海龟实现一个"文字跑马灯"的动画。使用小海龟绘制文字跑马灯动画的代码运行效果如图6.19所示。

图6.19 使用小海龟绘制文字跑马灯动画的代码运行效果

6.6.2 知识准备

使用小海龟绘制文字跑马灯动画的技术需求如下。

①图形绘制模块：使用小海龟在屏幕中绘制水平滚动的文本和垂直下落的彩球。

②随机设置文本的内容、颜色、坐标、移动速度，以及彩球的颜色、坐标、移动速度，增加动画的随机性和趣味性。

③面向对象编程：定义一个名为Marquee的类，封装文本和彩球的所有属性和行为。其中包含多个自定义方法，如__init__()方法用于初始化文本和彩球的基本属性，draw_text()、draw_ball()等方法用于绘制文本和彩球，move_text()、move_ball()等方法用于更新文本和彩球的坐标。

④循环结构与列表：使用for循环结构创建多个跑马灯对象，并将它们存储在一个列表Marquees中，随后在无限循环里遍历这个列表，更新每个文本和彩球的坐标并将它们绘制到窗口中。

⑤图形动画原理：使用turtle.tracer(0)方法隐藏绘图的过程，使用turtle.clear()方法清除整个窗口的内容并重新绘制所有的文本和彩球，最后使用turtle.update()方法更新画面，实现了流畅的图形动画效果。动画中的文本从窗口一端向另一端滚动，当超出窗口时重新生成一个新的文本；彩球也不断地从顶部向下移动，超出底部后重新在顶部生成一个新的彩球。

6.6.3 编写代码

通过前面章节的学习，我们已经可以熟练使用小海龟绘制动态效果图了，要想绘制文字跑马灯动画，只需综合前面所学的知识，配合小海龟的turtle.write()方法绘制文本即可。

尝试编写代码，实现6.6.1小节中图6.19所示的文字跑马灯动画。代码保存在6.6文件夹下的marquee.py文件中，详细的实现步骤和代码如下。

(1) 导入需要用到的工具，创建窗口和画笔，并设置窗口和画笔的基本属性，代码如下。

```
import turtle
import random
turtle.setup(1.0, 1.0)
turtle.title('文字跑马灯动画')              # 设置窗口的标题为"文字跑马灯动画"
turtle.bgcolor('black')
t = turtle.Turtle()
t.hideturtle()
t.pensize(1)
```

(2) 创建一个列表，用于存储文本的内容，代码如下。

```
texts = ['我爱你','I Love You!','永远爱你','你是我年少的欢喜',
'余生我陪你走','陪你到来生','春风十里不如你','三生有幸来日方长',
'夜很长幸有你','爱你的全部','踏过八荒四海只为你','愿得一人心','众里寻他千百度',
'顶峰相见','等你下课','往后余生','Missing You!','做我女朋友好吗',
'你已经在我的未来里了','陪你到世界之巅','白头偕老','我喜欢你','好想好想你',
'想你想你想你','今夜月色真美','你是我的唯一']    # 定义文本的内容
```

(3) 定义Marquee类，封装文本和彩球的属性和方法，具体步骤如下。

1) 在Marquee类中定义__init__()方法，用于初始化文本的基本属性，代码如下。

```
class Marquee:
    def __init__(self):
        self.text = random.choice(texts)              # 初始化文本的内容
        self.text_x = random.randint(-1000, 1000)     # 初始化文本的x坐标
        self.text_y = random.randint(-500, 500)       # 初始化文本的y坐标
        self.text_s = random.uniform(2, 5)            # 初始化文本的移动速度
            self.text_c = '#%02x%02x%02x' % (
            random.randint(0, 255),
            random.randint(0, 255),
```

```
            random.randint(0, 255)
        )                                    # 初始化文本的颜色
```

以上代码定义了文本的内容self.text、初始x坐标self.text_x、初始y坐标self.text_y、移动速度self.text_s以及颜色self.text_c。其中，文本的内容为列表texts中的随机字符串，文本的初始x坐标为–1000~1000间的随机整数，文本的初始y坐标为–500~500之间的随机整数，文本的移动速度为2~5之间的随机浮点数，文本的颜色由随机十六进制代码生成。

```
    self.ball_r = random.uniform(2, 5)       # 初始化彩球的半径
    self.ball_x = random.randint(-1000, 1000) # 初始化彩球的x坐标
    self.ball_y = random.randint(-500, 500)  # 初始化彩球的y坐标
    self.ball_s = random.uniform(2, 10)      # 初始化彩球的移动速度
    self.ball_c = '#%02x%02x%02x' % (
        random.randint(0, 255),
        random.randint(0, 255),
        random.randint(0, 255)
    )                                        # 初始化彩球的颜色
```

以上代码定义了彩球的半径self.ball_r、初始x坐标self.ball_x、初始y坐标self.ball_y、移动速度self.ball_s以及颜色self.ball_c。其中，彩球的半径为2~5之间的随机浮点数，彩球的初始x坐标为–1000~1000之间的随机整数，彩球的初始y坐标为–500~500之间的随机整数，彩球的大小为2~10之间的随机浮点数，彩球的颜色由随机十六进制代码生成。

2) 在Marquee类中定义draw_text()方法，用于绘制文本，代码如下。

```
    def draw_text(self):
        t.penup()
        t.goto(self.text_x, self.text_y)
        t.pendown()
        t.pencolor(self.text_c)
        t.write(self.text, align='center', font=('Comic Sans MS', 24, 'bold'))
```

以上代码定义了一个名为draw_text的方法，调用该方法可以在窗口中绘制文本。在该方法中调用了turtle.write()方法，其中，参数self.text用于设置文本的内容；参数align用于设置文本的位置，center表示居中；参数font用于设置文本的属性，Comic Sans MS是字体，24是字体的大小，bold表示给字体加粗。

此时，可以在以上代码下面添加如下的代码，在窗口中绘制文本。

```
marquee = Marquee()                          # 创建一个跑马灯对象
marquee.draw_text()                          # 调用绘制文本的方法
turtle.done()
```

使用draw_text()方法绘制文本的代码运行效果如图6.20所示。

3) 在Marquee类中定义draw_ball()方法，用于绘制彩球的图案，代码如下。

```
    def draw_ball(self):
        t.penup()
 t.goto(self.ball_x, self.ball_y)
        t.pendown()
        t.begin_fill()
        t.fillcolor(self.ball_c)
 t.circle(self.ball_r)              # 绘制一个半径为self.ball_r个像素的彩球
        t.end_fill()
```

以上代码定义了一个名为draw_ball的方法,调用该方法可以在窗口中绘制指定颜色的彩球。该方法主要使用turtle.circle()方法,在窗口中绘制一个圆形彩球。

此时,可以在以上代码下面添加如下的代码,然后运行代码在窗口中绘制一个彩球。

```
marquee = Marquee()          # 创建一个跑马灯对象
marquee.draw_ball()          # 调用绘制彩球的方法
turtle.done()
```

使用draw_ball()方法绘制彩球的代码运行效果如图6.21所示。

图6.20　使用draw_text()方法绘制文本
的代码运行效果

图6.21　使用draw_ball()方法绘制彩球
的代码运行效果

由图6.21可知,在窗口中绘制了一个橙色的小彩球,由于彩球的半径较小,因此读者在窗口中可能看不见彩球。

4) 在Marquee类中定义move_text()方法,用于控制文本在指定范围内动态移动,代码如下。

```
    def move_text(self):
        if self.text_x <= 1000:          # 当文本的x坐标小于等于1000时
            self.text_x += self.text_s   # 持续更新文本的x坐标,将其向右移动
        else:                            # 当文本的x坐标大于1000时
            self.text = random.choice(texts)          # 重新选择文本的内容
            self.text_x = -1000                       # 重新设置文本的x坐标
            self.text_y = random.randint(-500, 500)   # 重新设置文本的y坐标
            self.text_s = random.uniform(2, 5)        # 重新设置文本的移动速度
```

```
        self.text_c = '#%02x%02x%02x' % (
            random.randint(0, 255),
            random.randint(0, 255),
            random.randint(0, 255)
        )                                    # 重新设置文本的颜色
```

以上代码定义了一个名为move_text的方法，调用该方法可以移动窗口中的文本。该方法首先检查文本当前的x坐标是否小于等于1000，如果是，则继续向右移动文本；如果文本的x坐标大于1000，即超出了窗口的右侧边界，该方法将重置文本的各项属性，包括随机选择新的文本内容、将其x坐标初始化在屏幕左侧，随机设置新的y坐标位置、移动速度和颜色等，从而实现文本无限循环、动态出现的效果。

5) 在Marquee类中定义move_ball()方法，用于控制彩球在指定范围内动态滚动，代码如下。

```
def move_ball(self):
    if self.ball_y >= -500:                  # 当彩球的y坐标大于等于-500时
        self.ball_y -= self.ball_s           # 持续更新彩球的y坐标，将其向下移动
    else:                                    # 当彩球的y坐标小于-500时
        self.ball_r = random.uniform(2, 3)   # 重新设置彩球的半径
        self.ball_x = random.randint(-1000, 1000)  # 重新设置彩球的x坐标
        self.ball_y = 500                    # 重新设置彩球的y坐标
        self.ball_s = random.uniform(2, 10)  # 重新设置彩球的移动速度
        self.ball_c = '#%02x%02x%02x' % (
            random.randint(0, 255),
            random.randint(0, 255),
            random.randint(0, 255)
        )                                    # 重新设置彩球的颜色
```

以上代码定义了一个名为move_ball的方法，调用该方法可以实现彩球在屏幕上的动态滚动效果。该方法与move_text()方法类似，用于控制彩球从顶部向下滚动，直至移出窗口底部后在随机位置重生，其半径、颜色和移动速度均被重置，从而使每次重现时彩球的外观和行为都有所变化。

(4) 创建一个列表Marquees，用于存储跑马灯对象，代码如下。

```
Marquees = []                            # 创建一个存放跑马灯对象的列表
for i in range(100):                     # 生成100个跑马灯对象
    Marquees.append(Marquee())           # 创建跑马灯对象并将其添加到列表中
```

以上代码先创建了一个Marquees列表，然后使用for循环结构迭代100次，在每层循环中使用append()方法添加一个跑马灯对象。

(5) 启动无限循环，控制文本和彩球在窗口中动态移动，呈现出文字跑马灯的动画效果，具体步骤如下。

1) 在窗口中绘制50个文本，代码如下。

```
while True:
    turtle.tracer(0)
    t.clear()
    for i in range(50):
        Marquees[i].move_text()     # 调用移动文本的方法
        Marquees[i].draw_text()     # 调用绘制文本的方法
```

以上代码使用for循环结构迭代了50次，在每层for循环中，先使用move_text()方法修改文本的坐标，然后使用draw_text()方法将文本绘制到窗口中。

2) 在窗口中绘制100个彩球，代码如下。

```
    for i in range(100):
        Marquees[i].move_ball()     # 调用移动彩球的方法
        Marquees[i].draw_ball()     # 调用绘制彩球的方法
    turtle.update()
```

以上代码使用for循环结构迭代了100次，在每层for循环中，先使用move_ball()方法修改彩球的坐标，然后使用draw_ball()方法将彩球绘制到窗口中。

此时，运行代码会在窗口中绘制出文字跑马灯动画。文字跑马灯动画如6.6.1小节中的图6.19所示。

6.6.4 拓展提高

本例至此实现了一个精彩的文字跑马灯动画，但是有些文本的内容被遮挡住了，接下来尝试修改代码，确保所有文本都能完整地显示出来。修改后的代码保存在6.6文件夹下的marquees.py文件中，详细的修改步骤和代码如下。

(1) 修改Marquee类的__init__()方法，将文本text分为text1和text2两部分，并给初始化方法添加参数y，代码如下。

```
class Marquee:
    def __init__(self, y):
        self.text1 = random.choice(texts)              # 初始化文本1
        self.text1_x = random.randint(-1000, 1000)     # 初始化文本1的x坐标
        self.text1_y = y * 30                          # 初始化文本1的y坐标
        self.text1_s = random.uniform(2, 5)            # 初始化文本1的移动速度
        self.text1_c = '#%02x%02x%02x' % (
            random.randint(0, 255),
            random.randint(0, 255),
            random.randint(0, 255)
        )                                              # 初始化文本1的颜色
        self.text2 = random.choice(texts)              # 初始化文本2
```

```
        self.text2_x = random.randint(-1000, 1000)      # 初始化文本2的x坐标
        self.text2_y = y * -30                          # 初始化文本2的y坐标
        self.text2_s = random.uniform(2, 5)             # 初始化文本2的移动速度
        self.text2_c = '#%02x%02x%02x' % (
            random.randint(0, 255),
            random.randint(0, 255),
            random.randint(0, 255)
        )                                               # 初始化文本2的颜色
        self.ball_r = random.uniform(2, 5)              # 初始化彩球的半径
        self.ball_x = random.randint(-1000, 1000)       # 初始化彩球的x坐标
        self.ball_y = random.randint(-500, 500)         # 初始化彩球的y坐标
        self.ball_s = random.uniform(2, 10)             # 初始化彩球的移动速度
        self.ball_c = '#%02x%02x%02x' % (
            random.randint(0, 255),
            random.randint(0, 255),
            random.randint(0, 255)
        )                                               # 初始化彩球的颜色
```

(2) 修改绘制文本的draw_text()方法，将文本1和文本2绘制到窗口中，代码如下。

```
    def draw_text(self):
        t.penup()
        t.goto(self.text1_x, self.text1_y)
        t.pendown()
        t.pencolor(self.text1_c)
    # 将文本1的内容绘制到窗口中
        t.write(self.text1,align='center',font=('Comic Sans MS', 20,
'bold'))
        t.penup()
        t.goto(self.text2_x, self.text2_y)
        t.pendown()
        t.pencolor(self.text2_c)
    # 将文本2的内容绘制到窗口中
        t.write(self.text2,align='center',font=('Comic Sans MS', 20,
'bold'))
```

(3) 将move_text()方法分解成move_text1()方法和move_text2()方法，代码如下。

```
    def move_text1(self):
        if self.text1_x <= 1000:    # 当文本1还在窗口中时
            self.text1_x += self.text1_s # 修改文本1的x坐标
        else:                       # 当文本1超出窗口时，重新生成一个文本
            self.text1 = random.choice(texts)   # 重新选择文本1的内容
            self.text1_x = -1000    # 重新设置文本1的x坐标
            self.text1_c = '#%02x%02x%02x' % (
```

```
                random.randint(0, 255),
                random.randint(0, 255),
                random.randint(0, 255)
            )                               # 重新设置文本1的颜色
    def move_text2(self):                   # 定义文本2的移动方法
        if self.text2_x <= 1000:            # 当文本2还在窗口中时
            self.text2_x += self.text2_s    # 修改文本2的x坐标
        else:                               # 当文本2超出窗口时，重新生成一个文本
            self.text2 = random.choice(texts)   # 重新选择文本2的内容
            self.text2_x = -1000            # 重新设置文本2的x坐标
            self.text2_c = '#%02x%02x%02x' % (
                random.randint(0, 255),
                random.randint(0, 255),
                random.randint(0, 255)
            )                               # 重新设置文本2的颜色
```

(4) 在无限循环中调用draw_text()、move_text1()和move_text2()等方法，模拟文字跑马灯的动画效果，代码如下。

```
while True:
    turtle.tracer(0)
    t.clear()
    for i in range(1, 15):              # 循环14次，注意这里的i不能取0
        Marquees[i].move_text1()        # 修改文本1的坐标
        Marquees[i].move_text2()        # 修改文本2的坐标
        Marquees[i].draw_text()         # 将文本1和文本2绘制到窗口中
    for i in range(100):
        Marquees[i].move_ball()         # 修改彩球的坐标
        Marquees[i].draw_ball()         # 将彩球绘制到窗口中
    turtle.update()
```

此时，运行代码会在窗口中绘制出无遮挡的文字跑马灯动画。无遮挡的文字跑马灯动画如图6.22所示。

图6.22　无遮挡的文字跑马灯动画

由图6.25可知，与图6.22相比，该跑马灯将文本text分为text1和text2两个部分，并且按照一定的间距绘制在窗口的上半部分和下半部分，使文本的内容不会被遮挡。

6.6.5　课堂小结

本例综合Python的类与对象、小海龟、随机数等知识，绘制了几种不同的文字跑马灯动画，有助于提高读者对Python图形编程的实际应用能力。

6.6.6　课后练习

在拓展提高的基础上，尝试修改代码，生成100个跑马灯对象，其中50个跑马灯从左向右移动，另外50个跑马灯从右向左移动。修改后的代码保存在6.6文件夹下的test.py文件中。代码的运行效果类似于图6.22。

👍 小提示

修改 move_text2() 方法，使文本从右向左移动。

6.7　案例58：绘制"大雪纷飞"动画

成语"大雪纷飞"形象地描绘了一幅壮观的冬日雪景。当天气非常寒冷时，天空中的雪花犹如成千上万个小精灵从天而降，这些雪花在空中自由自在地飞舞着，仿佛是大自然举行的一场狂欢舞会。

6.7.1　案例背景

冬天即将来临，学校为庆祝冬至的到来，特地举办了一场主题为"我与雪花"的活动，你在活动中大显身手，用编程呈现出"大雪纷飞"的动画，最终取得了优异的成绩，并收获了同学们的喜爱与赞美。使用小海龟绘制大雪纷飞动画的代码运行效果如图6.23所示。

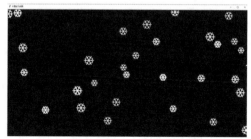

图6.23　使用小海龟绘制大雪纷飞动画的代码运行效果

由图6.23可知，在窗口中绘制了一些动态下落的雪花，呈现出炫酷的大雪纷飞动画。

6.7.2　知识准备

使用小海龟绘制大雪纷飞动画的技术需求如下。

①图形绘制模块：使用小海龟在窗口中绘制雪花的图案以及控制雪花的下落运动。

②随机数模块：利用random.uniform()、random.randint()和random.choice()等函数为每个雪花实例生成随机属性，包括雪花的半径、坐标、颜色、移动速度以及移动方向。

③面向对象编程：定义一个Snow类，封装雪花的所有属性和行为。该类包含初始化雪花属性的__init__()方法、绘制雪花图案的draw_snow()方法以及更新雪花坐标的move_snow()方法。

④循环结构与列表：通过for循环结构和turtle.numinput()方法创建指定数量的雪花实例，并将这些实例存储在一个列表Snows中。随后在无限循环里遍历这个列表，更新每个雪花的位置并将它们绘制到窗口中。

⑤图形动画原理：首先利用turtle.tracer(0)方法隐藏绘图过程以提高动画性能，然后使用turtle.clear()方法清除整个窗口内容。在每次循环迭代中，重新计算所有雪花的位置并将它们绘制到窗口中，最后调用turtle.update()方法刷新窗口，实现流畅的图形动画效果。

6.7.3　编写代码

经过前面章节的学习，我们已经可以熟练地绘制动态效果图了，本例的难点在于雪花不是垂直下落的，需要用三角函数控制雪花下落的角度。

尝试编写代码，实现6.7.1小节中图6.23所示的大雪纷飞动画。代码保存在6.7文件夹下的snow.py文件中，详细的实现步骤和代码如下。

(1) 导入需要用到的工具，创建窗口和画笔，并设置窗口和画笔的基本属性，代码如下。

```python
import turtle
import random
import math
turtle.setup(1.0, 1.0)
turtle.title('大雪纷飞动画')       # 设置窗口的标题为"大雪纷飞动画"
turtle.bgcolor('black')
t = turtle.Turtle()              # 创建一个画笔对象t
t.hideturtle()                   # 隐藏画笔的形状
t.pensize(1)                     # 将画笔的大小修改为1个像素
```

(2) 创建一个列表，存放雪花的颜色，代码如下。

```python
colors = ['white']              # 列表中存储了白色
```

(3) 定义Snow类，封装雪花的属性和方法，具体步骤如下。

1) 在Snow类中定义__init__()方法，用于初始化雪花的基本属性，代码如下。

```
class Snow:
    def __init__(self):
        self.r = random.uniform(4, 6)          # 初始化雪花的半径
        self.x = random.randint(-1000, 1000)   # 初始化雪花的x坐标
        self.y = random.randint(-500, 500)     # 初始化雪花的y坐标
        self.k = random.uniform(-2, 2)         # 初始化移动参数k
        self.speed = random.randint(10, 15)    # 初始化雪花的移动速度
        self.color = random.choice(colors)     # 初始化雪花的颜色
        self.outline = random.randint(4, 6)    # 初始化花瓣的大小
```

以上代码定义了雪花的半径self.r、初始x坐标self.x、初始y坐标self.y、移动参数self.k、移动速度self.speed、颜色self.color以及花瓣大小self.outline。其中，雪花的半径从4~6之间随机选择一个浮点数，雪花的初始x坐标从−1000~1000之间随机选择一个整数，雪花的初始y坐标从−1000~1000之间随机选择一个整数，雪花的移动参数从−2到2之间随机选择一个浮点数，雪花的移动速度从10~15之间随机选择一个整数，雪花的颜色从列表colors中随机选择一个颜色，雪花的花瓣大小从4~6之间随机选择一个整数。

2) 在Snow类中定义draw_snow()方法，用于绘制雪花的图案，代码如下。

```
def draw_snow(self):
    t.penup()
    t.goto(self.x, self.y)
    t.pendown()
    t.pencolor(self.color)             # 设置雪花的颜色为self.color
    t.pensize(self.outline)            # 设置雪花花瓣的大小为self.outline
    for i in range(6):                 # 循环6次，画雪花的6个花瓣
        t.forward(self.r * 5)          # 将画笔沿着当前方向前进self.r*5个像素
        t.backward(self.r * 2)         # 将画笔沿着当前方向后退self.r*5个像素
        t.left(60)                     # 将画笔向左旋转60°
        t.forward(self.r * 2)          # 将画笔沿着当前方向前进self.r*2个像素
        t.backward(self.r * 2)         # 将画笔沿着当前方向后退self.r*2个像素
        t.right(120)                   # 将画笔向右旋转120°
        t.forward(self.r * 2)          # 将画笔沿着当前方向前进self.r*2个像素
        t.backward(self.r * 2)         # 将画笔沿着当前方向后退self.r*2个像素
        t.left(60)                     # 将画笔向左旋转60°
        t.backward(self.r * 3)         # 将画笔沿着当前方向后退self.r*3个像素
        t.right(60)                    # 将画笔向右旋转60°
```

以上代码定义了一个名为draw_snow的方法，调用该方法可以绘制一个六边形雪花图案。该方法首先设置画笔颜色和线条宽度，然后循环6次来绘制雪花的每个分支，每个分支通过一系列前进和后退动作，结合角度旋转，如向左旋转60°、向右旋转120°等，形成具有特定结构的雪花形状。整体上，该方法能够生成美观且对称的雪花图形，其外观可通过传入的不同参数进行个性化定制。

在以上代码中可以添加下面的代码，然后运行代码，在窗口中绘制一片雪花。

```
snow = Snow()                    # 创建一个雪花对象
snow.draw_snow()                 # 调用绘制雪花的方法
turtle.done()
```

使用draw_snow()方法绘制雪花的代码运行效果如图6.24所示。

图6.24　使用draw_snow()方法绘制雪花的代码运行效果

3) 在Snow类中定义move_snow()方法，用于控制雪花的移动，具体步骤如下。

```
def move_snow(self):
    if self.y >= -500:  # 当雪花的y坐标大于等于-500时
        self.y -= self.speed                    # 修改雪花的y坐标
        self.x -= self.speed * math.sin(self.k) # 修改雪花的x坐标
        self.k -= 0.1       # 可以理解成标志，改变雪花移动的方向
    else:                   # 当雪花的y坐标小于-500时
        self.r = random.uniform(4, 6)           # 重新设置雪花的半径
        self.x = random.randint(-1000, 1000)    # 重新设置雪花的x坐标
        self.y = 500                            # 重新设置雪花的y坐标
        self.k = random.uniform(-2, 2)          # 重新设置雪花的移动参数
        self.speed = random.randint(10, 15)     # 重新设置雪花的移动速度
        self.color = random.choice(colors)      # 重新选择雪花的颜色
        self.outline = random.randint(4, 6)     # 重新设置雪花花瓣的大小
```

以上代码定义了一个名为move_snow的方法，调用该方法可以更新雪花的位置和状态，模拟自然环境中雪花飘落的行为。只要雪花尚未触达窗口的底部，该方法就会控制雪花根据预设的速度沿y轴向下移动，同时沿x轴随着math.sin()函数的变化横向偏移，呈现出自然的下落曲线。当雪花触达窗口底部后，会立即在窗口的上方随机位置重生，同时随机重置其大小、颜色、移动速度等，增强了场景的真实感和视觉的多样性。

(4) 创建一个雪花列表Snows，用于存储雪花对象，代码如下。

```
Snows = []                 # 创建一个雪花列表
for i in range(50):        # 生成50个雪花对象
    Snows.append(Snow())   # 在每层循环中将雪花添加到列表中
```

以上代码首先创建了一个Snows列表，然后使用for循环结构迭代50次，在每层循环中使用append()方法添加一个雪花对象。

(5) 启动无限循环，控制雪花在窗口中动态移动，呈现出大雪纷飞的动画，代码如下。

```
while True:
    turtle.tracer(0)
    t.clear()
    for i in range(50):
        Snows[i].move_snow()        # 调用函数修改雪花的位置
        Snows[i].draw_snow()        # 调用函数将雪花绘制到窗口中
    turtle.update()
```

此时，运行代码，会在窗口中绘制出大雪纷飞动画。大雪纷飞动画如6.7.1小节中的图6.23所示。

6.7.4　拓展提高

小海龟中有一个turtle.numinput()方法，用于弹出一个对话框让用户输入数字，并将用户的输入作为返回值。调用turtle.numinput()方法的语法如下。

```
turtle.numinput(title, prompt[, default=None, minval=None, maxval=None])
```

turtle.numinput()方法的参数说明如下。

● 参数title通常是一个字符串值，用于设置对话框的标题。
● 参数prompt通常是一个字符串值，用于设置对话框内的提示信息。
● 参数default（可选）通常是一个整数或浮点数，用于设置对话框内预设的默认值。
● 参数minval（可选）通常是一个整数或浮点数，用于设置对话框内可输入的最小值。
● 参数maxval（可选）通常是一个整数或浮点数，用于设置对话框内可输入的最大值。

接下来，尝试修改代码，在大雪纷飞动画的基础上添加了一个对话框，用于输入雪花的数量。代码保存在6.7文件夹下的snows.py文件中，详细的修改步骤和代码如下。

(1) 创建一个对话框，用于输入雪花的个数，代码如下。

```
n = int(turtle.numinput('雪花', '请输入雪花的个数(1~100):', 99, 1, 100))
```

(2) 创建n个雪花对象，并将它们存储到列表中，代码如下。

```
Snows = []
for i in range(n):                # 生成n个雪花对象
    Snows.append(Snow())
```

(3) 启动无限循环，模拟大雪纷飞的动画效果，代码如下。

```
while True:
    turtle.tracer(0)
```

```
    t.clear()
    for i in range(n):
        Snows[i].move_snow()
        Snows[i].draw_snow()
    turtle.update()
```

此时，运行代码会在屏幕中弹出一个对话框，待用户输入雪花的个数后，会呈现出大雪纷飞的动画效果。使用numinput()方法创建对话框的代码运行效果如图6.25所示。

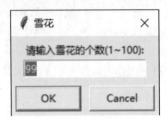

图6.25　使用numinput()方法创建对话框的代码运行效果

由图6.25可知，在屏幕中创建了一个对话框。对话框的标题为"雪花"，标签内容为"请输入雪花的个数(1~100)"，输入框的内容默认为99，并在对话框中添加了OK和Cancel两个按钮。

6.7.5　课堂小结

本例综合运用了面向对象编程思想、循环结构、随机数生成等技术，模拟大雪纷飞的动态效果。这不仅展示了Python在图形编程中的实际应用能力，也可以加强读者对Python编程的综合运用能力。

6.7.6　课后练习

在拓展提高的基础上，尝试修改代码，绘制出含66片雪花的大雪纷飞动画。修改后的代码保存在6.7文件夹下的test.py文件中，代码的运行效果如图6.26所示。

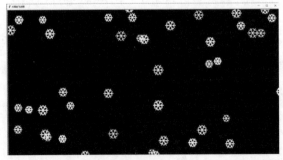

图6.26　含66片雪花的大雪纷飞动画的代码运行效果

👍 小提示 ··

使用 turtle.numinput() 方法创建一个对话框，提示用户输入雪花的个数。

6.8 本章小结

本章深入探索了小海龟的基本方法，并使用它绘制了一系列炫酷的动态效果图。从模拟宇宙中星球的运动、模拟夜空中星星的闪烁，到绘制"流星雨"动画、呈现美丽的星空，再到绘制"爱心光波""文字跑马灯""大雪纷飞"等动画，层层递进，逐步揭开Python图形编程的神秘面纱。在绘制这些动画的过程中，读者不仅能体验到编程的乐趣，还能培养空间想象能力和创新设计意识，同时为学习Python的图形界面编程打下坚实的基础。

第 7 章

爱设计 GUI 的 Tkinter

本章将介绍图形用户界面(GUI)，并探索Python中用于构建GUI的标准库Tkinter。我们将使用Tkinter库设计出一些有趣的图形用户界面，包括一个简单的欢迎界面、一个"无法拒绝"的界面、一个有趣的登录界面、一个简单的计算器、一个"移动爱心"界面、"无限弹窗"界面，以及开发三子棋小游戏等。

7.1 初识Tkinter

在第5、6章中，我们使用小海龟绘制了一系列有趣的图形，其实这些图形所在的绘图窗口、弹出的对话框等都属于GUI。本节将简单认识一下GUI，并探索Python中用于构建GUI的Tkinter库，主要包括GUI的简单介绍、Python的GUI编程、Tkinter的简单介绍、Tkinter的图形窗口、Tkinter的基本组件、Tkinter的布局管理器以及Tkinter的消息对话框等内容。

7.1.1 GUI的简单介绍

GUI(Graphical User Interface，图形用户界面)，是计算机操作系统和软件应用程序提供的一种可视化的操作环境。相比于命令行界面，GUI具有窗口、菜单、按钮、对话框、滚动条等可视化元素，让用户能够更加直观、便捷地与计算机进行信息交流。

在GUI中，没有复杂的命令语法，只需通过鼠标、键盘和触摸屏等方式，就可以轻松实现文件管理、程序运行、系统设置等多种功能。例如，可以通过双击桌面上应用程序的图标来启动软件，通过拖拽文件到特定的位置完成移动或复制，通过下拉菜单选择并执行相应的操作。GUI的设计原则强调直观性、易用性和一致性，旨在降低用户的学习成本，提高工作效率，并为用户提供舒适的视觉体验。

如今，GUI已经成为计算机技术不可或缺的一部分，极大地推动了信息技术的发展。

7.1.2 Python的GUI编程

Python的GUI编程是指使用Python语言开发具有图形界面的应用程序。GUI允许用户通过窗口、菜单、按钮、文本框等可视化组件与程序进行交互，相较于命令行界面，提供了更为直观和友好的用户体验。以下是Python中几个主要的GUI库。

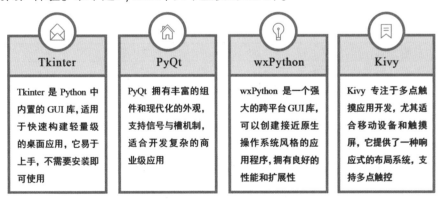

Python的GUI编程通常包括设计窗口布局、添加并配置各种组件、处理用户事件(如鼠标点击、键盘输入)等功能，我们可以根据需求选择合适的GUI库来构建应用程序。

7.1.3 Tkinter的简单介绍

Tkinter是Python中一个标准的GUI工具包,也是Python标准库的一部分,它为Python提供了一个创建图形界面的接口。以下是Tkinter的主要特点。

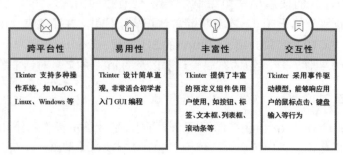

总之,Tkinter是一个轻量级且易于学习的GUI框架,特别适合开发中小型的应用程序。

7.1.4 Tkinter的图形窗口

1. 图形窗口的简要介绍

与小海龟相似,Tkinter拥有自己的图形窗口,窗口的中间是一个空白区域,在该区域内可以添加各种组件。Tkinter的图形窗口如图7.1所示。

由图7.1可知,Tkinter的图形窗口包括标题、编辑区和控制按钮。图7.1所示的标题名称为"tk"。

2. 设置窗口属性的基本方法

Tkinter拥有一些设置窗口属性的基本方法,Tkinter中设置窗口属性的基本方法见表7.1。

图7.1 Tkinter的图形窗口

表7.1 Tkinter中设置窗口属性的基本方法

方 法	说 明
tkinter.Tk()	创建一个主窗口
Tk.title()	设置窗口的标题栏文本为 string
Tk.geometry()	设置窗口的初始大小和位置,格式为"宽度 × 高度 + 左边缘 + 上边缘"
Tk.resizable(width, height)	设置窗口是否可以调整大小,width 和 height 可以设置为 True、False 或 None
Tk.protocol(event, function)	绑定特定事件到函数,常用于处理关闭窗口的系统事件
Tk.withdraw()	隐藏窗口,但不终止程序,常用于后台操作
Tk.quit()	关闭主窗口并结束主循环
Tk.destroy()	释放资源,销毁窗口及其所有子部件
Tk.mainloop()	启动主事件循环,显示窗口

注:表7.1中的Tk表示窗口对象。

3. 创建一个自定义的图形窗口

接下来尝试编写代码，使用Tkinter创建一个简单的图形窗口，代码保存在7.1文件夹下的init.py文件中，详细的创建步骤和代码如下。

(1) 导入需要用到的工具，代码如下。

```
import tkinter
```

以上代码导入了Tkinter库，用于创建窗口并设置窗口的基本属性。

(2) 使用tkinter.Tk()方法创建一个root窗口，代码如下。

```
root = tkinter.Tk()
```

以上代码实例化Tk类，创建了一个root窗口对象。

(3) 使用tkinter.title()方法设置窗口的标题，代码如下。

```
root.title('这是一个自定义的窗口')
```

在以上代码中，参数"这是一个自定义的窗口"是这个窗口的标题。

(4) 使用tkinter.geometry()方法设置窗口的大小和位置，代码如下。

```
root.geometry('500×300+50+50')
```

在以上代码中，字符串500和300分别表示窗口的宽度和高度，单位是像素，最后两个50分别表示窗口左上角在屏幕中的x坐标和y坐标。

(5) 使用tkinter.resizable()方法关闭窗口的缩放功能，代码如下。

```
root.resizable(False, False)
```

在以上代码中，两个False分别用来禁止用户缩放窗口的宽度和高度。

(6) 使用root.mainloop()方法启动窗口的主事件循环，代码如下。

```
root.mainloop()
```

整个代码使用Tkinter创建了一个简单的图形窗口，并设置了窗口的大小、位置以及标题等基本属性。在代码的最后必须使用root.mainloop()方法，保证窗口一直显示，否则窗口会立刻关闭，无法看到代码的运行效果。

此时，运行代码会在屏幕中创建一个自定义的窗口。使用Tkinter创建自定义窗口的代码运行效果如图7.2所示。

由图7.2可知，在屏幕中创建了一个宽500像素、高300像素的窗口，窗口的标题为"这是一个自定义的窗口"。

图7.2 使用Tkinter创建自定义窗口的代码运行效果

7.1.5 Tkinter的基本组件

Tkinter的基本组件包括Label（标签）、Button（按钮）、Entry（文本输入框）、Canvas（画布）、Checkbutton（复选框）、Radiobutton（单选按钮）、Scrollbar（滚动条）、Listbox（列表框）、Text（文本框）等。Tkinter的基本组件见表7.2。

表7.2 Tkinter的基本组件

组 件	说 明
Label	标签组件，用于显示静态的文本或图像
Button	按钮组件，用于触发特定事件或命令
Entry	文本输入框，用于输入文本
Canvas	画布组件，用于绘制图形对象，如直线、椭圆、矩形等。该组件可以处理鼠标和键盘事件，并进行动态绘图
Checkbutton	复选框组件，用于多项选择。每个复选框可以被独立选择或取消选择
Radiobutton	单选按钮组件，用于单项选择。在一组单选按钮中只能选择一个
Listbox	列表框组件，用于显示可滚动的项目列表，用户可以选择一个或多个条目
Scrollbar	滚动条组件，通常与Listbox、Text等组件配合使用，帮助用户浏览内容
Text	多行文本框，用于插入、删除和修改文本，可搭配滚动条使用
Frame	容器组件，用于作为容器容纳其他组件，可以帮助组织布局
Menu	菜单组件，用于实现菜单栏和下拉菜单，包含各种子菜单项

以上每个组件除了其特定的功能外，还具有一些共同的属性。例如，参数bg和fg分别用于设置背景色和前景色，参数anchor用于设置文本或其他内容在其空间内的对齐方式。

7.1.6 Tkinter的布局管理器

在Python的Tkinter库中，有3种用于布局管理GUI的方法，分别是grid()、pack()以及place()。这3种布局管理器通常用来设置窗口中组件的位置和大小，具体说明如下。

- grid布局管理器：grid将窗口划分为网格，使用参数row和column指定组件所在的行和列，可以将组件放置在不同大小的网格中，也可以将组件合并到多个网格中，实现了灵活的布局。

- pack布局管理器：pack将组件按照水平或垂直的方向依次排列，自动调整组件的尺寸以适应窗口大小。在添加组件时，可以通过side参数指定组件的排列方向（左、右、上、下）。

- place布局管理器：place提供了一种最为直接但也是最复杂的定位方式，它允许开发者精确设置组件的位置和大小，可以使用参数x和y来设置组件的位置，也可以使用参数width和height来设置组件的大小。

总的来说，grid适用于二维网格布局的情况，pack适用于简单的一维布局需求，而place则

适用于需要精确定位组件的情况。在实际开发过程中，根据设计需求的不同，往往会选择其中的一种或多种布局管理器来实现理想的界面布局效果。

7.1.7 Tkinter的消息对话框

Tkinter的MessageBox模块是Python中用于创建标准对话框的工具，这些对话框可以显示不同类型的信息给用户，并且包含一个或多个预定义按钮供用户进行选择。通过调用MessageBox模块的方法，开发者可以在Tkinter应用程序中轻松插入消息提示、警告和错误信息等交互式弹窗。MessageBox模块的常用方法见表7.3。

表 7.3　MessageBox 模块的常用方法

方　法	说　明
messagebox.showinfo(title, message)	弹出一个包含"确定"按钮的标准信息对话框
messagebox.showwarning(title, message)	弹出一个警告对话框，通常用于向用户传达潜在问题或需要注意的信息
messagebox.showerror(title, message)	弹出一个错误对话框，通常用来在发生错误时通知用户
messagebox.askquestion(title, message)	弹出一个带有"是"和"否"按钮的询问对话框
messagebox.askyesno(title, message)	这个方法也用于弹出一个带有"是"和"否"按钮的询问对话框
messagebox.askokcancel(title, message)	弹出一个带有"确定"和"取消"按钮的询问对话框

接下来尝试编写代码，创建一个标准的信息对话框。代码保存在7.1文件夹下的showinfo.py文件中，代码如下。

```
import tkinter as tk                    # 导入Tkinter库
from tkinter import messagebox          # 导入MessageBox模块
root = tk.Tk()                          # 创建主窗口root
root.withdraw()                         # 隐藏主窗口，仅显示消息框
messagebox.showinfo('你好', '这是一个标准的信息对话框')    # 弹出一个信息对话框
root.mainloop()                         # 启动主程序
```

此时，运行代码会在屏幕中创建一个标准的信息对话框。使用showinfo()方法创建标准信息对话框的代码运行效果如图7.3所示。

由图7.3可知，在屏幕中创建了一个标题为"你好"、内容为"这是一个标准的信息对话框"的对话框，并且包含了一个"确定"按钮。

图 7.3　使用showinfo()方法创建标准信息对话框的代码运行效果

7.1.8 课堂小结

在本例中，我们认识了CUI，并学习了Python中用于设计GUI的Tkinter库，包括Tkinter的图形窗口、基本组件、布局管理器以及消息对话框等。接下来，将深入探索Tkinter的高级功能

与布局技巧，学习操纵这些组件设计出精美的图形用户界面，实现用户与程序之间的轻松交互。

7.2 案例59：设计一个简单的欢迎界面

本例将介绍Tkinter中的标签组件，并使用它设计一个简单的欢迎界面。

7.2.1 知识准备

1. 创建标签的类方法：tkinter.Label()

标签组件通常用于显示不可编辑的文本或图像内容，在CUI上用于展示静态信息，并可灵活设置其样式、布局等属性。调用tkinter.Label()方法的语法如下。

```
tkinter.Label(master[,text,font,width,height,anchor,bg,fg,…])
```

tkinter.Label()方法的参数说明如下。

- master通常是一个父窗口或者容器，用于设置标签所在的窗口。
- text是一个可选参数，通常是一个数值或字符串值，用于设置标签上显示的文本内容。
- font是一个可选参数，通常是一个元组，用于设置文本内容的属性(字体、大小等)。
- width是一个可选参数，通常是一个数值，用于设置标签的宽度。
- height是一个可选参数，通常是一个数值，用于设置标签的高度。
- anchor是一个可选参数，通常是一个字符串值，用于设置文本在标签中的对齐方式，如nw表示西北方向、center表示中心对齐等。
- bg是一个可选参数，通常是一个字符串值，用于设置标签的背景颜色。
- fg是一个可选参数，通常是一个字符串值，用于设置标签的文本颜色。

例如，以下代码可以在root窗口中创建一个内容为"Label"的标签label，该标签宽20像素、高5像素，背景颜色为黑色，文本内容居中，字体为黑体并加粗，字体大小为20像素，字体颜色为白色。

```
label = tkinter.Label(root, text='Label', font=('黑体', 20, 'bold'),
width=20, height=5, anchor='center', bg='black', fg='white')
```

2. 添加组件的方法：pack()

pack布局管理器通常用于将组件添加到窗口中。调用pack()方法的语法如下。

```
Widget.pack([side,fill,padx,pady,…])
```

该语法中的Widget表示组件对象。pack()方法的参数说明如下。

- side是一个可选参数，用于指定组件在父容器中的位置，默认为TOP。
- fill是一个可选参数，用于控制组件填充其所在区域的空间。

- padx是一个可选参数，用于指定组件左右方向上的内边距。
- pady是一个可选参数，用于指定组件上下方向上的内边距。

pack()方法有很多可选的参数，但是通常情况下只需用到上面的参数。例如，以下代码可以将label标签放置在窗口顶部居中的位置。

```
label.pack()
```

7.2.2 编写代码

下面尝试编写代码，创建窗口并添加欢迎标签，设计一个简单的欢迎界面。代码保存在7.2文件夹下的welcome.py文件中，详细的实现步骤和代码如下。

(1) 导入Tkinter工具库，代码如下。

```
import tkinter as tk
```

以上代码导入了Python中的标准GUI工具库，并给该库起了一个别名tk。

(2) 创建一个窗口，代码如下。

```
root = tk.Tk()
```

(3) 设置窗口的基本属性，代码如下。

```
root.title('欢迎来到GUI的世界')       # 设置窗口标题为"欢迎来到GUI的世界"
root.geometry('500x300+500+300')    # 设置窗口的大小和位置
root.resizable(False, False)        # 禁止窗口缩放
```

(4) 创建一个标签，代码如下。

```
label = tk.Label(root, text='欢迎来到GUI的世界', font=('黑体', 20, 'bold'),
        width=20, height=5, anchor='center', bg='black', fg='white')
```

以上代码调用Label()方法创建了一个标签，标签的文本为"欢迎来到GUI的世界"。文本的字体为黑体，大小为20像素，样式为加粗，并居中显示在标签中；标签的宽度为20像素，高度为5像素，背景颜色为黑色，前景颜色为白色。

(5) 将标签添加到窗口中，代码如下。

```
label.pack()                # 使用pack布局管理器，从窗口的顶部中间开始放置标签
```

(6) 启动窗口的主事件循环，代码如下。

```
root.mainloop()
```

此时，运行代码会在屏幕中创建出一个简单的欢迎界面。使用Tkinter创建欢迎界面的代码运行效果如图7.4所示。

图7.4　使用Tkinter创建欢迎界面的代码运行效果

由图7.4可知，在屏幕中创建了一个窗口，随后在窗口中添加了一个黑色的标签，标签的文本内容为"欢迎来到GUI的世界"。

7.2.3　拓展提高

在7.2.2小节中，我们使用Label()、pack()等方法在窗口中添加了一个标签。接下来，尝试修改代码，将标签放置在窗口的中心位置。修改后的代码保存在7.2文件夹下的welcomes.py文件中，详细的修改步骤和代码如下。

设置pack()方法的pady参数，代码如下。

```
label.pack(pady=80)
```

此时，运行代码会在屏幕中创建一个自定义的欢迎界面。使用Tkinter创建的自定义欢迎界面如图7.5所示。

图7.5　使用Tkinter创建的自定义欢迎界面

由图7.5可知，在窗口的中心添加了一个标签，标签的内容为"欢迎来到GUI的世界"。

7.2.4　课堂小结

本例介绍了Tkinter中创建标签的tkinter.Label()方法以及添加组件的pack()方法，并创建了一个简单的欢迎界面。总的来说，本例可以帮助初学者熟悉Tkinter库的基本操作，如创建窗口、设置窗口属性、添加并配置GUI组件、进行布局管理以及启动主事件循环等核心概念，为进一步设计和开发复杂的图形用户界面打下坚实基础。

7.2.5 课后练习

在拓展提高的基础上，尝试修改代码，创建一个标题为"我爱Python"的自定义窗口，并在窗口的中心添加一个内容为"我爱GUI"的标签。修改后的代码保存在7.2文件夹下的test.py文件中，代码的运行效果如图7.6所示。

图7.6 使用Tkinter创建的自定义窗口

👍 小提示

先使用 Label() 方法创建标签，然后使用 pack() 方法将标签添加到窗口中。

7.3 案例60：设计一个"无法拒绝"的界面

本例将介绍Tkinter中的按钮组件，并结合标签组件设计一个"无法拒绝"的界面。

7.3.1 知识准备

1. 创建按钮的类方法：tkinter.Button()

按钮组件通常用于触发Python的函数或方法，调用tkinter.Button()方法的语法如下。

```
tkinter.Button(master[,text,font,width,height,bg,fg,command,…])
```

tkinter.Button()方法的参数说明如下。

- 参数master、text、font、width、height、bg、fg等与标签的参数说明类似。
- command是一个可选参数，通常是一个自定义函数，用于设置单击按钮时执行的操作。

例如，以下代码可以在root窗口中创建一个内容为"Button"的按钮button，该按钮宽为20像素、高为5像素，背景颜色为黑色，文本内容居中，字体为黑体并加粗，字体大小为20像素，字体颜色为白色。

```
button = tkinter.Button(root, font=('黑体', 20, 'bold'), text='Button',
width=20, height=5, bg='black', fg='white')
```

2. 弹出信息对话框的方法：messagebox.showinfo()

信息对话框通常用于提示信息，调用messagebox.showinfo()方法可以弹出信息对话框。调用messagebox.showinfo()方法的语法如下。

```
messagebox.showinfo(title, message)
```

messagebox.showinfo()方法的参数说明如下。

- title是一个字符串类型，用于设置信息对话框标题栏的文本内容。
- message是一个字符串类型，用于设置信息对话框主体区域内显示的消息内容。

信息对话框中通常包含一条消息和一个"确定"按钮，用户单击"确定"按钮后可以将对话框关闭。例如，以下代码可以创建一个标题为"对话框"，内容为"你好"的消息对话框。

```
messagebox.showinfo('对话框', '你好')
```

3. 给系统事件绑定函数的方法：protocol()

protocol()方法用于处理窗口管理器发送给应用程序的各种事件信号，调用protocol()方法的语法如下。

```
Tk.protocol(event, handler)
```

该语法中的Tk表示窗口对象。protocol()方法的参数说明如下。

- event是一个字符串，用于设置要处理的系统事件。
- handler是一个可调用对象，通常是函数名，用于设置绑定的函数。

常见的系统事件为"WM_DELETE_WINDOW"，表示用户试图关闭窗口时发生的事件。例如，以下代码可以给root窗口的关闭按钮绑定一个名为close_window的事件。

```
root.protocol('WM_DELETE_WINDOW', close_window)
```

4. 设置窗口特殊属性的方法：wm_attributes()

wm_attributes()方法用于获取顶级窗口（如Tk）实例的各种属性。这些属性通常包括窗口的行为、外观和交互方式等高级特性，但不包括窗口大小、位置和标题等基本属性。调用wm_attributes()方法的语法如下。

```
Tk.wm_attributes(attrname, value)
```

该语法中的Tk表示窗口对象。wm_attributes()方法的参数说明如下。

- attrname通常是一个字符串，表示想要设置或获取的窗口管理器属性名，一般会以负号（−）开始，如−topmost、−alpha等。
- value表示与attrname对应的属性值，可以是布尔值、整数、浮点数等，具体取决于所要设置的属性类型。

需要注意的是，并非所有的窗口管理器都支持所有可能的属性设置，因此在跨平台开发时

需谨慎使用，并且某些属性的改变可能会导致窗口失去标准的系统交互功能，如最小化、最大化或者无法移动窗口等。例如，以下代码可以将root窗口设置为工具窗口样式。

```
root.wm_attributes('-toolwindow', 1)
```

7.3.2 编写代码

尝试编写代码，设计一个窗口，在窗口中添加一个"同意"按钮，并且确保只有单击"同意"按钮才能退出界面，同时为了使界面更加丰富，给窗口再添加一个"拒绝"按钮。代码保存在7.3文件夹下的agree.py文件中，详细的实现步骤和代码如下。

(1)导入Tkinter库并初始化一个窗口，代码如下。

```
import tkinter as tk
from tkinter import messagebox
root = tk.Tk()
root.title('无法拒绝的界面')                    # 将窗口的标题设置为"无法拒绝的界面"
root.resizable(False, False)                   # 关闭窗口的缩放功能
root.wm_attributes('-toolwindow', 1)           # 设置窗口为工具窗口样式
screenwidth = root.winfo_screenwidth()         # 获取屏幕的宽度
screenheight = root.winfo_screenheight()       # 获取屏幕的高度
width = 300                                     # 定义窗口的宽度
height = 100                                    # 定义窗口的高度
x = (screenwidth - width) / 2                  # 计算窗口在屏幕中居中显示时的x坐标
y = (screenheight - height) / 2                # 计算窗口在屏幕中居中显示时的y坐标
root.geometry('%dx%d+%d+%d' % (width, height, x, y))   # 设置窗口居中显示
```

此时，可以使用root.mainloop()方法启动主事件循环，在屏幕中创建一个窗口。使用Tkinter创建窗口的代码运行效果如图7.7所示。

图7.7　使用Tkinter创建窗口的代码运行效果

由图7.7可知，在屏幕中创建了一个宽300像素、高100像素的窗口，窗口的标题为"无法拒绝的界面"且居中显示在屏幕中。

👉 **指点迷津** ┈┈┈

winfo_screenwidth() 和 winfo_screenheight() 方法分别用于获取屏幕的宽度和高度。

(2)创建一个标签并添加到窗口中，用于展示信息，代码如下。

```
label=tk.Label(root,text='这是一个无法拒绝的界面。',width=37,font=('宋体', 12))
label.pack()                # 默认将组件添加到窗口的顶部
```

以上代码使用Label()方法创建了一个标签，标签的宽度为37像素，文本内容为"这是一个无法拒绝的界面。"文本字体为宋体、大小为12像素。

此时，可以使用root.mainloop()方法启动主事件循环，在窗口中添加一个标签。在窗口中添加标签的代码运行效果如图7.8所示。

图7.8　在窗口中添加标签的代码运行效果

由图7.8可知，在窗口中添加了一个文本内容为"这是一个无法拒绝的界面。"的标签。

(3)自定义yes()、no()和close_window()等3个函数，作为"同意"按钮、"拒绝"按钮和"×"关闭按钮的回调函数，代码如下。

```
def yes():                  # 定义"同意"按钮的回调函数
    root.destroy()          # 同意后销毁窗口
def no():                   # 定义"拒绝"按钮的回调函数
    messagebox.showinfo('提示', '无法拒绝！')      # 弹出信息对话框
def close_window():         # 定义"×"关闭按钮的回调函数
    messagebox.showinfo('提示', '无法关闭！')      # 弹出信息对话框
```

以上代码定义了3个函数，其中yes()是"同意"按钮的回调函数，用于关闭窗口；no()函数是"拒绝"按钮的回调函数，用于弹出"无法拒绝"对话框；colse_window()函数是"×"关闭按钮的回调函数，用于弹出"无法关闭"对话框。

(4)创建"同意"和"拒绝"按钮并添加到窗口中，代码如下。

```
button1 = tk.Button(root, text='同意', width=5, height=1, command=yes)
button1.pack(pady='5')
button2 = tk.Button(root, text='拒绝', width=5, height=1, command=no)
button2.pack(pady='5')
```

以上代码创建了"同意"和"拒绝"两个按钮，并绑定了同意和拒绝事件。其中，当用户单击"同意"按钮时，会调用yes()函数；当用户单击"拒绝"按钮时，会调用no()函数。

(5)给窗口的"×"关闭按钮绑定close_window()函数，代码如下。

```
root.protocol('WM_DELETE_WINDOW', close_window)
root.mainloop()
```

整个代码创建了一个简单的"无法拒绝"的界面。当用户单击"拒绝"按钮时，会调用no()

函数，弹出一个内容为"无法拒绝！"的信息对话框；当用户单击"×"关闭按钮时，会调用close_window()函数，弹出一个内容为"无法关闭！"的信息对话框；只有当用户单击"同意"按钮时，才能调用yes()函数关闭窗口。

此时，运行代码会在屏幕中创建一个无法拒绝的界面。使用Tkinter方法创建无法拒绝界面的代码运行效果如图7.9所示。

由图7.9可知，在屏幕中创建了一个标题为"无法拒绝的界面"的窗口，并在窗口中添加了一个文本为"这是一个无法拒绝的界面。"的标签、一个"同意"按钮和一个"拒绝"按钮，最终组成了一个无法拒绝的界面。

当用户单击"拒绝"按钮时，会弹出内容为"无法拒绝！"的"提示"对话框，如图7.10所示。

由图7.10可知，在屏幕中弹出了一个"提示"对话框。该对话框的标题为"提示"，内容为"无法拒绝"，并且包含一个"确定"按钮。

当用户单击"×"关闭按钮时，会弹出内容为"无法关闭"的对话框，如图7.11所示。

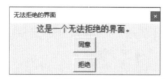

图7.9 使用Tkinter方法创建无法拒绝界面的代码运行效果

图7.10 "提示"对话框(1) 图7.11 "提示"对话框(2)

由图7.11可知，在屏幕中弹出了一个信息对话框。信息对话框的标题为"提示"，内容为"无法关闭"，并且包含一个"确定"按钮。

7.3.3 拓展提高

在7.3.2小节中，我们使用Label()、Button()、showinfo()等方法创建了一个无法拒绝的界面。接下来，尝试修改代码并实现功能：当用户单击"同意"按钮时，弹出一个信息对话框并显示"退出成功！"信息。修改后的代码保存在7.3文件夹下的agrees.py文件中，详细的修改步骤和代码如下。

修改yes()函数，添加messagebox.showinfo()方法，代码如下。

```
def yes():
    messagebox.showinfo("提示", "退出成功！")  # 弹出信息对话框
    root.destroy()
```

此时，运行代码会在窗口中创建一个无法拒绝的界面，并且当用户单击"同意"按钮时，会弹出一个内容为"退出成功！"的"提示"对话框，如图7.12所示。

图7.12　"提示"对话框

由图7.12可知，在屏幕中弹出了一个"提示"对话框。信息对话框的标题为"提示"，内容为"退出成功！"，并且包含一个"确定"按钮。

7.3.4　课堂小结

本例介绍了Tkinter中创建按钮的方法tkinter.Button()、弹出信息对话框的方法messagebox.showinfo()、给系统事件绑定函数的方法protocol()以及设置窗口属性的方法wm_attributes()，并编写代码实现了一个无法拒绝的界面。总的来说，本例有助于读者掌握GUI的组件创建、消息交互以及系统事件处理等知识，最终构建出一个功能完备的界面。

7.3.5　课后练习

在拓展提高的基础上，尝试修改代码，将内容分别为"无法拒绝！"和"无法关闭！"的"提示"对话框替换成"警告"对话框。修改后的代码保存在7.3文件夹下的test.py文件中。

内容为"无法拒绝！"的"警告"对话框如图7.13所示。内容为"无法关闭！"的"警告"对话框如图7.14所示。

图7.13　"警告"对话框(1)　　　　图7.14　"警告"对话框(2)

👉 **小提示**

使用 messagebox.showwarning() 方法替换 messagebox.showinfo() 方法。

7.4 案例61：设计一个有趣的登录界面

本例将介绍Tkinter的输入框组件，并结合标签、按钮等组件设计一个有趣的登录界面。

7.4.1 知识准备

1. 创建文本输入框的类方法：tkinter.Entry()

输入框组件通常用于输入简短的文本，调用tkinter.Entry()方法的语法如下。

```
tkinter.Entry(master[,font,width,bg,fg,borderwidth,textvariable,…])
```

tkinter.Entry()方法的参数说明如下。

- master通常是一个父窗口或者容器，用于设置输入框所在的窗口。
- font是一个可选参数，通常是一个元组，用于设置文本内容的属性，如字体、大小等。
- width是一个可选参数，通常是一个数值，用于设置输入框的宽度。
- bg是一个可选参数，通常是一个字符串值，用于设置输入框的背景颜色。
- fg是一个可选参数，通常是一个字符串值，用于设置输入框的文本颜色。
- borderwidth是一个可选参数，通常是一个数值，用于设置输入框的边框宽度。
- textvariable是一个可选参数，通常是一个tkinter.StringVar对象，用于同步输入框中的内容。

创建输入框的方法有很多可选的参数，但是一般只需用到master、font、width、bg、fg和textvariable等参数。例如，以下代码可以在root窗口中创建一个空白的文本输入框entry，该输入框宽为20像素，背景颜色为黑色，字体为黑体并加粗，字体大小为20像素，字体颜色为白色。

```
entry = tkinter.Entry(root, font=('黑体', 20, 'bold'), width=20,
bg='black', fg='white')
```

2. 添加组件的方法：place()

布局管理器place通常用于将组件添加到窗口中，调用place()方法的语法如下。

```
Widget.place([x,y,relx,rely,width,height,…])
```

该语法中的Widget表示组件对象。place()方法的参数说明如下。

- x是一个可选参数，通常用于设置组件左上角的x坐标。

● y是一个可选参数，通常用于设置组件左上角的y坐标。

● relx是一个可选参数，通常用于根据父容器的宽度比例放置组件。

● rely是一个可选参数，通常用于根据父容器的高度比例放置组件。

● width是一个可选参数，用于定义组件的宽度。

● height是一个可选参数，用于定义组件的高度。

place()方法通常用于需要精确定位组件的场景，相比于pack()和grid()方法，该方法可能没有那么灵活。例如，以下代码可以将entry输入框放置在窗口的(10,10)坐标位置处。

```
entry.place(x=10, y=10)
```

7.4.2 编写代码

尝试编写代码，设计一个有趣的登录界面，包含登录账号、注册账号、修改密码和注销账号等按钮。代码保存在7.4文件夹下的login.py文件中，详细的实现步骤和代码如下。

(1) 导入Tkinter库并初始化窗口，代码如下。

```
import tkinter as tk
root = tk.Tk()
root.title('有趣的登录界面')    # 设置窗口标题为"有趣的登录界面"
screenwidth = root.winfo_screenwidth()
screenheight = root.winfo_screenheight()
width = 500
height = 300
x = (screenwidth - width) // 2
y = (screenheight - height) // 2
root.geometry('%dx%d+%d+%d' % (width, height, x, y))   # 设置窗口的大小和位置
```

此时，可以使用root.mainloop()方法启动主事件循环，在屏幕中创建一个窗口。使用Tkinter创建窗口的代码运行效果如图7.15所示。

由图7.15可知，在屏幕中创建了一个宽500像素、高300像素的窗口，窗口的标题为"有趣的登录界面"且居中显示在屏幕中。

(2) 创建3个标签并添加到窗口中，用于展示"欢迎光临登录系统""账号""密码"等信息，代码如下。

```
label1 = tk.Label(root, text='欢迎光临登录系统',    # 创建"欢迎光临登录系统"标签
    font=('宋体', 20), bg='white', fg='blue', width=20, height=2)
label1.pack()                   # 将"欢迎光临登录系统"标签添加到窗口的默认位置
label2 = tk.Label(root, text='账号', font=('宋体', 12))      # 创建"账号"标签
label2.place(x=140, y=80)     # 将"账号"标签添加到坐标(140,80)处
label3 = tk.Label(root, text='密码', font=('宋体', 12))      # 创建"密码"标签
label3.place(x=140, y=120)   # 将"密码"标签添加到坐标(140,120)处
```

此时，可以使用root.mainloop()方法启动主事件循环，在窗口中添加3个标签。在窗口中添加3个标签的代码运行效果如图7.16所示。

由图7.16可知，在窗口中添加了"欢迎光临登录系统""账号""密码"等3个标签。

图7.15　使用Tkinter创建窗口的代码运行效果　　图7.16　在窗口中添加3个标签的代码运行效果

(3) 创建两个输入框并添加到窗口中，用于输入账号和密码的信息，代码如下。

```
entry_name = tk.Entry(root, font=('宋体', 12), show='*')  # 创建"账号"输入框
entry_name.place(x=180, y=80)                # 将"账号"输入框添加到窗口中
entry_key = tk.Entry(root, font=('宋体', 12), show='*')   # 创建"密码"输入框
entry_key.place(x=180, y=120)                      # 将"密码"输入框添加到窗口中
```

此时，可以使用root.mainloop()方法启动主事件循环，在窗口中添加两个输入框。在窗口中添加两个输入框的代码运行效果如图7.17所示。

由图7.17可知，在"账号"标签的右边添加了一个输入框，用于输入用户的账号，并且在"密码"标签的右边也添加了一个输入框，用于输入用户的密码。

(4) 创建4个按钮并添加到窗口中，分别用于登录账号、注册账号、修改密码和注销账号，代码如下。

```
login = tk.Button(root, text='登录账号', font=('宋体', 12),
bg='blue', fg='white', width=10, height=1)           # 创建"登录账号"按钮
login.place(x=150, y=180)    # 将"登录账号"按钮添加到窗口中
register = tk.Button(root, text='注册账号', font=('宋体', 12),
bg='red', fg='white', width=10, height=1)            # 创建"注册账号"按钮
register.place(x=250, y=180) # 将"注册账号"按钮添加到窗口中
change = tk.Button(root, text='修改密码', font=('宋体', 12),
bg='green', fg='white', width=10, height=1)        # 创建"修改密码"按钮
change.place(x=150, y=220)   # 将"修改密码"按钮添加到窗口中
delete = tk.Button(root, text='注销账号', font=('宋体', 12),
bg='black', fg='white', width=10, height=1)        # 创建"注销账号"按钮
delete.place(x=250, y=220)   # 将"注销账号"按钮添加到窗口中
root.mainloop()
```

此时，运行代码会在屏幕中创建出一个有趣的登录界面。使用Tkinter创建登录界面的代码运行效果如图7.18所示。

由图7.18可知，在屏幕中创建了一个窗口，并在窗口中添加了"欢迎光临登录系统""账号""密码"等标签，"账号"和"密码"输入框以及"登录账号""注册账号""修改密码""注销账号"等按钮，最终组成了一个有趣的登录窗口。

图7.17　在窗口中添加两个输入框的代码运行效果　　图7.18　使用Tkinter创建登录界面的代码运行效果

7.4.3　拓展提高

在7.4.2小节中，我们使用Label()、Button()、Entry()、place()等方法创建了一个有趣的登录界面，但是这个登录界面无法与用户交互。下面可以使用tkinter.StringVar()方法结合Entry()组件的textvariable参数，给这个界面添加交互功能。

tkinter.StringVar()方法用于创建一个Tkinter字符串变量对象。在Tkinter中，字符串变量主要用于与各种组件进行数据绑定，以便于实现界面元素和程序逻辑之间的交互。当使用tkinter.StringVar()方法创建一个变量时，可以通过这个变量来获取或设置与其关联的组件内容。例如，可以将StringVar对象作为输入框的textvariable参数，如果用户在输入框中输入文本，那么StringVar对象的值会同时改变；如果修改了StringVar对象的值，那么输入框组件的内容也会同步更新。

接下来，尝试修改代码实现功能：当用户在"账号"和"密码"输入框中输入"Want595"并单击"登录账号"按钮以后，会弹出"登录成功"的信息对话框，否则弹出"登录失败"的警告对话框。修改后的代码保存在7.4文件夹下的logins.py文件中，详细的修改步骤和代码如下。

(1) 创建两个StringVar对象，用于存储账号和密码信息并与输入框进行绑定，代码如下。

```
name = tk.StringVar()                    # 创建存储账号的变量
key = tk.StringVar()                     # 创建存储密码的变量
entry_name = tk.Entry(root, textvariable=name,
font=('宋体', 12))                        # 创建"账号"输入框
entry_name.place(x=180, y=80)            # 将"账号"输入框添加到窗口中
entry_key = tk.Entry(root, textvariable=key,
 font=('宋体', 12))                       # 创建"密码"输入框
entry_key.place(x=180, y=120)            # 将"密码"输入框添加到窗口中
```

(2) 自定义一个log_in()函数并与"登录账号"按钮进行绑定，代码如下。

```
def log_in():                        # 定义log_in()函数
    if name.get() == 'Want595':      # 如果输入的账号为Want595
        if key.get() == 'Want595':   # 如果输入的密码为Want595
            messagebox.showinfo('提示', '登录成功! ')    # 弹出登录成功对话框
        else:                        # 如果输入的密码不是Want595
            messagebox.showerror('提示', '登录失败! ')   # 弹出登录失败对话框
    else:                            # 如果输入的账号不是Want595
        messagebox.showerror('提示', '登录失败! ')       # 弹出登录失败对话框
login = tk.Button(root, text='登录账号', font=('宋体', 12), # 创建"登录账号"按钮
bg='blue', fg='white', width=10, height=1, command=log_in)
```

此时，运行代码会在屏幕中创建出一个有趣的登录界面，该登录界面如图7.18所示。当用户在"账号"输入框中输入"Want595"、"密码"输入框中也输入"Want595"后，单击"登录账号"按钮，会弹出"登录成功! "的信息对话框。"登录成功! "信息对话框如图7.19所示。

由图7.19可知，在屏幕中弹出了一个信息对话框。信息对话框的标题为"提示"，内容为"登录成功! "，并且包含一个"确定"按钮。

如果用户的账号或密码输入错误，此时单击"登录账号"会弹出"登录失败! "的警告对话框。"登录失败! "警告对话框如图7.20所示。

图7.19 "登录成功! "信息对话框

图7.20 "登录失败! "警告对话框

由图7.20可知，在屏幕中弹出了一个警告对话框。警告对话框的标题为"提示"，内容为"登录失败! "，并且包含一个"确定"按钮。

7.4.4 课堂小结

本例介绍了Tkinter中创建输入框的tkinter.Entry()方法以及添加组件的place()方法，并创建了一个有趣的登录界面。总的来说，本例可以帮助初学者逐步理解并掌握GUI编程中的核心概念，如组件的创建、数据的交互以及系统事件的响应等技术要点。

7.4.5 课后练习

在拓展提高的基础上，尝试修改代码，创建一个自定义的登录界面，实现当用户输入密码时，隐藏输入的密码并在输入框中显示字符*的功能。修改后的代码保存在7.4文件夹下的

test.py文件中，代码的运行效果如图7.21所示。

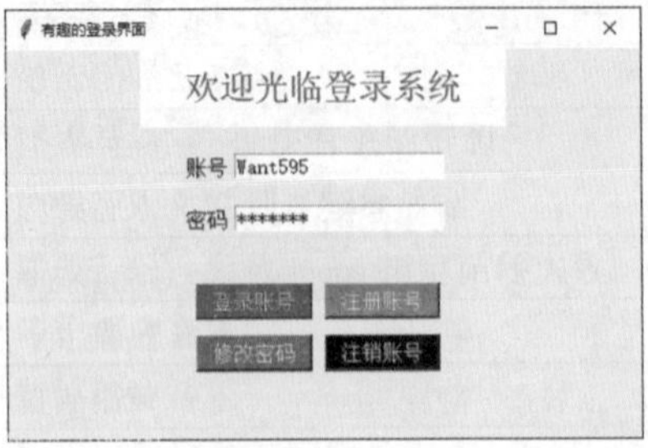

图7.21　使用Tkinter创建自定义登录界面的代码运行效果

👉 小提示

将 tkinter.Entry() 方法的参数 show 设置为星号（＊）。

7.5　案例62：设计一个简单的计算器

本例将介绍Tkinter中的文本框组件，并结合按钮组件设计一个简单的计算器。

7.5.1　知识准备

1. 创建多行文本框的类方法：tkinter.Text()

多行文本框组件通常用于输入和编辑大量的文本内容，调用tkinter.Text()方法的语法如下。

```
tkinter.Text(master,[font,width,height,bg,fg,wrap,…])
```

tkinter.Text()方法的参数说明如下。

- master是一个可选参数，通常是一个父窗口或容器，用于设置多行文本框所在的窗口。
- font是一个可选参数，通常是一个元组，用于设置文本内容的属性（字体、大小等）。
- width是一个可选参数，通常是一个数值，用于设置多行文本框的宽度。
- height是一个可选参数，通常是一个数值，用于设置多行文本框的高度。
- bg是一个可选参数，通常是一个字符串值，用于设置多行文本框的背景颜色。
- fg是一个可选参数，通常是一个字符串值，用于设置多行文本框的文本颜色。
- wrap是一个可选参数，通常是一个字符串值，用于设置文本达到边界时是否自动换行。

对于多行文本框组件，可以使用insert()方法向文本框中插入文本，使用get()方法获取组件内的文本内容，使用delete()方法删除文本内容，以及其他操作文本和事件绑定的方法。此外，多行文本框还支持文本标记、搜索、替换等功能。例如，以下代码可以在root窗口中创建一个空白的多行文本框text，该文本框拥有3行，每行宽为20像素，背景颜色为黑色，字体为黑体并加粗，字体大小为20像素，字体颜色为白色。

```
text = tkinter.Text(root, width=20, height=3, fg='white', bg='black',
font=('黑体', 20, 'bold'))
```

2. 添加组件的方法：grid()

布局管理器grid通常用于将组件以网格的形式排列在窗口中，调用grid()方法的语法如下。

```
Widget.grid(method,row,column,padx,pady,rowspan,columnspan,ipadx,ipady)
```

该语法中的Widget表示组件对象。grid()方法的参数说明如下。

- row是一个可选参数，通常是一个整数，用于指定组件所在的行号。
- column是一个可选参数，通常是一个整数，用于指定组件所在的列号。
- padx是一个可选参数，通常是一个数值，用于设置组件左右两侧的内边距。
- pady是一个可选参数，通常是一个数值，用于设置组件上下两端的内边距。
- rowspan是一个可选参数，通常是一个整数，用于设置组件在竖直方向跨越的行数。
- columnspan是一个可选参数，通常是一个整数，用于设置组件在水平方向跨越的列数。
- ipadx是一个可选参数，通常是一个整数，用于设置组件内容在水平方向的填充空间。
- ipady是一个可选参数，通常是一个整数，用于设置组件内容在竖直方向的填充空间。

此外，grid()还可以作为不带参数的方法调用，这时它会返回一个网格配置对象，通过该对象可以进一步调整组件的布局。例如，以下代码可以将text多行文本框放置在窗口的第1行、第2列中。

```
text.grid(row=0, column=1)
```

3. 修改组件属性的方法：configure()

configure()方法通常用于修改组件或窗口的配置选项，调用configure()方法的语法如下。

```
Widget.configure(option=value,…)
```

该语法中的Widget表示组件对象。参数option表示要更改的配置选项名称，每个组件都有不同的可配置选项。例如，对于Button组件，包括text、command、bg、fg、font等选项；对于Label组件，则包括text、font、anchor、justify等选项。虽然configure()方法可以用于许多组件，并且可以修改多种属性，但具体可用的属性取决于所操作的组件类型。例如，以下代码可以将root窗口的背景颜色修改为黑色。

```
root.configure(background="black")
```

7.5.2 编写代码

尝试编写代码，设计一个简单的计算器，包含加、减、乘、除等功能。代码保存在7.5文件夹下的calculator.py文件中，详细的实现步骤和代码如下。

(1) 导入Tkinter库并初始化窗口，代码如下。

```
import tkinter as tk
root = tk.Tk()
root.configure(background="black")
root.title('简单的计算器')                         # 设置窗口标题为"简单的计算器"
screenwidth = root.winfo_screenwidth()
screenheight = root.winfo_screenheight()
width = 300
height = 150
x = (screenwidth - width) // 2
y = (screenheight - height) // 2
root.geometry('%dx%d+%d+%d' % (width, height, x, y))
```

此时，可以使用root.mainloop()方法启动主事件循环，在屏幕中创建一个窗口。使用Tkinter创建窗口的代码运行效果如图7.22所示。

由图7.22可知，在屏幕中间创建了一个宽300像素、高150像素的窗口，窗口的标题为"简单的计算器"，窗口的背景颜色为黑色。

(2) 初始化计算表达式t，代码如下。

```
t = ""
```

(3) 创建一个多行文本框并添加到窗口中，用于显示表达式和计算结果，代码如下。

```
text = tk.Text(root,width=5,height=1,font=('黑体',20,'bold'),wrap='none')
text.grid(columnspan=4, ipadx=100)                # 将文本框添加到窗口中
```

此时，可以使用root.mainloop()方法启动主事件循环，在窗口中添加一个多行文本框。在窗口中添加多行文本框的代码运行效果如图7.23所示。

图7.22　使用Tkinter创建窗口的代码运行效果

图7.23　在窗口中添加多行文本框的代码运行效果

(4) 创建数字和运算符按钮并添加到窗口中，代码如下。

```
# 创建10个数字按钮
button1 = tk.Button(root,text='1',bg="skyblue",height=1,width=10)  # 按钮1
button1.grid(row=2, column=0)                      # 将按钮1添加到窗口第3行、第1列
button2 = tk.Button(root,text='2',bg="skyblue",height=1,width=10)  # 按钮2
```

```
button2.grid(row=2, column=1)                          # 将按钮2添加到窗口第3行、第2列
button3 = tk.Button(root,text='3',bg="skyblue",height=1,width=10) # 按钮3
button3.grid(row=2, column=2)                          # 将按钮3添加到窗口第3行、第3列
button4 = tk.Button(root,text='4',bg="skyblue",height=1,width=10) # 按钮4
button4.grid(row=3, column=0)                          # 将按钮4添加到窗口第4行、第1列
button5 = tk.Button(root,text='5',bg="skyblue",height=1,width=10) # 按钮5
button5.grid(row=3, column=1)                          # 将按钮5添加到窗口第4行、第2列
button6 = tk.Button(root,text='6',bg="skyblue",height=1,width=10) # 按钮6
button6.grid(row=3, column=2)                          # 将按钮6添加到窗口第4行、第3列
button7 = tk.Button(root,text='7',bg="skyblue",height=1,width=10) # 按钮7
button7.grid(row=4, column=0)                          # 将按钮7添加到窗口第5行、第1列
button8 = tk.Button(root,text='8',bg="skyblue",height=1,width=10) # 按钮8
button8.grid(row=4, column=1)                          # 将按钮8添加到窗口第5行、第2列
button9 = tk.Button(root,text='9',bg="skyblue",height=1,width=10) # 按钮9
button9.grid(row=4, column=2)                          # 将按钮9添加到窗口第5行、第3列
button0 = tk.Button(root,text='0',bg="skyblue",height=1,width=10) # 按钮0
button0.grid(row=5, column=1)                          # 将按钮0添加到窗口第6行、第2列
# 创建4个运算符按钮
add = tk.Button(root,text='+',bg="yellow",height=1,width=7)       # 按钮+
add.grid(row=2, column=3)                              # 将按钮+添加到窗口第3行、第4列
subtract = tk.Button(root,text='-',bg="yellow",height=1,width=7)  # 按钮-
subtract.grid(row=3, column=3)                         # 将按钮-添加到窗口第4行、第4列
multiply = tk.Button(root,text='×',bg="yellow",height=1,width=7)  # 按钮×
multiply.grid(row=4, column=3)                         # 将按钮×添加到窗口第5行、第4列
divide = tk.Button(root,text='÷',bg="yellow",height=1,width=7)    # 按钮÷
divide.grid(row=5, column=3)                           # 将按钮÷添加到窗口第6行、第4列
```

此时，可以使用root.mainloop()方法启动主事件循环，在窗口中添加数字和运算符按钮。在窗口中添加数字和运算符按钮的代码运行效果如图7.24所示。

由图7.24可知，在窗口中添加了10个蓝色的数字按钮和4个黄色的运算符按钮。

(5) 创建clear与"="按钮并添加到窗口中，代码如下。

```
# 创建清空按钮
clear = tk.Button(root,text='clear',bg="red", height=1, width=10)
clear.grid(row=5, column=0)                            # 将clear按钮添加到窗口第6行、第1列
# 创建计算按钮
calculate = tk.Button(root,text='=',bg="pink", height=1, width=10)
calculate.grid(row=5, column=2)                        # 将"="按钮添加到窗口第6行、第3列
root.mainloop()
```

此时，运行代码会在屏幕中创建出一个简单的计算器。使用Tkinter创建简单计算器的代码运行效果如图7.25所示。

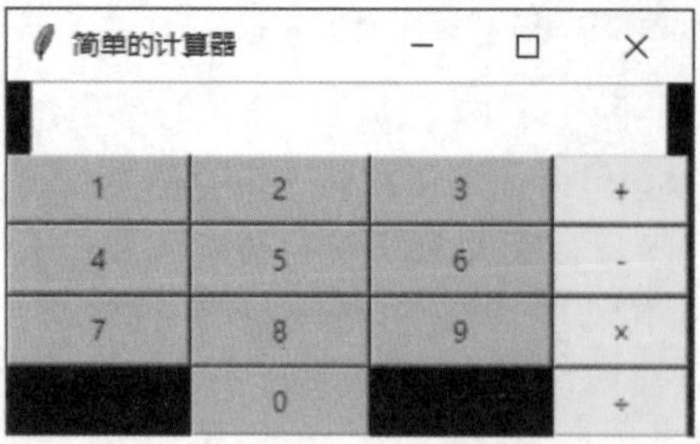

图7.24　在窗口中添加数字和运算符按钮的代码运行效果 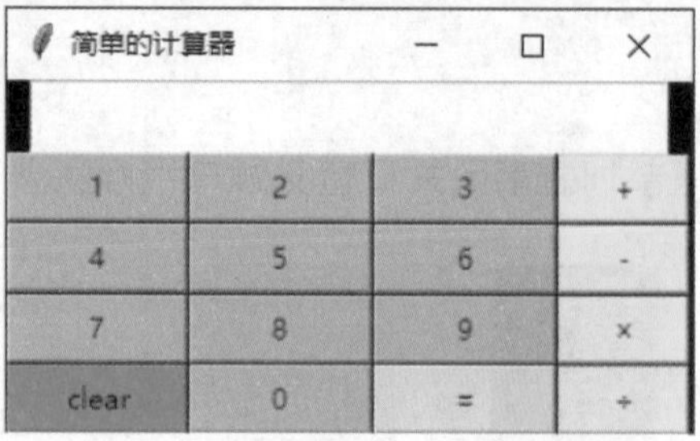　图7.25　使用Tkinter创建简单计算器的代码运行效果

由图7.25可知，在屏幕中创建了一个窗口，并在窗口中添加了多行文本框、数字按钮、运算符按钮、clear按钮以及"="按钮，最终组成了一个简单的计算器。

7.5.3　拓展提高

在7.5.2小节中，我们使用Button()、Text()、grid()等方法创建了一个简单的计算器，但是这个计算器还没有计算的功能，接下来尝试修改代码，给这个计算器添加计算功能。修改后的代码保存在7.5文件夹下的calculators.py文件中，详细的修改步骤和代码如下。

(1) 自定义add_num()、calculate_num()、clear_num()等函数，代码如下。

```
def add_num(num):
    text.insert('end', num)                      # 在文末插入文本num
def calculate_num():
    try:                                         # 尝试执行下面的代码
        res = str(eval(text.get(1.0, 'end')))    # 计算文本框中的表达式
        text.delete(1.0, 'end')                  # 清空文本框的内容
        text.insert('end', res)                  # 将计算结果插入文本框中
    except:                                      # 以上代码执行失败
        text.delete(1.0, 'end')                  # 清空文本框的内容
        text.insert('end', 'error')              # 将文本error插入文本框中
def clear_num():
    text.delete(1.0, 'end')                      # 清空文本框的内容
```

以上代码使用了text的insert()、get()和delete()等方法，实现了表达式内容的增加、删除、查看等功能。其中，insert()方法用于插入文本，参数end表示插入文本的位置，参数num表示插入的文本；get()方法用于获取文本框中的内容，参数1.0表示要获取文本内容的起始坐标，参数end表示要获取文本内容的末尾坐标，使用get(1.0, 'end')方法可以获取整个文本框中的内容；delete()方法用于删除文本，参数1.0表示要删除文本的起始位置，参数end表示要删除文本的末尾位置，使用delete(1.0, 'end')方法可以清空整个文本框中的内容。

(2) 将add_num()、calculate_num()、clear_num()等函数与数字按钮、运算符按钮、"="按钮、clear按钮进行绑定，代码如下。

```
button1 = tk.Button(root,text='1',bg="skyblue",command=lambda:add_num(1),
height=1, width=10)    # 创建数字按钮1，并绑定add_num(1)函数
button1.grid(row=2, column=0)
button2 = tk.Button(root,text='2',bg="skyblue",command=lambda:add_num(2),
height=1, width=10)    # 创建数字按钮2，并绑定add_num(2)函数
button2.grid(row=2, column=1)
button3 = tk.Button(root,text='3',bg="skyblue",command=lambda:add_num(3),
height=1, width=10)    # 创建数字按钮3，并绑定add_num(3)函数
button3.grid(row=2, column=2)
button4 = tk.Button(root,text='4',bg="skyblue",command=lambda:add_num(4),
height=1, width=10)    # 创建数字按钮4，并绑定add_num(4)函数
button4.grid(row=3, column=0)
button5 = tk.Button(root,text='5',bg="skyblue",command=lambda:add_num(5),
height=1, width=10)    # 创建数字按钮5，并绑定add_num(5)函数
button5.grid(row=3, column=1)
button6 = tk.Button(root,text='6',bg="skyblue",command=lambda:add_num(6),
height=1, width=10)    # 创建数字按钮6，并绑定add_num(6)函数
button6.grid(row=3, column=2)
button7 = tk.Button(root,text='7',bg="skyblue",command=lambda:add_num(7),
height=1, width=10)    # 创建数字按钮7，并绑定add_num(7)函数
button7.grid(row=4, column=0)
button8 = tk.Button(root,text='8',bg="skyblue",command=lambda:add_num(8),
height=1, width=10)    # 创建数字按钮8，并绑定add_num(8)函数
button8.grid(row=4, column=1)
button9 = tk.Button(root,text='9',bg="skyblue",command=lambda:add_num(9),
height=1, width=10)    # 创建数字按钮9，并绑定add_num(9)函数
button9.grid(row=4, column=2)
button0 = tk.Button(root,text='0',bg="skyblue",command=lambda:add_num(0),
height=1, width=10)    # 创建数字按钮0，并绑定add_num(0)函数
button0.grid(row=5, column=1)
add = tk.Button(root,text='+',bg="yellow",command=lambda:add_num('+'),
height=1, width=7)    # 创建运算符按钮+，并绑定add_num('+')函数
add.grid(row=2, column=3)
subtract=tk.Button(root,text='-',bg="yellow",command=lambda:add_num('-'),
height=1, width=7)    # 创建运算符按钮-，并绑定add_num('-')函数
subtract.grid(row=3, column=3)
multiply=tk.Button(root,text='×',bg="yellow",
   command=lambda:add_num('*'),height=1, width=7)
multiply.grid(row=4, column=3)    # 创建运算符按钮×，并绑定add_num('×')函数
divide = tk.Button(root,text='÷',bg="yellow",command=lambda:add_num('/'),
height=1, width=7)    # 创建运算符按钮÷，并绑定add_num('/')函数
divide.grid(row=5, column=3)
```

```
clear = tk.Button(root,text='clear',bg="red",command=clear_num,
height=1, width=10)   # 创建clear按钮，并绑定clear_num()函数
clear.grid(row=5, column=0)
calculate = tk.Button(root,text='=',bg="pink",command=calculate_num,
height=1, width=10)    # 创建"="按钮，并绑定calculate_num()函数
calculate.grid(row=5, column=2)
root.mainloop()
```

此时，运行代码会在屏幕中创建出图7.25所示的计算器，该计算器在7.5.2小节的基础上，给每个按钮绑定了相应的事件，实现了简单的计算功能。

7.5.4 课堂小结

本例详细介绍了如何运用tkinter.Text()方法创建多行文本框、使用grid布局管理器进行组件排列，并结合这些知识构建了一个简单的计算器界面。总的来说，本例有助于初学者理解并掌握GUI编程中的组件应用、事件绑定以及布局设计等技术。

7.5.5 课后练习

在拓展提高的基础上，尝试修改代码，创建一个自定义的计算器，实现加、减、乘、除以及求平方的功能。修改后的代码保存在7.5文件夹下的test.py文件中，代码的运行效果如图7.26所示。

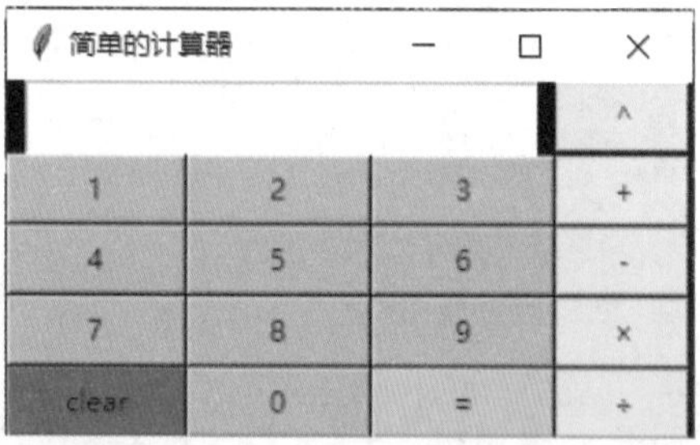

图7.26　使用Tkinter创建自定义计算器的代码运行效果

👍 小提示

在计算器中添加一个"^"按钮并绑定幂函数。

7.6　案例63：设计一个"移动爱心"界面

本例将介绍Tkinter中的画布组件，并结合标签、按钮等组件实现一个可移动爱心的界面。

7.6.1 知识准备

设计一个"移动爱心"界面，需要用到以下技术。

1. 创建画布的类方法：tkinter.Canvas()

画布通常用来绘制各种图形和图像（支持事件处理），调用Canvas()方法创建画布的语法如下。

```
tkinter.Canvas(master,[width,height,bg,…])
```

tkinter.Canvas()方法的参数说明如下。

- master通常是一个父窗口或者容器，用于设置画布所在的窗口。
- width是一个可选参数，通常是一个数值，用于设置画布的宽度。
- height是一个可选参数，通常是一个数值，用于设置画布的高度。
- bg是一个可选参数，通常是一个字符串值，用于设置画布的背景颜色。

例如，以下代码可以在root窗口中创建一个宽和高都为200像素，背景颜色为黑色的正方形画布canvas。

```
canvas = tkinter.Canvas(root, width=200, height=200, bg='black')
```

在创建画布以后，通常会调用pack()、grid()以及place()等方法将画布添加到窗口中。同时，画布组件提供了大量用于绘图的方法，这些方法通常以create开头。Canvas类的常用方法见表7.4。

表7.4 Canvas 类的常用方法

方 法	说 明
Canvas.create_line()	用于在画布中绘制直线或多段线
Canvas.create_rectangle()	用于在画布中绘制矩形
Canvas.create_oval()	用于在画布中绘制椭圆或圆形
Canvas.create_polygon()	用于在画布中绘制多边形
Canvas.create_arc()	用于在画布中绘制圆弧或扇形
Canvas.create_text()	用于在画布中绘制文本
Canvas.create_image()	用于在画布中添加图片
Canvas.create_window()	用于将一个子窗口嵌入画布中
Canvas.itemconfig()	用于配置或修改已创建图形项的属性
Canvas.coords()	用于更改图形项的位置坐标
Canvas.bind()	用于给画布绑定事件与相应的回调函数

注：表7.4中的Canvas表示画布对象。

2. 在画布中绘制多边形的方法：create_polygon()

create_polygon()是Canvas类中用于绘制多边形的方法，它接收一系列坐标点作为参数来定义多边形的顶点，该方法的基本语法如下。

```
Canvas.create_polygon(x1,y1,x2,y2[,fill,outline,width,tags,…])
```

该语法中的Canvas表示画布对象。create_polygon()方法的参数说明如下。

- x1、y1、x2、y2等通常是一系列成对出现的坐标值，表示多边形每个顶点的坐标位置。例如，(x1, y1)是第一个顶点的坐标，(x2, y2)是第二个顶点的坐标，依此类推，并且顶点的顺序决定了多边形的绘制方向。
- fill是一个可选参数，通常是一个字符串，用于设置图形的填充颜色。
- outline是一个可选参数，通常是一个数值，用于设置轮廓线的颜色。
- width是一个可选参数，通常是一个数值，用于设置轮廓线的宽度。
- tags是一个可选参数，用于给图形分配标签，以便后续通过标签进行统一操作。

例如，以下代码可以在canvas画布中绘制一个粉红色的五边形pentagon。

```
pentagon = canvas.create_polygon([(0, 50), (50, 0), (100, 50), (75, 100),
(25, 100)], fill="pink")
```

3. 在画布中绘制扇形的方法：create_arc()

create_arc()是Canvas类中用于绘制圆弧或扇形的方法，该方法的基本语法如下。

```
canvas.create_arc(x1,y1,x2,y2[,start,extent,style,fill,outline,…])
```

该语法中的Canvas表示画布对象。create_arc()方法的参数说明如下。

- x1和y1通常是数值，用于设置圆弧或扇形起点的坐标。
- x2和y2通常是数值，用于设置圆弧或扇形终点的坐标。
- start是一个可选参数，通常是一个数值，用于设置开始绘制圆弧或扇形的方向。
- extent是一个可选参数，通常是一个数值，用于设置圆弧或扇形的角度，默认为90°。
- style是一个可选参数，通常是一个字符串值，如arc表示简单弧线、pieslice表示饼图切片、chord表示弦。
- fill是一个可选参数，通常是一个字符串值，用于设置填充的颜色。
- outline是一个可选参数，通常是一个字符串值，用于设置轮廓线颜色。

例如，以下代码可以在canvas画布中绘制一个粉红色的半圆形arc。

```
arc = canvas.create_arc(0, 0, 50, 50, start=45, extent=180, fill='pink',
outline='pink')
```

7.6.2 编写代码

尝试编写代码，创建一个窗口，在窗口中添加一个可以移动的画布，并且在画布中绘制一个粉色的爱心。代码保存在7.6文件夹下的heart.py文件中，详细的实现步骤和代码如下。

(1) 导入Tkinter库并初始化窗口，代码如下。

```
import tkinter as tk
root = tk.Tk()
root.configure(background="black")
root.title('可移动爱心的界面')                    # 设置窗口标题为"可移动爱心的界面"
screenwidth = root.winfo_screenwidth()
screenheight = root.winfo_screenheight()
width = 800
height = 500
x = (screenwidth - width) // 2
y = (screenheight - height) // 2
root.geometry('%dx%d+%d+%d' % (width, height, x, y))
```

此时,可以使用root.mainloop()方法启动主事件循环,在屏幕中创建一个窗口。使用Tkinter创建窗口的代码运行效果如图7.27所示。

由图7.27可知,在屏幕中间创建了一个宽800像素、高500像素的窗口,窗口的标题为"可移动爱心的界面",窗口的背景颜色为黑色。

(2) 创建一个标签并添加到画布中,代码如下。

```
label = tk.Label(root, text='这是一个可以左右移动的爱心',
font=('黑体', 40, 'bold'), fg='white', bg='black')       # 创建一个标签
label.pack(pady=40)              # 将标签添加到窗口中,标签距离窗口顶端40像素
```

此时,可以使用root.mainloop()方法启动主事件循环,在窗口中添加一个标签。在窗口中添加一个标签的代码运行效果如图7.28所示。

图7.27　使用Tkinter创建窗口的代码运行效果　　图7.28　在窗口中添加一个标签的代码运行效果

由图7.28可知,在窗口的顶端添加了一个内容为"这是一个可以左右移动的爱心"的标签。

(3) 创建一个画布并添加到窗口中,代码如下。

```
canvas_offset_x = 300                     # 初始化画布在窗口中的x偏移量
canvas = tk.Canvas(root, width=200, height=200, bg='black')  # 创建一个画布
canvas.place(x=canvas_offset_x, y=150)              # 将画布添加到窗口中
```

此时,可以使用root.mainloop()方法启动主事件循环,在窗口中添加一个画布。在窗口中添加一个画布的代码运行效果如图7.29所示。

由图7.29可知，在窗口中添加了一个外边框为白色、内部填充黑色的画布。

(4) 在画布中绘制爱心的图案，代码如下。

```
arc01 = canvas.create_arc(110, 40, 40, 110, start=45,
    extent=180, fill='pink', outline='pink')            # 绘制第一个扇形
arc02 = canvas.create_arc(90, 40, 160, 110, start=-45,
    extent=180, fill='pink', outline='pink')            # 绘制第二个扇形
points = [(100, 50), (50, 100), (100, 150), (150, 100)] # 计算多边形顶点坐标
square = canvas.create_polygon(points, fill="pink")     # 绘制多边形
```

此时，可以使用root.mainloop()方法启动主事件循环，在画布中绘制一个爱心图案。在画布中绘制爱心图案的代码运行效果如图7.30所示。

图7.29　在窗口中添加一个画布的代码运行效果

图7.30　在画布中绘制爱心图案的代码运行效果

由图7.30可知，在画布中绘制了两个扇形和一个多边形，组成了一个粉红色的爱心。

(5) 自定义移动爱心的函数，代码如下。

```
def button_move(direction):
    global canvas_offset_x            # 声明全局变量canvas_offset_x
    if direction == 1:                # 如果用户单击"左移"按钮
        canvas_offset_x -= 10         # 将爱心向左移动10个像素
    elif direction == 3:              # 如果用户单击"右移"按钮
        canvas_offset_x += 10         # 将爱心向右移动10个像素
    canvas.place(x=canvas_offset_x, y=150)      # 更新爱心的坐标位置
```

(6) 创建移动爱心的按钮，绑定相应事件并将其添加到窗口中，代码如下。

```
button1 = tk.Button(root, text='左移', font=('黑体', 20, 'bold'),
bg='white', command=lambda: button_move(1))    # 创建"左移"按钮
button1.place(x=200, y=400)          # 将"左移"按钮添加到窗口中
button2 = tk.Button(root, text='右移', font=('黑体', 20, 'bold'),
bg='white', command=lambda: button_move(3))    # 创建"右移"按钮
button2.place(x=520, y=400)          # 将"右移"按钮添加到窗口中
root.mainloop()
```

此时，运行代码会创建一个"移动爱心"的界面。使用Tkinter创建"移动爱心"界面的代码运行效果如图7.31所示。

图7.31 使用Tkinter创建"移动爱心"界面的代码运行效果

由图7.31可知，在屏幕中创建了一个窗口，并在窗口中添加了内容为"这是一个可以左右移动的爱心"的标签、绘制了爱心图形的画布以及可以移动画布的按钮，组成了一个可以移动爱心的界面。

7.6.3 拓展提高

在7.6.2小节中，我们使用Label()、Canvas()、Button()等方法设计了一个"移动爱心"界面。接下来尝试修改代码，给这个界面添加功能：将鼠标移动到画布中，单击鼠标左键时爱心左移，单击鼠标右键时爱心右移。修改后的代码保存在7.6文件夹下的hearts.py文件中，详细的修改步骤和代码如下。

(1) 自定义move_canvas()函数，代码如下。

```
def move_canvas(event):
    global canvas_offset_x              # 声明全局变量canvas_offset_x
    if event.num == 1:                  # 如果用户单击鼠标左键
        canvas_offset_x -= 10           # 将画布向左移动10个像素
    elif event.num == 3:                # 如果用户单击鼠标右键
        canvas_offset_x += 10           # 将画布向右移动10个像素
    canvas.place(x=canvas_offset_x, y=150)# 更新画布的位置
```

(2) 给画布绑定鼠标单击事件，代码如下。

```
canvas.bind("<Button-1>", move_canvas)   # Button-1 表示单击鼠标左键
canvas.bind("<Button-3>", move_canvas)   # Button-3 表示单击鼠标右键
```

此时，运行代码会创建图7.31所示的爱心界面，这个界面在7.6.2小节的基础上，增加了单击画布移动爱心的功能。

7.6.4 课堂小结

本例介绍了Tkinter中创建画布的tkinter.Canvas()方法，以及在画布中绘制多边形和扇形的create_polygon()、create_arc()等方法，并创建了一个有趣的"移动爱心"界面。总的来说，本例可以帮助初学者逐步熟悉设计GUI应用的关键知识点，包括如何生成并操控组件、如何让数据在程序内部进行交流，以及如何让程序响应用户的操作等。

7.6.5 课后练习

在拓展提高的基础上，尝试修改代码，将爱心左右移动修改成上下移动，实现一个自定义的"移动爱心"界面。修改后的代码保存在7.6文件夹下的test.py文件中，代码的运行效果与7.6.2小节中的图7.31类似。

👍 小提示

将全局变量 canvas_offset_x 修改为 canvas_offset_y。

7.7 案例64：呈现"无限弹窗"的效果

本例将介绍Tkinter中的容器组件，并结合标签、按钮等组件及随机数、多线程等知识呈现"无限弹窗"的炫酷效果。

7.7.1 知识准备

1. 创建容器的类方法：tkinter.Frame()

容器通常用于将多个组件组织到一起，调用Frame()方法创建容器的基本语法如下。

```
tkinter.Frame(master[,bg,borderwidth,width,height,padx,pady,relief,……])
```

tkinter.Frame()方法的参数说明如下。

● master通常是一个父窗口或者容器，用于设置容器所在的窗口。
● bg是一个可选参数，通常是一个字符串值，用于设置容器的背景颜色。
● borderwidth是一个可选参数，通常是一个数值，用于设置容器边框的宽度。
● width是一个可选参数，通常是一个数值，用于设置容器的宽度，单位是像素。
● height是一个可选参数，通常是一个数值，用于设置容器的高度，单位是像素。
● padx是一个可选参数，通常是一个数值，用于设置容器内容与容器左右边缘的距离。
● pady是一个可选参数，通常是一个数值，用于设置容器内容与容器上下边缘的距离。
● relief是一个可选参数，通常是一个字符串值，用于设置边框的样式，可选的值有raised（凸起）、sunken（凹陷）、flat（扁平）、ridge（脊状）、groove（槽状）和solid（实线）。

例如，以下代码可以在root窗口中创建一个宽和高都为500像素，背景颜色为黑色的正方形容器frame。

```
frame = tkinter.Frame(root, width=500, height=500, bg='black')
```

2. 设置定时窗口的方法：after()

after()方法是Tkinter库中的一个异步调用功能，它允许在指定的毫秒数之后执行回调函数。

这个方法常用于定时任务、动画制作以及定期更新界面等场景。以下是调用after()方法的基本语法。

```
Tk.after(milliseconds[,callback=None,…])
```

该语法中的Tk表示窗口对象。after()方法的参数说明如下。

● milliseconds通常是一个整数值，表示延迟的时间，即从现在开始等待指定的毫秒数后执行后续操作。

● callback是一个可选参数，通常是一个函数引用，当经过指定的毫秒数后，该函数会被调用。如果未提供回调函数，则after()将简单地暂停指定的毫秒数并返回一个标识符。例如，以下代码可以将root窗口暂停2秒后再关闭。

```
root.after(2000, root.destroy)
```

7.7.2 编写代码

尝试编写代码，初始化一个和屏幕大小相等的窗口，随后创建一些小窗口并依次弹出，模拟出"无限弹窗"的炫酷效果。代码保存在7.7文件夹下的unlimited.py文件中，详细的实现步骤和代码如下。

(1) 导入需要用到的工具并初始化窗口，代码如下。

```
import tkinter as tk
import random as ra
import threading as td              # 导入Threading模块，用于多线程任务
import time
root = tk.Tk()
root.configure(background='white')
screenwidth = root.winfo_screenwidth()
screenheight = root.winfo_screenheight()
root.title("无限弹窗的效果")          # 设置窗口的标题为"无限弹窗的效果"
root.geometry("%dx%d+%d+%d" % (screenwidth, screenheight, 0, 0))
```

此时，可以使用root.mainloop()方法启动主事件循环，在屏幕中创建一个窗口。使用Tkinter创建窗口的代码运行效果如图7.32所示。

由图7.32可知，在屏幕中间创建了一个长方形窗口，窗口的标题为"无限弹窗的效果"，窗口的背景颜色为白色。

(2) 创建一个容器并添加到窗口中，代码如下。

```
frame = tk.Frame(root, width=500, height=500)     # 创建一个容器组件
frame.pack()                                       # 将容器添加到窗口的顶部居中
```

此时，可以使用root.mainloop()方法启动主事件循环，在窗口中添加一个容器。在窗口中添加容器的代码运行效果如图7.33所示。

图7.32　使用Tkinter创建窗口的代码运行效果　　　　图7.33　在窗口中添加容器的代码运行效果

由图7.33可知，在窗口中创建了一个灰色的容器。容器的宽度和高度都为500像素，并且居中放置在窗口的顶部。

(3) 创建一个标签并添加到容器中，代码如下。

```
label = tk.Label(frame, text='♥', fg='pink', bg='white',
font=("Comic Sans MS", 365), width=200)   # 创建一个 "♥" 标签
label.pack()                                # 将标签添加到容器中
```

此时，可以使用root.mainloop()方法启动主事件循环，在容器中添加一个标签。在容器中添加标签的代码运行效果如图7.34所示。

图7.34　在容器中添加标签的代码运行效果

由图7.34可知，在容器中添加了一个白色背景、粉红色内容的♥标签，且标签放置在容器的顶端居中位置。

(4) 自定义love()函数，用于弹出小窗口，代码如下。

```
def love():
    window = tk.Tk()          # 创建一个新的Tk窗口实例
    window.configure(background='pink')            # 设置小窗口的背景颜色为粉红色
    screenwidth = window.winfo_screenwidth()   # 获取屏幕的宽度
    screenheight = window.winfo_screenheight() # 获取屏幕的高度
    w = 200              # 定义小窗口的宽度为200像素
    h = 50               # 定义小窗口的高度为50像素
    x = ra.randint(0, screenwidth)              # 定义小窗口的x坐标
    y = ra.randint(0, screenheight)             # 定义小窗口的y坐标
```

```
window.title("弹窗")                                # 定义小窗口的标题为"弹窗"
window.geometry(f"{w}x{h}+{x}+{y}")                 # 设置小窗口的大小和位置
window.wm_attributes("-toolwindow", 1)             # 将小窗口设置为工具窗口
# 在窗口中添加I LOVE YOU标签
tk.Label(window, text='I LOVE YOU', fg='white', bg='pink',
         font=("Comic Sans MS", 15), width=30, height=5).pack()
window.after(2000, window.destroy)                 # 设置窗口在2秒后自动关闭
window.mainloop()
```

此时，运行以下代码可以弹出一个小窗口。

```
love()                                             # 调用love()函数弹出小窗口
```

使用love()函数弹出小窗口的代码运行效果如图7.35所示。

由图7.35可知，在屏幕中弹出了一个小窗口，窗口的标
题为"弹窗"、内容为"I Love You"、背景颜色为粉红色、文本颜
色为白色，且这个小窗口弹出2秒后会消失。

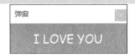

图7.35 使用love()函数弹出小窗口的代码运行效果

(5) 自定义start_loves()函数，用于启动指定数量的小弹窗，代码如下。

```
def start_loves():
    for i in range(20):                            # 循环迭代20次，生成20个小弹窗
        t = td.Thread(target=love)                 # 创建一个新的线程来运行love()函数
        t.daemon = True                            # 设置该线程为守护线程，主线程结束时会终止
        time.sleep(0.05)                           # 线程间延迟0.05秒以防止弹窗过于密集
        t.start()                                  # 启动线程
```

(6) 创建一个按钮并添加到窗口中，用于启动无限弹窗，代码如下。

```
button_start = tk.Button(root,text='启动无限弹窗',fg='white',bg='pink',
width=30, command=start_loves)                     # 创建启动无限弹窗的按钮
button_start.pack()                                # 将按钮添加到窗口中
root.mainloop()
```

此时，运行代码会在屏幕中创建一个含有"启动无限弹窗"按钮的界面，当用户单击这个按
钮时，会呈现出无限弹窗的效果。使用Tkinter呈现无限弹窗的代码运行效果如图7.36所示。

图7.36 使用Tkinter呈现无限弹窗的代码运行效果

由图7.36可知，在屏幕上创建了一个含爱心图案的大窗口，并在爱心下面添加了一个"启动无限弹窗"按钮，单击会弹出一些"I Love You"小窗口。

7.7.3 拓展提高

在7.7.2小节中，我们使用Label()、Button()、Frame()等方法呈现出无限弹窗的炫酷效果。接下来尝试修改代码，删除"启动无限弹窗"按钮，实现当运行程序时创建一个大窗口并同时启动无限弹窗的功能。修改后的代码保存在7.7文件夹下的unlimiteds.py文件中，详细的修改步骤和代码如下。

(1) 自定义heart()函数，用于创建大窗口，代码如下。

```python
def heart():
    root = tk.Tk()
    root.configure(background='white')
    screenwidth = root.winfo_screenwidth()
    screenheight = root.winfo_screenheight()
    root.title("无限弹窗的效果")
    root.geometry("%dx%d+%d+%d"%(screenwidth, screenheight, 0, 0))
    frame = tk.Frame(root, width=500, height=500)
    frame.pack()
    label = tk.Label(frame, text='♥', fg='pink', bg='white',
                     font=("Comic Sans MS", 365), width=200)
    label.pack()
    root.mainloop()
```

(2) 修改start_loves()函数，添加创建大窗口的线程，代码如下。

```python
def start_loves():
    t = td.Thread(target=heart)      # 创建一个线程来运行herat()函数
    t.daemon = True                   # 设置该线程为守护线程，主线程结束时会终止
    t.start()                         # 启动线程
    for i in range(20):               # 循环迭代20次
        t = td.Thread(target=love)    # 创建一个新的线程来运行love()函数
        t.daemon = True               # 设置该线程为守护线程，主线程结束时会终止
        time.sleep(0.05)              # 线程间延迟0.05秒以防止弹窗过于密集
        t.start()
```

此时运行start_loves()函数会在屏幕中呈现出不含按钮组件的无限弹窗效果。使用Tkinter呈现不带按钮的无限弹窗的代码运行效果如图7.37所示。

由图7.37可知，在屏幕上弹出了一个大窗口，随后每隔0.05秒弹出一个小窗口，每隔2秒关闭一个小窗口。与7.7.2小节不同的是，该界面不需要单击按钮，只要运行代码就会立刻呈现出无限弹窗的效果。

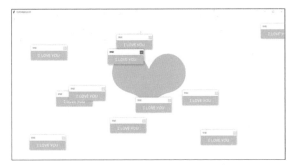

图7.37 使用Tkinter呈现不带按钮的无限弹窗的代码运行效果

7.7.4 课堂小结

本例详细阐述了如何在Tkinter中运用tkinter.Frame()方法创建容器，实现界面布局的灵活性，并结合多线程技术展示了无限弹窗的趣味效果。总的来说，本例不仅有助于初学者理解GUI编程中的容器组件和多线程应用，还能提升对Python并发机制与GUI动态效果设计的认识。

7.7.5 课后练习

在拓展提高的基础上，尝试修改代码，呈现出一个自定义的无限弹窗效果。该无限弹窗包含1个大窗口、50个小窗口，且小窗口中写着文本"我爱Python"。修改后的代码保存在7.7文件夹下的test.py文件中，代码的运行效果与图7.37类似。

👍 小提示

修改 for 循环结构的次数和小窗口中标签的内容即可。

7.8 案例65：开发三子棋小游戏

本例将介绍Tkinter中的菜单组件，并结合容器、按钮等组件开发三子棋小游戏。

7.8.1 知识准备

1. 创建菜单的类方法：tkinter.Menu()

菜单通常出现在窗口的顶端（主菜单栏），或者与按钮、鼠标按键关联，即弹出式菜单。调用tkinter.Menu()方法创建菜单的基本语法如下。

```
tkinter.Menu(master, options=None)
```

tkinter.Menu()方法的参数说明如下。

- master通常是一个父窗口或者容器，用于设置菜单所在的窗口。
- options是一个可选参数，通常是一个关键字参数列表，用于设置菜单的各种属性。

例如，以下代码可以在root窗口的左上角添加一个菜单menu。

```
menu = tkinter.Menu(root)
root.config(menu=menu)
```

创建菜单后，通常还需要使用add_command()、add_cascade()等方法来添加菜单项。Menu类的常用方法见表7.5。

表7.5　Menu类的常用方法

方　法	作　用
Menu.add_command()	添加一个命令型菜单项，单击这个菜单项时，会触发关联的回调函数
Menu.add_cascade()	添加一个级联菜单，当单击这个菜单项时，会弹出另一个菜单
Menu.add_separator()	添加一个分隔线，用来在菜单中进行视觉上的划分，提高用户界面的清晰度

注：表7.5中的Menu表示菜单对象。

2. 弹出询问对话框的方法：messagebox.askyesno()

询问对话框通常用于询问是否执行事件，调用messagebox.askyesno()方法的语法如下。

```
messagebox.askyesno(title, message)
```

messagebox.askyesno()方法的参数说明如下。

- title是一个字符串类型，用于设置询问对话框标题栏的文本内容。
- message是一个字符串类型，用于设置询问对话框主体区域显示的信息内容。

在询问对话框中通常包含一条询问消息，以及"是"和"否"两个按钮，用户单击"是"或"否"按钮后会分别执行相应的事件。例如，以下代码可以创建一个标题为"询问"，内容为"你好"的询问对话框ask。

```
ask = messagebox.askyesno(title="询问", message="你好")
```

7.8.2　编写代码

尝试编写代码，创建窗口并在窗口中添加容器、按钮和菜单等组件，开发一个三子棋小游戏。代码保存在7.8文件夹下的tictactoe.py文件中，详细的实现步骤和代码如下。

(1) 导入需要用到的工具并初始化窗口，代码如下。

```
import tkinter as tk
from tkinter import messagebox
root = tk.Tk()
root.configure(background='white')
root.title('三子棋小游戏')                # 设置窗口的标题为"三子棋小游戏"
screenwidth = root.winfo_screenwidth()
```

```
screenheight = root.winfo_screenheight()
width = 150
height = 150
x = (screenwidth - width) // 2
y = (screenheight - height) // 2
root.geometry('%dx%d+%d+%d' % (width, height, x, y))
```

此时，可以使用root.mainloop()方法启动主事件循环，在屏幕中创建一个窗口。使用Tkinter创建窗口的代码运行效果如图7.38所示。

由图7.38可知，在屏幕中创建了一个宽、高都为150像素的窗口。由于窗口较小，窗口的标题被隐藏了。

图7.38 使用Tkinter创建窗口的代码运行效果

(2) 定义TicTacToe类，封装三子棋的属性和方法，具体步骤如下。

1) 在TicTacToe类中定义初始化方法__init__()，用于创建游戏界面，代码如下。

```
class TicTacToe:
    def __init__(self, master):
        self.master = master                    # 主窗口引用
        self.board = [[' ' for _ in range(3)] for _ in range(3)]    # 棋盘
        self.buttons = [[0 for _ in range(3)] for _ in range(3)]    # 按钮
        self.player = 'X'                       # 初始化当前用户标志，即用户X先走
        self.frame = tk.Frame(master)           # 创建一个窗口用于放置按钮
        self.frame.pack()                       # 将容器添加到窗口中
        self.menu_bar = tk.Menu(self.master)    # 创建主菜单栏
        self.master.config(menu=self.menu_bar)  # 将主菜单栏添加到窗口中
        self.game_menu = tk.Menu(self.menu_bar, tearoff=0)  # 游戏菜单
        self.menu_bar.add_cascade(label="游戏", menu=self.game_menu)
        self.game_menu.add_command(label="重新开始",command=self.reset_
game)
        # 创建9个游戏按钮并添加到窗口中
        for i in range(3):                      # 循环3次，表示行
            for j in range(3):                  # 循环3次，表示列
                self.buttons[i][j] = tk.Button(self.frame, text=' ',
                width=5, height=2,
                command=lambda ix=i, iy=j: self.make_move(ix, iy))
                self.buttons[i][j].grid(row=i, column=j)
```

2) 在TicTacToe类中定义reset_game()方法，用于重置游戏，代码如下。

```
    def reset_game(self):
    # 初始化棋盘的数据结构
        self.board = [[' ' for _ in range(3)] for _ in range(3)]
```

```
        self.player = 'X'                       # 重置用户
        # 清除所有按钮上的文本
        for i in range(3):                      # 循环3次，表示行
            for j in range(3):                  # 循环3次，表示列
                self.buttons[i][j]['text'] = ''     # 将所有按钮的文本重置为空
```

3) 在TicTacToe类中定义make_move()方法，用于处理用户落子的逻辑，代码如下。

```
def make_move(self, i, j):
    if self.board[i][j] == ' ':             # 如果当前位置没有落子
        self.board[i][j] = self.player              # 更新棋盘状态
        self.buttons[i][j]['text'] = self.player    # 更新按钮上的文字
        self.check_win()                    # 检查是否出现胜利情况
        self.player = 'O' if self.player == 'X' else 'X'  # 更换用户落子
    else:                                   # 如果当前位置已经落子
        messagebox.showwarning("警告", "该位置已被占用! ")    # 弹出警告信息
```

4) 在TicTacToe类中定义check_win()方法，用于检查游戏是否结束，代码如下。

```
def check_win(self):
    # 检查行、列及对角线是否存在连续三个相同的棋子
    for i in range(3):
    # 检查每行是否存在连续三个相同的棋子
        if self.board[i][0]==self.board[i][1]==self.board[i][2] != ' ':
            self.show_message(f"用户{self.board[i][0]}赢得了比赛! ")
            return True
    # 检查每列是否存在连续三个相同的棋子
        if self.board[0][i]==self.board[1][i]==self.board[2][i] != ' ':
            self.show_message(f"用户{self.board[0][i]}赢得了比赛! ")
            return True
    # 检查两条对角线是否存在连续三个相同的棋子
        if self.board[0][0] == self.board[1][1] == self.board[2][2] != ' ':
            self.show_message(f"用户{self.board[0][0]}赢得了比赛! ")
            return True
        if self.board[0][2] == self.board[1][1] == self.board[2][0] != ' ':
            self.show_message(f"用户{self.board[0][2]}赢得了比赛! ")
            return True
```

5) 在TicTacToe类中定义show_message()方法，用于显示游戏结果并重置游戏，代码如下。

```
def show_message(self, message):
    messagebox.showinfo("结果", message)        # 显示游戏结果
    self.reset_game()                       # 重置游戏
```

(3) 弹出询问对话框，用于询问是否开始游戏，代码如下。

```
yesno = messagebox.askyesno(title="询问", message="是否开始游戏？")
if yesno:                        # 如果用户单击按钮"是"
    game = TicTacToe(root)       # 实例化TicTacToe类并与root窗口关联起来
else:                            # 如果用户单击按钮"否"
    root.destroy()               # 退出游戏
root.mainloop()
```

此时，运行代码会在屏幕中弹出一个询问对话框，如果用户单击"是"按钮，将创建一个三子棋小游戏，否则会关闭窗口。弹出"询问"对话框的代码运行效果如图7.39所示。

由图7.39可知，在屏幕中弹出了一个"询问"对话框，对话框的标题为"询问"、内容为"是否开始游戏？"并且包含"是"和"否"两个按钮。

单击"是"按钮，会进入三子棋小游戏。三子棋小游戏的界面如图7.40所示。

由图7.40可知，在屏幕中创建了一个窗口，在窗口中添加了9个按钮和1个菜单，组成了一个简单的三子棋小游戏。

当单击"游戏"菜单时，会弹出下拉菜单。三子棋小游戏的下拉菜单如图7.41所示。

图7.39 询问对话框

图7.40 三子棋小游戏的界面

图7.41 三子棋小游戏的下拉菜单

7.8.3 拓展提高

在7.8.2小节中，我们使用Button()、Frame()、Menu()等方法开发了一个简单的三子棋小游戏。接下来尝试修改代码，在"游戏"菜单中添加一个退出游戏的子菜单。修改后的代码保存在7.8文件夹下的tictactoes.py文件中，详细的修改步骤和代码如下。

(1) 在TicTacToe类中定义quit_game()方法，用于退出游戏，代码如下。

```
def quit_game(self):
    self.master.destroy()                            # 关闭窗口
```

(2) 修改TicTacToe类的初始化方法，在__init__()方法中调用add_command()方法添加一个菜单项并与quit_game()方法绑定，代码如下。

```
class TicTacToe:
    def __init__(self, master):
```

```
        self.master = master
        self.board = [[' ' for _ in range(3)] for _ in range(3)]
        self.buttons = [[0 for _ in range(3)] for _ in range(3)]
        self.player = 'X'
        self.frame = tk.Frame(master)
        self.frame.pack()
        self.menu_bar = tk.Menu(self.master)
        self.master.config(menu=self.menu_bar)
        self.game_menu = tk.Menu(self.menu_bar, tearoff=0)
        self.menu_bar.add_cascade(label="游戏", menu=self.game_menu)
        self.game_menu.add_command(label="重新开始",command=self.reset_
game)
        self.game_menu.add_separator()
    # 添加"退出游戏"菜单项，并绑定quit_game事件
        self.game_menu.add_command(label="退出游戏", command=self.quit_
game)
        for i in range(3):
            for j in range(3):
                self.buttons[i][j] = tk.Button(self.frame, text=' ',
    width=5, height=2,
    command=lambda ix=i, iy=j: self.make_move(ix, iy))
                self.buttons[i][j].grid(row=i, column=j)
```

此时，运行代码会创建一个带有"退出游戏"菜单项的三子棋小游戏。带有"退出游戏"菜单项的三子棋小游戏如图7.42所示。

图7.42　带有"退出游戏"菜单项的三子棋小游戏

7.8.4　课堂小结

本例详细介绍了Tkinter中用于创建菜单的tkinter.Menu()方法，并结合按钮、容器等组件，实现了一个有趣的三子棋小游戏。总的来说，本例有助于初学者掌握GUI编程的基本技巧，提升对Tkinter的理解和动手操作能力。

7.8.5　课后练习

在拓展提高的基础上，尝试修改代码，添加一个"认输"菜单，并在该菜单中添加一个"我要认输"的菜单项，实现一个自定义的三子棋小游戏。修改后的代码保存在7.8文件夹下的test. py文件中，代码的运行效果如图7.43所示。

图7.43　自定义三子棋小游戏的代码运行效果

👍 **小提示**

调用 add_cascade() 方法添加一个"认输"菜单。

7.9　本章小结

在本章中，我们结识了一个爱设计GUI的好朋友——Tkinter，并使用它设计了一系列有趣的界面。从设计一个简单的欢迎界面、一个"无法拒绝"的界面，到设计一个有趣的登录界面、一个简单的计算器和一个"移动爱心"界面，再到呈现"无限弹窗"的效果以及开发三子棋小游戏，层层递进，逐步探索Python的Tkinter库并揭开GUI编程的神秘面纱。整章内容循序渐进，深入浅出地介绍了Tkinter库的强大功能，使读者能够掌握GUI编程的基本原理和技术要点，同时激发读者对GUI设计的兴趣和创新灵感。通过这些实例，读者不仅可以锻炼编程技能，也可为后续开发复杂应用程序打下坚实的基础。

第 8 章

爱玩游戏的 Pygame

本章将探索Python的2D游戏开发库Pygame，并使用Pygame库开发一些有趣的项目，包括呈现数字雨的效果、开发贪吃蛇小游戏、开发俄罗斯方块小游戏、开发方块消消乐小游戏、开发球球大作战小游戏、呈现"跳动的爱心"动态效果等。

8.1 初识Pygame

在Python中，常用于游戏开发的第三方库是Pygame，本节将从Pygame的简单介绍、下载安装、游戏窗口、基本模块等方面简单认识一下Pygame。

8.1.1 Pygame的简单介绍

在编程的世界中，Pygame是一颗璀璨的宝石，它为Python开发者提供了一个强大且易用的游戏开发框架。Pygame自1999年诞生以来，一直以其跨平台、开源、高度可定制的特点，在教育和独立游戏开发领域享有盛誉。Pygame是基于Simple DirectMedia Layer (SDL) 的库，极大地简化了2D游戏的开发流程，使得无论是初学者还是经验丰富的程序员，都能快速地将创意转化为生动活泼的游戏作品。Pygame的主要特点如下。

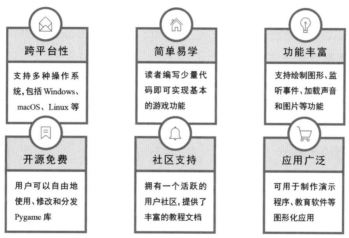

总的来说，Pygame是Python中非常受欢迎的游戏开发框架，特别适合开发中小型规模的2D游戏。

8.1.2 安装Pygame库

在PyCharm的终端可以使用pip命令安装第三方库。例如，本章使用的Pygame就是一个第三方库。PyCharm的终端界面如图8.1所示。

安装Pygame库的方法非常简单，只需单击图8.1所示的终端按钮，打开PyCharm的终端界面，在终端输入以下命令，然后按下Enter键，等待安装成功即可。

```
pip install pygame
```

成功安装Pygame库的界面如图8.2所示。

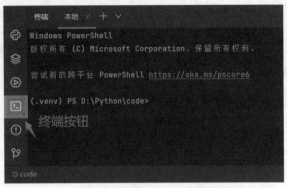

图8.1 PyCharm的终端界面　　　　图8.2 成功安装Pygame库的界面

由图8.2可知，在界面的左下方出现类似"Successfully installed pygame-2.6.0"的信息，表示已经成功安装了Pygame的2.6.0版本。

8.1.3　Pygame的游戏窗口

1. 游戏窗口的简要介绍

与Turtle和Tkinter相似，Pygame也有自己的游戏窗口，窗口中间默认是一个黑色的Surface对象，在该区域内可以绘制游戏的状态。Pygame的游戏窗口如图8.3所示。

2. 设置窗口属性的函数

在Pygame库中有一个display模块，用于设置窗口的基本属性。pygame.display模块的常用函数见表8.1。

图8.3 Pygame的游戏窗口

表8.1　pygame.display 模块的常用函数

函　数	说　明
pygame.display.init()	初始化 display 模块
pygame.display.quit()	释放 display 模块的所有资源
pygame.display.set_mode(size, flags, depth)	创建一个窗口，用于显示游戏画面
pygame.display.get_surface()	获取当前显示的 Surface 对象
pygame.display.flip()	更新当前窗口的全部内容，即刷新窗口
pygame.display.update(rectangle)	更新当前窗口的部分内容，提高绘制效率
pygame.display.set_caption(title)	设置窗口标题栏的文本内容为 title
pygame.display.iconify()	最小化游戏窗口
pygame.display.Info()	返回一个包含屏幕信息的对象
pygame.display.get_driver()	返回当前使用的显示驱动的名称

对于表8.1中的pygame.display.set_mode()函数，参数flags表示标志位，常见的预设标

志位见表8.2。

表8.2 常见的预设标志位

预设标志位	说 明
FULLSCREEN	创建一个全屏显示模式的窗口
RESIZABLE	设置窗口大小可调整，允许用户改变窗口的尺寸
NOFRAME	创建一个没有边框和标题栏的窗口
HWSURFACE	尝试创建一个存储在硬件中的 Surface，提高渲染性能
SCALED	在支持的系统上，让 Surface 自动适应窗口大小的变化
DOUBLEBUF	使用双缓冲技术来减少屏幕刷新时产生的闪烁现象
SRCALPHA	使 Surface 具有 Alpha 通道，支持透明度
RLEACCEL	对 Surface 的数据进行 RLE 压缩以加快某些类型的绘制

8.1.4 Pygame的基本模块

Pygame拥有一些基本的模块和类，在这些模块和类中包含许多常用的函数。Pygame的基本模块见表8.3。

表8.3 Pygame 的基本模块

模 块	说 明
pygame.display	用于管理和控制游戏窗口，如设置屏幕模式和更新显示内容
pygame.Surface	表示游戏中的图形对象，可以是游戏元素或背景等的载体
pygame.event	处理用户输入事件，如键盘按键事件和鼠标单击事件
pygame.font	管理并渲染字体，用于在屏幕上显示文字
pygame.time	控制游戏的时间和帧率，提供延迟和计时器功能
pygame.draw	提供基本形状的绘制方法，如矩形、圆形、线条等
pygame.mouse	管理和控制鼠标状态，如获取鼠标光标的位置
pygame.key	管理键盘输入，检测按键状态
pygame.image	加载和保存图像文件，提供对图像数据的操作方法
pygame.mixer	处理音频，包括加载音乐，播放和控制音量等

1. pygame.display 模块

Pygame的pygame.display模块主要用于管理和控制游戏窗口，它提供了创建、更新和关闭游戏窗口的功能，以及设置窗口标题、图标、分辨率等属性的函数。在8.1.3小节中已经学习了pygame.display模块，pygame.display模块的基本函数见表8.1。

2. pygame.Surface 模块

Pygame的pygame.Surface模块是一个图像组件，该组件表示游戏中的一个二维图像区域。在Pygame中，几乎所有的图形绘制操作都是基于Surface进行的，包括显示图像、绘制形状、填充颜色和文本等。每个Surface对象都有自己的尺寸、像素格式以及包含的像素数据。

pygame.Surface模块的常用函数见表8.4。

表8.4　pygame.Surface 模块的常用函数

函　数	说　明
pygame.Surface(size, depth)	创建一个新的 Surface 对象，并指定大小、颜色深度等
Surface.blit(surface, dest, rect)	将另一个 Surface 的图像复制到此 Surface 上，参数 surface 表示要复制的图像，dest 表示位置
Surface.fill(color, rect)	用指定颜色填充 Surface 的全部或部分区域，如果提供了参数 rect，则仅填充该矩形区域
Surface.get_size()	以元组的形式返回 Surface 的宽度和高度
Surface.get_rect()	创建并返回一个与 Surface 大小相同的 Rect 对象
Surface.set_alpha(value)	设置 Surface 的透明度，参数 value 的范围从 0 到 255
Surface.convert()	转换 Surface 的像素格式，优化其与屏幕的兼容性
Surface.convert_alpha()	类似于 convert() 方法，但保留 alpha 的通道信息，适用于带有透明度的 Surface
Surface.copy()	创建并返回 Surface 的一个完整复制
Surface.lock()	锁定 Surface，以便在多线程环境中安全地访问 Surface
Surface.unlock()	解锁 Surface，以便在多线程环境中安全地访问 Surface

注：表8.3中的Surface表示画布对象。

3. pygame.event 模块

Pygame的pygame.event模块主要用于处理程序运行时的各种输入事件，如按下和释放键盘按键、单击和释放鼠标按钮等，确保游戏能实时响应用户交互和系统消息。pygame.event模块的常用函数见表8.5。

表8.5　pygame.event 模块的常用函数

函　数	说　明
pygame.event.poll()	检查并返回队列中的下一个事件
pygame.event.get()	获取事件队列中所有事件的列表，并清空队列
pygame.event.wait()	阻塞程序直到有事件发生，然后返回该事件
pygame.event.post(event)	将事件放入事件队列中，可以让程序自动生成事件
pygame.event.clear(eventtype)	清除事件队列中的所有事件，或清除指定类型的事件
pygame.event.set_allowed(eventtype)	设置允许放入事件队列的事件类型
pygame.event.set_blocked(eventtype)	设置阻止放入事件队列的事件类型
pygame.event.Event(type, dict)	创建一个新的事件对象，参数 type 是事件类型常量，dict 是事件属性的字典
pygame.event.peek(eventtype)	检查事件队列中是否存在指定类型的事件，如果不指定参数 eventtype，则检查是否有事件

表8.5中的参数eventtype表示事件类型常量，常见的事件类型常量见表8.6。

表8.6 常见的事件类型常量

常 量	说 明
QUIT	关闭窗口
KEYDOWN	按下键盘按键
KEYUP	释放键盘按键
MOUSEMOTION	移动鼠标
MOUSEBUTTONDOWN	单击鼠标按钮
MOUSEBUTTONUP	释放鼠标按钮

4. pygame.font 模块

Pygame的pygame.font模块主要用于处理游戏中的文本显示,该模块提供了加载、渲染和操作字体的功能,并允许开发者将字体转换为可以被绘制到Surface上的字体对象。pygame.font模块的常用函数见表8.7。

表8.7 pygame.font 模块的常用函数

函 数	说 明
pygame.font.init()	初始化 font 模块,通常在程序开始时调用一次
pygame.font.quit()	释放所有与 font 模块相关的资源
pygame.font.SysFont(name, size, bold, italic)	创建一个新的字体对象,参数 name 是字体名, size 是字号, bold 和 italic 分别控制是否加粗和斜体
pygame.font.Font(path, size)	加载自定义字体文件并创建字体对象,参数 path 是字体文件的路径, size 是字号
Font.render(text, antialias, color, background)	渲染文本为 Surface 对象,参数 text 是要渲染的文本, antialias 控制是否抗锯齿, color 是文本颜色, background 是背景颜色
Font.render_to(surface, pos, text, color, background)	直接将文本渲染到指定的 Surface 上,参数 surface 表示目标 Surface, pos 是文本位置,其他参数与 render 函数类似
Font.set_bold(value)	设置字体的加粗属性,参数 value 为 True 或 False
Font.set_italic(value)	设置字体的斜体属性,参数 value 为 True 或 False
Font.set_underline(value)	设置字体的下划线属性,参数 value 为 True 或 False
Font.get_height()	返回字体的推荐行间距
Font.get_linesize()	返回字体的行高

注:表8.7中的Font表示字体对象。

5. pygame.time 模块

Pygame的pygame.time模块主要用于控制游戏的时间和帧率,提供延迟和计时器功能。pygame.time模块的常用函数见表8.8。

表8.8 pygame.time 模块的常用函数

函 数	说 明
pygame.time.Clock()	创建一个 Clock 对象,用于测量帧率和控制游戏速度
Clock.tick(fps)	更新 Clock 对象,用于控制程序每秒更新屏幕的次数
Clock.get_time()	返回自上一帧以来经过的时间,以毫秒为单位

函　数	说　明
Clock.get_fps()	返回当前估计的帧率
pygame.time.delay(milliseconds)	将程序暂停执行 milliseconds 毫秒
pygame.time.get_ticks()	返回自从 pygame.init() 被调用以来经历的毫秒数，常用于计算游戏时间
pygame.time.set_timer(eventid, milliseconds)	每隔 milliseconds 毫秒发送一个事件到事件队列，参数 eventid 是事件的 ID
pygame.time.wait(milliseconds)	等待 milliseconds 毫秒后再继续执行程序，与 delay() 方法相比，该方法更加精确但会阻塞整个程序
pygame.time.event.wait()	等待下一个事件发生并返回事件对象，常用于非游戏循环的简单程序中

注：表8.7中的Clock表示时钟对象。

6. pygame.draw 模块

Pygame的pygame.draw模块主要用于创建2D图形元素，如线条、矩形、多边形、圆形、椭圆等。pygame.draw模块的常用函数见表8.9。

表 8.9　pygame.draw 模块的常用函数

函　数	说　明
pygame.draw.line(surface, color, start_pos, end_pos, width)	在 surface 上绘制一条线，起点为 start_pos，终点为 end_pos，颜色为 color，宽度为 width
pygame.draw.rect(surface, color, rect, width)	在 surface 上绘制一个矩形，参数 rect 可以是矩形坐标元组或 Rect 对象，如果参数 width 等于 0，则填充矩形
pygame.draw.circle(surface, color, center, radius, width)	在 surface 上绘制一个圆形，圆心为 center，半径为 radius，如果参数 width 等于 0，则填充圆形
pygame.draw.ellipse(surface, color, rect, width)	在 surface 上绘制一个椭圆形，通过参数 rect 定义边界，如果参数 width 等于 0，则填充椭圆形
pygame.draw.polygon(surface, color, points, width)	在 surface 上绘制一个多边形，通过参数 points 定义形状，如果参数 width 等于 0，则填充多边形
pygame.draw.arc(surface, color, rect, start_angle, stop_angle, width)	在 surface 上绘制一个圆弧，通过矩形参数 rect 以及起始、结束角度定义，宽度默认为 1 像素
pygame.draw.aaline(surface, color, start_pos, end_pos, blend)	在 surface 上绘制一条平滑的线段
pygame.draw.aalines(surface, color, closed, pointlist, blend)	在 surface 上绘制抗锯齿多边形线

7. pygame.mouse 模块

Pygame的pygame.mouse模块主要用于管理和控制鼠标状态，如获取鼠标指针位置等事件。pygame.mouse模块的常用函数见表8.10。

表 8.10 pygame.mouse 模块的常用函数

函 数	说 明
pygame.mouse.get_pressed()	返回一个表示当前鼠标按钮状态的元组，按下状态为 True，未按下状态为 False
pygame.mouse.get_pos()	返回一个表示当前鼠标指针位置坐标的元组
pygame.mouse.set_pos(x, y)	设置鼠标指针的位置坐标为（x, y）
pygame.mouse.get_focused()	返回一个布尔值，表示鼠标是否在当前窗口聚焦
pygame.mouse.set_visible(visible)	设置鼠标指针是否可见，True 表示显示，False 表示隐藏
pygame.mouse.get_rel()	返回自上次调用以来鼠标相对移动的距离
pygame.event.get(eventtype)	用于获取事件队列中的事件，可以通过指定事件常量来处理鼠标事件

8. pygame.key 模块

Pygame的pygame.key模块主要用于处理和控制键盘事件，包括检测按键状态、设置键盘重复、获取按键名称和处理键盘修饰符等。pygame.key模块的常用函数见表8.11。

表 8.11 pygame.key 模块的常用函数

函 数	说 明
pygame.key.get_pressed()	返回一个列表，表示键盘上所有按键的状态
pygame.key.set_repeat(delay, interval)	设置键盘重复输入的延迟时间和间隔时间
pygame.key.get_mods()	返回当前键盘修饰符如 Shift、Ctrl 的状态
pygame.key.name(key)	根据按键常量返回按键的名称
pygame.key.key_code(name)	根据按键名称返回按键的常量值
pygame.key.get_focused()	返回窗口是否获取了焦点，即键盘输入是否有效
pygame.key.set_text_input_rect(rect)	设置文本输入区域，只在系统支持时才有效
pygame.key.start_text_input()	开始文本输入
pygame.key.stop_text_input()	停止文本输入

9. pygame.image 模块

Pygame的pygame.image模块主要用于加载、保存和转换图像文件。该模块支持多种格式，并且可以将图像数据转化为Surface对象，以便在游戏窗口中显示和处理。pygame.image模块的常用函数见表8.12。

表 8.12 pygame.image 模块的常用函数

函 数	说 明
pygame.image.load(filename)	加载图像文件并返回一个 Surface 对象
pygame.image.save(surface, filename)	将给定的 Surface 对象保存为图像文件

10. pygame.mixer 模块

Pygame的pygame.mixer模块主要用于处理音频，该模块提供了加载、播放、暂停和控制游戏音效的功能，并且支持多通道混合播放音乐。pygame.mixer模块的常用函数见表8.13。

表 8.13   pygame.mixer 模块的常用函数

函　数	说　明
pygame.mixer.init()	初始化 mixer 模块
pygame.mixer.quit()	释放与 mixer 模块有关的资源
pygame.mixer.music.load(file)	加载音乐文件到音频播放器
pygame.mixer.music.play(loops, start)	播放音乐，参数 loops 指定循环次数，start 指定开始播放的时间点
pygame.mixer.music.stop()	停止播放音乐
pygame.mixer.music.pause()	暂停播放音乐
pygame.mixer.music.unpause()	恢复暂停的音乐播放
pygame.mixer.music.get_busy()	检查音乐是否在播放
pygame.mixer.Sound(file)	加载声音文件为 Sound 对象，用于播放音效
Sound.play(maxtime, fade_ms)	播放 Sound 对象，参数 maxtime 用于限制播放时间，fade_ms 指定淡入时间
Sound.stop()	停止播放 Sound 对象
Sound.set_volume(volume)	设置 Sound 对象的音量，范围从 0.0 到 1.0
pygame.mixer.get_init()	返回音频系统的初始化参数

注：表8.12中的Sound表示声音对象。

8.1.5　创建并启动游戏窗口

接下来尝试编写代码，使用Pygame创建并启动一个简单的游戏窗口。代码保存在8.1文件夹下的init.py文件中，详细的创建步骤和代码如下。

（1）导入需要用到的工具，代码如下。

```
import pygame          # 导入Pygame库
pygame.init()          # 初始化Pygame
```

需要注意的是，导入Pygame库后一定要调用初始化函数init()。

👉 指点迷津 ·······

　　一般情况下，使用 Pygame 库时，函数 pygame.init() 是必须调用的。这个函数的主要作用是初始化所有的 Pygame 子模块，包括音频、视频、事件处理等核心组件。如果不调用 pygame.init() 函数，那么很多 Pygame 功能可能无法正常工作。

（2）创建一个游戏窗口并设置窗口的大小，代码如下。

```
screen = pygame.display.set_mode((500, 300), 0, 32)
```

（3）设置窗口的标题，代码如下。

```
pygame.display.set_caption("这是一个自定义的游戏窗口")
```

（4）启动游戏主循环，代码如下。

```
running = True                              # 设置游戏状态标志
while running:                              # 启动游戏循环
    for event in pygame.event.get():        # 监听游戏事件(遍历事件队列)
        if event.type == pygame.QUIT:       # 如果监听到关闭事件
            running = False                 # 将标志更改为False,退出循环
    pygame.display.update()                 # 持续更新游戏窗口
pygame.quit()                               # 终止Pygame,退出游戏
```

整个代码使用Pygame库创建了一个宽500、高300像素的游戏窗口,并将窗口的标题设置为"这是一个自定义的游戏窗口"。启动游戏循环后,程序将持续监听Pygame事件,当检测到用户触发了窗口关闭事件(pygame.QUIT事件)时,会将running变量设置为False,结束游戏循环并关闭窗口,最后调用pygame.quit()函数释放资源。

👉 指点迷津 ┈┈┈

pygame.quit() 函数用于终止所有与 Pygame 相关的模块,并释放和清理与视频、音频等系统资源相关的部分。

此时,运行代码会在屏幕中创建一个自定义的游戏窗口。使用Pygame创建的自定义游戏窗口如图8.4所示。

图8.4 使用Pygame创建的自定义游戏窗口

由图8.4可知,在屏幕中创建了一个宽500像素、高300像素的游戏窗口,窗口的标题为"这是一个自定义的游戏窗口",且在窗口中有一个默认的黑色Surface对象。

8.1.6 课堂小结

在本例中,我们简单学习了Pygame的核心模块,涉及pygame.display、pygame.Surface、pygame.event、pygame.font、pygame.time、pygame.draw、pygame.mouse、pygame.key、pygame.image和pygame.mixer等模块,并且成功创建、启动了一个游戏窗口。通过本例的学习,读者可以初步认识Pygame,为后续开发复杂的游戏项目打下坚实的基础。

8.2 案例66：呈现数字雨效果

本例将通过获取屏幕的基本信息、在窗口中添加Surface、在窗口中绘制文本、设置游戏的延迟时间及监听鼠标事件等5个示例，介绍pygame.display、pygame.Surface、pygame.font和pygame.time等模块的常用函数，并综合运用这些模块呈现数字雨的炫酷效果。

8.2.1 知识准备

1. 示例 01：获取屏幕的基本信息

在pygame.display模块中有一个类方法Info()，通常用于获取显示设备的相关信息，如屏幕大小及颜色深度等。调用该方法时会返回一个包含显示设备信息的对象，可以通过这个对象的属性来查询具体的信息。调用pygame.display.Info()方法的语法如下。

```
Info = pygame.display.Info()
```

Info类的常用属性见表8.14。

表 8.14 Info 类的常用属性

属　　性	说　　明
display_info.current_w	获取当前屏幕的宽度，以像素为单位
display_info.current_h	获取当前屏幕的高度，以像素为单位
display_info.bitsPerPixel	获取屏幕的每像素位数，表示颜色深度
display_info.refresh_rate	获取屏幕的刷新率，以 Hz 为单位

尝试编写代码，获取当前屏幕的宽度和高度。代码保存在8.2文件夹下的info.py文件中，代码如下。

```
import pygame
pygame.init()
info = pygame.display.Info()   # 获取屏幕信息
print(f"当前屏幕宽{info.current_w}，高{info.current_h}像素。")  # 输出屏幕的宽和高
pygame.quit()
```

以上代码的主要作用是利用Pygame库获取并输出当前屏幕的尺寸信息。其中，首先导入并初始化Pygame库，然后调用pygame.display.Info()方法获取显示器信息，进而输出屏幕的宽度和高度，最后调用pygame.quit()来终止Pygame，确保资源被完全释放。

运行代码以后，会在控制台中输出当前屏幕的宽度和高度，代码的运行效果如下。

```
当前屏幕宽1536，高864像素。
```

2. 示例 02：在窗口中添加 Surface

在Pygame库中有一个类方法Surface()，用于创建区域对象。Surface对象在Pygame中是

一个非常核心的概念，它代表一块矩形的图像区域，通常用于存储像素数据和颜色信息，以及表示游戏中的图形、背景、精灵等元素。调用pygame.Surface()方法的语法如下。

```
Surface = pygame.Surface(size, depth)
```

其中，参数size用于设置Surface对象的宽度和高度；depth用于设置Surface对象的颜色深度。

在pygame.Surface模块中有一个blit()方法，用于在Surface之间进行位块传输操作，也就是将源Surface的一部分或全部内容复制到目标Surface上。调用blit()方法的语法如下。

```
Surface.blit(surface, dest, rect)
```

该语法中的Surface表示区域对象。参数surface用于设置要复制的源Surface，dest用于设置源Surface在目标Surface中应该被粘贴的位置坐标，rect用于设置源Surface中需要被复制的区域。

在pygame.Surface模块中有一个fill()方法，用于填充指定的Surface对象。调用fill()方法的语法如下。

```
Surface.fill(color, rect)
```

该语法中的Surface表示区域对象。参数color用于设置填充的颜色，rect用于设置填充的矩形区域。

在pygame.event模块中有一个get()方法，通常用于监听和响应各种用户输入和系统事件。例如，按下键盘按键、单击鼠标按键、修改窗口大小、请求退出游戏等。调用pygame.event.get()方法的语法如下。

```
event = pygame.event.get()
```

尝试编写代码，在屏幕中创建一个窗口，新建一个Surface对象并将其添加到窗口中。代码保存在8.2文件夹下的surface.py文件中，代码如下。

```python
import pygame
pygame.init()
screen = pygame.display.set_mode((800, 600))
surface = pygame.Surface((500, 300))          # 创建一个Surface对象
surface.fill((255, 0, 0))                      # 设置Surface对象的颜色为红色
running = True
while running:
    for event in pygame.event.get():
        if event.type == pygame.QUIT:
            running = False
    screen.fill((0, 0, 0))                     # 清空屏幕，绘制黑色
    screen.blit(surface, (0, 0))               # 将Surface对象添加到游戏窗口中
    pygame.display.flip()
```

```
pygame.quit()
```

以上代码使用Pygame库创建了一个游戏窗口，并在该窗口中添加了一个红色的Surface对象。在游戏循环中，持续监听各类Pygame事件，当检测到用户触发窗口关闭事件时结束游戏循环。在每层游戏循环中都会清空窗口内容，将红色的Surface对象绘制到窗口的左上角，并通过pygame.display.flip()函数更新窗口内容以呈现最新的画面，最后在游戏结束时调用pygame.quit()函数关闭Pygame并释放相关资源。

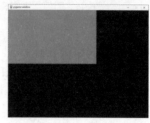

图8.5　使用pygame.Surface.blit()方法在窗口中添加Surface对象的代码运行效果

运行代码后，会在屏幕中创建一个窗口并在该窗口中添加一个红色的Surface对象。使用pygame.Surface.blit()方法在窗口中添加Surface对象的代码运行效果如图8.5所示。

由图8.5可知，在屏幕中创建了一个宽800像素、高600像素的窗口，随后在窗口的(0，0)坐标位置处添加了一个宽500像素、高300像素红色的Surface对象。

3. 示例03：在窗口中绘制文本

在pygame.font模块中有一个类方法SysFont()，用于从系统字体库中加载并创建字体对象。调用pygame.font.SysFont()方法的语法如下。

```
Font = pygame.font.SysFont(name, size, bold, italic)
```

其中，参数name通常是字体名称或者字体名称列表；size用于指定字体的大小；bold用于加载粗体版本的字体；italic用于加载斜体版本的字体。调用此方法会返回一个pygame.font.Font对象，可以使用这个对象结合render()方法来渲染文本，并将其转换成可以在游戏窗口中显示的Surface对象。

在pygame.font.Font类中有一个render()方法，通常用于渲染文本并将渲染后的文本作为Surface对象返回，以便在游戏窗口中显示。调用render()方法的语法如下。

```
Font.render(text, antialias, color, background)
```

该语法中的Font表示字体对象。参数text用于设置需要被渲染成图像的文本内容；antialias用于设置是否使用抗锯齿；color用于设置文本的颜色；background用于指定文本的背景颜色。

尝试编写代码，在窗口中绘制渲染后的文本"I Love Python"。代码保存在8.2文件夹下的render.py文件中，代码如下。

```
import pygame
pygame.init()
screen = pygame.display.set_mode((800, 600))
font = pygame.font.SysFont('SimHei', 99)      # 创建SimHei字体对象
```

```
text = "我爱Python"                                   # 定义文本的内容
rendered_text = font.render(text, True, (255, 255, 255))  # 渲染文本
# 设置文本在游戏窗口中的位置
text_rect = rendered_text.get_rect(center=screen.get_rect().center)
running = True
while running:
    for event in pygame.event.get():
        if event.type == pygame.QUIT:
            running = False
    screen.blit(rendered_text, text_rect)            # 将渲染好的文本绘制到窗口中
    pygame.display.update()
pygame.quit()                                        # 终止Pygame
```

以上代码首先创建了一个SimHei字体对象，然后使用该字体渲染文本"我爱Python"，计算出文本的中心点坐标并将文本居中显示在游戏窗口中。在游戏循环中，不断监听并处理Pygame事件，一旦检测到用户触发窗口关闭事件，就立刻终止游戏循环。循环内的每一帧都会将渲染好的文本按照计算好的坐标位置绘制到窗口中，并通过pygame.display.update()函数实时更新窗口内容，最后终止Pygame并释放游戏资源。

运行代码后，会在屏幕中创建一个游戏窗口，并在窗口中添加"我爱Python"文本。使用pygame.font.Font.render()方法渲染文本并添加到窗口中的代码运行效果如图8.6所示。

图8.6 使用pygame.font.Font.render()方法渲染文本并绘制到窗口中的代码运行效果

由图8.6可知，在屏幕中创建了一个宽800像素、高600像素的游戏窗口，并在窗口的中心位置添加了一个白色的"我爱Python"文本。

4. 示例04：设置游戏的延迟时间

在pygame.time模块中有一个delay()函数，通常用于将程序暂停指定的毫秒数。调用pygame.time.delay()函数的语法如下。

```
pygame.time.delay(milliseconds)
```

参数milliseconds用于设置程序暂停的时间，单位为毫秒。

尝试编写代码，在8.2.1小节示例01的基础上调用pygame.time.delay()函数，延迟指定时间后输出游戏窗口的基本信息。代码保存在8.2文件夹下的delay.py文件中，代码如下。

```
import pygame
pygame.init()
info = pygame.display.Info()
pygame.time.delay(2000)        # 暂停2秒
print(f"当前屏幕宽{info.current_w}像素，高{info.current_h}像素。")
```

```
pygame.quit()
```

以上代码首先导入并初始化了Pygame库，然后利用pygame.display.Info()函数获取当前显示器的信息，包括屏幕的宽度和高度，随后将程序暂停执行2秒，在控制台中输出窗口的实际尺寸，最后调用pygame.quit()函数，终止Pygame并清理相关资源。代码的运行效果与8.2.1小节中示例01的运行效果类似。

5. 示例05：监听鼠标事件

在8.2.1小节的示例02中，我们使用pygame.event.get()函数监听了游戏关闭的事件。尝试编写代码，使用该函数监听鼠标事件并实现功能：当用户单击鼠标的左键时，在游戏窗口中绘制文本"你单击了鼠标左键"；当用户单击鼠标的右键时，在游戏窗口中绘制文本"你单击了鼠标右键"。代码保存在8.2文件夹下的mouse.py文件中，代码如下。

```
import pygame
pygame.init()
screen = pygame.display.set_mode((800, 600))
text = "请单击鼠标按键"                         # 初始化文本的内容
running = True
while running:
    for event in pygame.event.get():
        if event.type == pygame.QUIT:
            running = False
        elif event.type == pygame.MOUSEBUTTONDOWN:      # 如果监听到鼠标事件
            if event.button == pygame.BUTTON_LEFT:      # 如果监听到单击鼠标左键
                text = "你单击了鼠标左键"       # 将文本内容修改为"你单击了鼠标左键"
            elif event.button == pygame.BUTTON_RIGHT:   # 如果监听到单击鼠标右键
                text = "你单击了鼠标右键"       # 将文本内容修改为"你单击了鼠标右键"
    screen.fill((0, 0, 0))
    font = pygame.font.SysFont('SimHei', 66)
    rendered_text = font.render(text, True, (255, 255, 255))
    text_rect = rendered_text.get_rect(center=screen.get_rect().
center)
    screen.blit(rendered_text, text_rect)
    pygame.display.update()
pygame.quit()
```

以上代码首先创建了一个SimHei字体对象和一个白色的空文本，然后启动了一个持续运行的游戏循环，实时监听用户事件。当用户单击关闭窗口的按钮时会退出游戏；当用户单击鼠标左键或右键时，更新空文本的内容为"你单击了鼠标左键"或"你单击了鼠标右键"。在每次循环迭代中，先清空窗口内容，然后使用SimHei字体渲染文本，将文本内容渲染为白色并居中显示在游戏窗口中，最后更新窗口内容。

在以上代码中，使用了一些常见的鼠标按键常量。常见的鼠标按键常量见表8.15。

表8.15 常见的鼠标按键常量

鼠标键	常 量
鼠标左键	BUTTON_LEFT 或整数 1
鼠标滚轮	BUTTON_MIDDLE 或整数 2
鼠标右键	BUTTON_RIGHT 或整数 3

运行代码后，会在屏幕中创建一个宽800像素、高600像素的黑色游戏窗口，并提示用户单击鼠标按键。显示"请单击鼠标按键"文本的游戏窗口，如图8.7所示。

由图8.7可知，在游戏窗口的中心绘制了一个"请单击鼠标按键"的文本。

当用户单击鼠标左键时，会在窗口中绘制出"你单击了鼠标左键"文本。显示"你单击了鼠标左键"文本的游戏窗口如图8.8所示。

当用户单击鼠标右键时，会在窗口中绘制出"你单击了鼠标右键"文本。显示"你单击了鼠标右键"文本的游戏窗口如图8.9所示。

图8.7 显示"请单击鼠标按键" 　图8.8 显示"你单击了鼠标左键" 　图8.9 显示"你单击了鼠标右键"
文本的游戏窗口　　　　　　文本的游戏窗口　　　　　　文本的游戏窗口

8.2.2 编写代码

尝试编写代码，创建一个游戏窗口并在窗口中模拟数字雨的动态效果。代码保存在8.2文件夹下的rain.py文件中，详细的实现步骤和代码如下。

(1) 导入工具库并初始化一个游戏窗口，代码如下。

```
import pygame
import random                                          # 导入Random模块
pygame.init()
screeninfo = pygame.display.Info()
screenwidth = screeninfo.current_w                     # 获取当前屏幕的宽度
screenheight = screeninfo.current_h                    # 获取当前屏幕的高度
# 创建一个比屏幕高度小一点的窗口，用于显示游戏画面
screen = pygame.display.set_mode((screenwidth, screenheight - 66)
pygame.display.set_caption("《黑客帝国》数字雨")
```

在以上代码中，首先导入了Pygame库和Random模块，随后利用pygame.display.Info()

函数获取了屏幕的基本信息，并从中提取出当前屏幕的宽度和高度，最后创建了一个比屏幕高度略小一点的游戏窗口并将窗口的标题设置为"《黑客帝国》数字雨"。

(2) 创建一个支持透明度的Surface对象，代码如下。

```
surface = pygame.Surface((screenwidth, screenheight - 66), pygame.
SRCALPHA)
surface.fill((0, 0, 0, 10))                    # 使用半透明黑色填充Surface
```

(3) 创建一个数字列表，并将数字渲染成图像，代码如下。

```
numbers = [str(i) for i in range(0, 10)]        # 创建包含数字0~9的字符列表
font = pygame.font.SysFont('SimHei', 25)        # 设置字体为SimHei，字号为25
font.set_bold(True)                             # 设置字体加粗
texts = [font.render(i, True, 'cyan') for i in numbers] # 渲染数字列表
lst = [0] * 99            # 创建一个长度为99的列表lst，用于存储每个数字的位置信息
running = True
```

(4) 启动游戏循环，模拟数字雨的炫酷效果，代码如下。

```
while running:
    for event in pygame.event.get():
        if event.type == pygame.QUIT:
            running = False
    pygame.time.delay(30)                       # 延迟30毫秒
    screen.blit(surface, (0, 0))                # 在屏幕上绘制半透明背景层
    for i in range(len(lst)):                   # 遍历数字列表
        text = random.choice(texts)             # 在列表中随机选择一个数字进行绘制
        screen.blit(text, (i * 20, lst[i] * 20))    # 在指定坐标位置绘制数字
        lst[i] += 1                             # 更新数字位置，向下移动一行
        if random.random() < 0.05:              # 设置随机概率
            lst[i] = 0                          # 重置数字位置到屏幕顶端
    pygame.display.flip()
pygame.quit()
```

整个代码使用Pygame库模拟数字雨的动画效果。首先初始化Pygame并获取屏幕的尺寸，创建一个略小于屏幕高度的窗口作为游戏界面。接下来，选用宋体字体将数字0~9渲染成青色图像，作为一系列随机出现的数字素材。随后利用动态数组lst记录每个数字在窗口中的垂直位置并启动游戏循环，如果检测到关闭事件，则结束游戏。在每帧循环中，叠加一层半透明黑色背景到游戏窗口中，随机选取数字在不同列中按照固定间距下落，并设置一定的概率使其从窗口顶端重新开始下落，从而营造出连续不断的数字雨效果。最后在每帧游戏结束后更新整个画面，直到用户手动关闭窗口。

此时，运行代码会在屏幕中呈现出数字雨的炫酷效果。使用Pygame呈现数字雨的代码运行效果如图8.10所示。

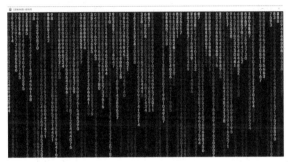

图8.10 使用Pygame呈现《黑客帝国》数字雨的代码运行效果

8.2.3 拓展提高

在8.2.2小节中，我们使用Pygame呈现了数字雨的炫酷效果，但是这个数字雨无法与用户进行交互。接下来尝试修改代码，给这个数字雨增加交互功能：当用户单击鼠标左键时，数字雨的下落速度将加快；当用户单击鼠标右键时，数字雨的下落速度将减慢。修改后的代码保存在8.2文件夹下的rains.py文件中，详细的修改步骤和代码如下。

(1) 定义数字的初始下落速度，代码如下。

```
fall_speed = 1                          # 定义数字雨的初始下落速度，即每帧移动的行数
```

(2) 在游戏循环中添加鼠标单击事件，代码如下。

```
while running:
    for event in pygame.event.get():
        if event.type == pygame.QUIT:
            running = False
        elif event.type == pygame.MOUSEBUTTONDOWN:  # 处理鼠标单击事件
            mouse_button = event.button                 # 获取鼠标事件
            if mouse_button == 1:                    # 如果单击鼠标左键
                fall_speed += 1                      # 加快数字雨的下落速度
            elif mouse_button == 3:                  # 如果单击鼠标右键
                fall_speed = max(fall_speed - 1, 1)  # 减慢数字雨的下落速度，最小为1
    pygame.time.delay(30 // fall_speed)   # 根据数字雨的下落速度调整延迟时间
    screen.blit(surface, (0, 0))
    for i in range(len(lst)):
        text = random.choice(texts)
        screen.blit(text, (i * 20, lst[i] * 20))
        lst[i] += 1
        if random.random() < 0.05:
            lst[i] = 0
    pygame.display.flip()
pygame.quit()
```

修改后的代码增加了用户交互功能。如果用户单击鼠标左键，则会加快数字雨的下落速度；如果用户单击鼠标右键，则会减慢数字雨的下落速度。

此时，运行代码会在窗口中呈现出可交互的数字雨效果，代码的运行效果与8.2.2小节中的数字雨相同，如图8.10所示。

8.2.4　课堂小结

本例综合运用Pygame的pygame.Surface、pygame.display、pygame.event、pygame.time和pygame.font等模块，呈现了炫酷数字雨的动画，并在拓展提高中给数字雨增加了交互功能，使用户可以控制数字雨的下落速度。总的来说，本例有助于初学者掌握游戏开发中的图形渲染、事件处理以及动画循环等基础技术。

8.2.5　课后练习

在拓展提高的基础上，尝试修改代码，给数字雨增加功能：当单击鼠标左键时，修改数字雨的颜色为红色并加快数字雨的下落速度；当单击鼠标右键时，修改数字雨的颜色为青色并减慢数字雨的下落速度。修改后的代码保存在8.2文件夹中的test.py文件中，代码的运行效果如图8.11所示。

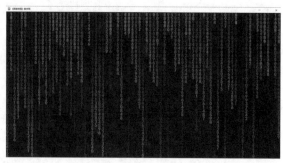

图8.11　红色数字雨的动画效果

👉 小提示

在游戏循环中使用 font.render() 方法渲染数字图像。

8.3　案例67：开发贪吃蛇小游戏

本例将通过在窗口中绘制矩形、控制游戏的帧率、监听键盘事件等3个示例，介绍pygame.draw、pygame.time、pygame.event等模块的常用函数和方法，并综合运用这些模块开发一个简单的贪吃蛇小游戏。

8.3.1 知识准备

1. 示例 06：在窗口中绘制矩形

在pygame.draw模块中有一个rect()函数，用于在指定的Surface上绘制矩形。调用pygame.draw.rect()函数的语法如下。

```
pygame.draw.rect(surface, color, rect, width)
```

其中，参数surface用于设置要绘制矩形的游戏窗口或者子画面；color用于设置矩形的颜色；rect用于设置矩形左上角的x坐标、y坐标、矩形的宽度和高度；width则用于指定矩形边框线的宽度。

尝试编写代码，在游戏窗口中绘制一个矩形。代码保存在8.3文件夹下的rect.py文件中，代码如下。

```
import pygame
pygame.init()
screen = pygame.display.set_mode((640, 480))
pygame.draw.rect(screen, (255, 255, 255), (100, 100, 200, 100)) # 绘制矩形
running = True
while running:
    for event in pygame.event.get():
        if event.type == pygame.QUIT:
            running = False
    pygame.display.update()
pygame.quit()
```

以上代码首先导入并初始化Pygame，然后在窗口中绘制了一个宽200像素、高100像素的白色矩形，并通过无限循环持续监听事件，在循环中不断更新窗口以显示矩形，当监听到用户单击关闭窗口的事件时退出游戏循环，最后在程序结束时调用pygame.quit()函数来终止Pygame并释放游戏资源。

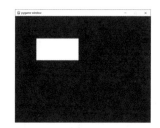

图8.12 使用pygame.draw.rect()函数绘制矩形的代码运行效果

运行代码后，会在屏幕中创建一个游戏窗口，随后在窗口中绘制出一个白色的矩形。使用pygame.draw.rect()函数绘制矩形的代码运行效果如图8.12所示。

由图8.12可知，在屏幕中创建了一个宽640像素、高480像素的窗口，并在窗口的(100,100)坐标位置处绘制了一个宽200像素、高100像素的白色矩形。

2. 示例 07：控制游戏的帧率

在pygame.time模块中有一个类方法Clock()，用于创建时钟对象。Clock对象主要用于

限制游戏循环的执行频率，确保程序按照设定的帧率运行，避免过度消耗CPU资源。调用pygame.time.Clock()方法的语法如下。

```
Clock = pygame.time.Clock()
```

在pygame.time.Clock类中有一个tick()方法，可以计算出合理的延时时间，从而实现平滑的游戏动画和定时事件，该方法对游戏的性能优化和同步处理具有关键作用。调用tick()方法的语法如下。

```
Clock.tick(fps)
```

该语法中的Clock表示时钟对象。参数fps用于设置游戏的最大帧率。

尝试编写代码，实现对游戏帧率的控制。代码保存在8.3文件夹下的tick.py文件中，代码如下。

```
import pygame
pygame.init()
screen = pygame.display.set_mode((800, 600))
clock = pygame.time.Clock()                          # 创建一个时钟对象
running = True
while running:
    for event in pygame.event.get():
        if event.type == pygame.QUIT:
            running = False
    screen.fill((255, 255, 255))
    clock.tick(60)                                   # 设置每秒60帧的帧率
    pygame.display.flip()
pygame.quit()
```

在以上代码中，函数clock.tick(60)表示游戏保持约每秒60帧的刷新率。如果游戏逻辑或渲染速度过快，超过了该速率，将暂停执行tick()方法，确保不会无节制地消耗CPU资源。

运行代码后，会在屏幕中创建一个白色的游戏窗口并保持每秒60帧的刷新率。使用pygame.time.Clock.tick()方法控制游戏帧率的代码运行效果如图8.13所示。

由图8.13可知，在屏幕中创建了一个宽800像素、高600像素的白色游戏窗口，并将窗口的刷新率设置为每秒60帧。

图8.13　使用pygame.time.Clock.tick()方法控制游戏帧率的代码运行效果

3. 示例08：监听键盘事件

在8.2.1小节的示例05中，我们使用pygame.event.get()函数监听了鼠标事件。尝试编写代码，使用该函数实现功能：当用户按下键盘上的"←"键时，将矩形向左移动指定像素；当用户按下键盘上的"→"键时，将矩形向右移动指定像素；当用户按下键盘上的"↑"键时，将矩形向上移动指定像素；当用户按下键盘上的"↓"键时，将矩形向下移动指定像素。代码保存在8.3文件夹下的keyboard.py文件中，代码如下。

```python
import pygame
pygame.init()
screen = pygame.display.set_mode((640, 480))
rect_position = pygame.Rect(100, 100, 200, 100)        # 定义矩形的Rect对象
move_speed = 5                                          # 定义移动速度，单位是像素
running = True
while running:
    for event in pygame.event.get():
        if event.type == pygame.QUIT:
            running = False
        elif event.type == pygame.KEYDOWN:             # 如果监听到按下键盘按键
            if event.key == pygame.K_LEFT:             # 如果按下了"←"键
                rect_position.x -= move_speed          # 将矩形向左移动
            elif event.key == pygame.K_RIGHT:          # 如果按下了"→"键
                rect_position.x += move_speed          # 将矩形向右移动
            elif event.key == pygame.K_UP:             # 如果按下了"↑"键
                rect_position.y -= move_speed          # 将矩形向上移动
            elif event.key == pygame.K_DOWN:           # 如果按下了"↓"键
                rect_position.y += move_speed          # 将矩形向下移动
    screen.fill((0, 0, 0))
    pygame.draw.rect(screen, (255, 255, 255), rect_position)  # 绘制矩形
    pygame.display.update()
pygame.quit()
```

以上代码首先创建了一个游戏窗口，然后定义了一个白色矩形对象，并在游戏循环中持续监听和处理用户事件。当用户按下键盘上的"↑""↓""←""→"等方向键时，矩形会以指定的速度在窗口中沿着相应方向移动。

在以上代码中，使用了一些常见的键盘按键常量。常见的键盘按键常量见表8.16。

表8.16 常见的键盘按键常量

键盘键	常量
esc（退出键）	K_ESCAPE
backspace（退格键）	K_BACKSPACE
tab（制表键）	K_TAB
enter（回车键）	K_RETURN
space（空格键）	K_SPACE

续表

键盘键	常量
←（向左键）	K_LEFT
↑（向上键）	K_UP
→（向右键）	K_RIGHT
↓（向下键）	K_DOWN
end（终止键）	K_END
home（home键）	K_HOME
insert（插入键）	K_INSERT
Delete（删除键）	K_DELETE
F1~F12（F1~F12键）	K_F1~K_F12
A-Z（A-Z键）	pygame.K_a – pygame.K_z
0-9（0~9键）	pygame.K_0 – pygame.K_9
NUMPAD（数字键）	pygame.K_KP_0 – pygame.K_KP_9

运行代码后，会在窗口中绘制出一个可以移动的矩形，代码的运行效果与8.3.1小节中示例06的效果类似，如图8.12所示。

8.3.2　编写代码

尝试编写代码，用不同颜色的矩形模拟贪吃蛇的身体和食物，开发一个简单的贪吃蛇小游戏。代码保存在8.3文件夹下的snake.py文件中，详细的开发步骤和代码如下。

(1) 导入需要用到的工具并定义游戏常量，代码如下。

```python
import pygame
import random
pygame.init()
GAME_WIDTH = 800                         # 定义窗口的宽度
GAME_HEIGHT = 600                        # 定义窗口的高度
BLOCK_SIZE = 20                          # 定义每个格子的大小
COLUMNS = GAME_WIDTH // BLOCK_SIZE        # 计算窗口水平方向的格子数
ROWS = GAME_HEIGHT // BLOCK_SIZE          # 计算窗口竖直方向的格子数
WHITE = (255, 255, 255)                  # 定义常量白色
BLACK = (0, 0, 0)                        # 定义常量黑色
RED = (255, 0, 0)                        # 定义常量红色
```

在以上代码中，首先导入了Pygame库和Random模块，并初始化Pygame以便启动游戏循环与事件处理。随后定义了窗口的尺寸和格子的大小，通过数学运算计算出窗口内水平方向和竖直方向的格子数量。最后，定义了WHITE、BLACK和RED等3种颜色常量，分别代表白色、黑色和红色，用于绘制后续的游戏画面。总的来说，这段代码定义了贪吃蛇小游戏的基础常量，包括窗口大小、网格数量和颜色常量。

(2) 定义Snake类，包含__init__()、move()、grow()、draw()、check()等自定义方法，具体步骤如下。

1) 在Snake类中定义__init__()方法，用于初始化贪吃蛇的基本属性，代码如下。

```python
class Snake:
    def __init__(self):
        self.body = [(COLUMNS // 2, ROWS // 2)]
        self.direction = random.choice(['UP', 'DOWN', 'LEFT', 'RIGHT'])
```

以上代码定义了一个名为Snake的类及其初始化方法__init__()，用于初始化贪吃蛇游戏中的蛇对象。创建蛇类的实例时，会自动调用__init__()方法来设置蛇的初始属性，首先将蛇身的初始位置设置为游戏区域的中心点，即网格宽度和高度的一半，随后使用random.choice()函数在上、下、左、右四个方向随机选择蛇的初始移动方向，给游戏增加随机性和挑战性。总的来说，以上代码可以初始化贪吃蛇的位置和运动方向，为整个游戏奠定基础。

2) 在Snake类中定义move()方法，用于控制贪吃蛇的移动，代码如下。

```python
    def move(self):
        head = self.body[0]                          # 获取贪吃蛇的头部坐标
        x, y = head                                  # 获取贪吃蛇头部的x坐标和y坐标
        if self.direction == 'UP':                   # 如果当前贪吃蛇向上移动
            self.body.insert(0, (x, y - 1))          # 在贪吃蛇列表头部插入坐标(x,y-1)
        elif self.direction == 'DOWN':               # 如果当前贪吃蛇向下移动
            self.body.insert(0, (x, y + 1))          # 在贪吃蛇列表头部插入坐标(x,y+1)
        elif self.direction == 'LEFT':               # 如果当前贪吃蛇向左移动
            self.body.insert(0, (x - 1, y))          # 在贪吃蛇列表头部插入坐标(x-1,y)
        elif self.direction == 'RIGHT':              # 如果当前贪吃蛇向右移动
            self.body.insert(0, (x + 1, y))          # 在贪吃蛇列表头部插入坐标(x+1,y)
        self.body.pop()          # 删除贪吃蛇的尾部，实现移动贪吃蛇的效果
```

以上代码定义了一个名为move的方法，调用该方法可以实现贪吃蛇在游戏中的移动逻辑。该方法属于Snake类，其中self.body存储了贪吃蛇身体各部分位置组成的列表。当调用此方法时，首先会获取贪吃蛇头部的位置信息。接下来，根据实例变量self.direction设置贪吃蛇的移动方向，并在贪吃蛇的头部插入新的坐标点，模拟贪吃蛇向前移动一步的动作。具体来说，如果向上移动，则新头部坐标为原头部纵坐标减1；如果向下移动，则纵坐标加1；如果向左移动，则横坐标减1；如果向右移动，则横坐标加1。最后通过pop()方法删除贪吃蛇列表尾部的元素，从而保持蛇身长度不变并实现了蛇身向前移动的效果，即蛇尾跟随蛇头移动并"舍弃"旧位置。总的来说，以上代码通过在存放贪吃蛇身体坐标的列表中插入和删除坐标，模拟出贪吃蛇的移动过程。

3) 在Snake类中定义grow()方法，用于增加贪吃蛇的身体长度，代码如下。

```python
def grow(self):
    head = self.body[0]                     # 获取当前贪吃蛇的头部坐标
    x, y = head                             # 获取贪吃蛇头部的x坐标和y坐标
    if self.direction == 'UP':              # 如果当前贪吃蛇向上移动
        self.body.insert(0, (x, y - 1))     # 在贪吃蛇列表头部插入坐标(x,y-1)
    elif self.direction == 'DOWN':          # 如果当前贪吃蛇向下移动
        self.body.insert(0, (x, y + 1))     # 在贪吃蛇列表头部插入坐标(x,y+1)
    elif self.direction == 'LEFT':          # 如果当前贪吃蛇向左移动
        self.body.insert(0, (x - 1, y))     # 在贪吃蛇列表头部插入坐标(x-1,y)
    elif self.direction == 'RIGHT':         # 如果当前贪吃蛇向右移动
        self.body.insert(0, (x + 1, y))     # 在贪吃蛇列表头部插入坐标(x+1,y)
```

以上代码定义了一个名为grow的方法，调用该方法可以实现贪吃蛇在吃到食物时增加身体长度的功能。当贪吃蛇吃到食物时，首先获取当前贪吃蛇头部的位置信息，然后根据贪吃蛇当前的移动方向，在蛇身列表的头部插入一个新的坐标点，该坐标点根据移动方向的不同分别位于蛇头的正上方、正下方、正左侧或正右侧，实现了在贪吃蛇移动的同时，其身体长度随着吃到食物而增长的效果。总的来说，以上代码通过在存放贪吃蛇身体坐标的列表中插入坐标，实现增大贪吃蛇蛇身的功能。

4）在Snake类中定义draw()方法，用于将贪吃蛇绘制到窗口中，代码如下。

```python
def draw(self):
    for segment in self.body:                        # 遍历贪吃蛇列表，循环绘制贪吃蛇的蛇身
        pygame.draw.rect(screen, BLACK,
(segment[0] * BLOCK_SIZE, segment[1] * BLOCK_SIZE,
    BLOCK_SIZE, BLOCK_SIZE))                          # 绘制黑色的矩形，表示贪吃蛇的身体
```

以上代码定义了一个名为draw的方法，调用该方法可以在游戏窗口中绘制出贪吃蛇的游戏形象。该方法通过遍历存放贪吃蛇身体各部分的列表，依次为身体每段绘制图形，对于列表中的每一个坐标对元素，将其转换成对应的像素位置，然后利用pygame.draw.rect()函数在窗口中绘制出一个黑色的矩形，以此方式拼接成贪吃蛇的身体。总的来说，以上代码实现了将游戏中的贪吃蛇逐节显示在窗口中的功能。

5）在Snake类中定义check()方法，用于检查贪吃蛇是否发生了碰撞，代码如下。

```python
def check(self):
    head = self.body[0]                         # 获取当前贪吃蛇的头部坐标
    if head[0] < 0 or head[0] >= COLUMNS
     or head[1] < 0 or head[1] >= ROWS:
        return True
    if len(self.body) != len(set(self.body)):   # 检查是否撞到自己
        return True
    return False
```

以上代码定义了一个名为check的方法，调用该方法可以检查游戏结束的条件，即贪吃蛇

是否发生了碰撞。首先，该方法获取了贪吃蛇头部的坐标，如果头部坐标超出游戏区域，则认为贪吃蛇撞到了墙壁，同时比较贪吃蛇身体各部分坐标与原列表长度，判断是否存在自身部位重叠的情况（即撞到自身）。如果满足以上任何一种碰撞条件，则方法返回True，表示发生碰撞；否则返回False，表明当前贪吃蛇未发生碰撞。总的来说，这段代码主要用于实时监测贪吃蛇在移动过程中是否触碰到游戏边界或自身，以判断游戏是否结束。

(3) 定义Food类，包含__init__()和draw()方法，具体步骤如下。

1) 在Food类中定义__init__()方法，用于初始化食物的基本属性，代码如下。

```
class Food:
    def __init__(self):
        self.position = (random.randint(0, COLUMNS - 1),
        random.randint(0, ROWS - 1))       # 初始化食物的坐标
```

以上代码定义了一个名为Food的食物类，并实现了一个初始化方法__init__()。在创建Food类的对象时，该方法会被自动调用，用于生成食物的随机位置。具体而言，食物的位置坐标position由两组随机整数确定，这两组整数分别取自于0~COLUMNS-1以及0~ROWS-1之间，以确保食物坐标始终位于游戏网格的有效区域。总的来说，以上代码的作用是创建一个能够在游戏中随机分布的食物实体类，为贪吃蛇游戏增添了寻找和获取食物的互动元素。

2) 在Food类中定义draw()方法，用于将食物绘制到窗口中，代码如下。

```
    def draw(self):
      pygame.draw.rect(screen, RED,
    (self.position[0] * BLOCK_SIZE,self.position[1] * BLOCK_SIZE,
    BLOCK_SIZE, BLOCK_SIZE))            # 绘制红色的矩形，表示食物
```

以上代码定义了一个名为draw的方法，调用该方法可以在游戏窗口中绘制出表示食物的红色矩形。简单来说，该函数通过绘制一个红色矩形来代表游戏场景中的食物实体，实现了在游戏画面中可视化食物的功能。

(4) 创建游戏窗口并初始化游戏元素，代码如下。

```
screen = pygame.display.set_mode((GAME_WIDTH, GAME_HEIGHT))
pygame.display.set_caption('贪吃蛇小游戏')
snake = Snake()                        # 初始化贪吃蛇
food = Food()                          # 初始化食物
running = True
clock = pygame.time.Clock()            # 初始化时钟对象
```

以上代码首先利用pygame.display.set_mode()函数创建了一个800像素×600像素大小的游戏窗口，并通过pygame.display.set_caption()函数将窗口的标题设置为"贪吃蛇小游戏"。然后实例化Snake类和Food类，并初始化游戏运行标志running和游戏时钟clock。

(5) 启动游戏循环，执行贪吃蛇小游戏的游戏逻辑，代码如下。

```
while running:
    screen.fill(WHITE)              # 清空窗口，填充白色
    for event in pygame.event.get():
        if event.type == pygame.QUIT:
            running = False
        elif event.type == pygame.KEYDOWN:          # 如果监听到按下键盘的事件
            # 如果按下键盘上的↑键且当前贪吃蛇没有向下运动
            if event.key == pygame.K_UP and snake.direction != 'DOWN':
                snake.direction = 'UP'              # 将贪吃蛇的运动方向修改为向上运动
            # 如果按下键盘上的↓键且当前贪吃蛇没有向上运动
            elif event.key == pygame.K_DOWN and snake.direction != 'UP':
                snake.direction = 'DOWN'            # 将贪吃蛇的运动方向修改为向下运动
            # 如果按下键盘上的←键且当前贪吃蛇没有向右运动
            elif event.key == pygame.K_LEFT and snake.direction != 'RIGHT':
                snake.direction = 'LEFT'            # 将贪吃蛇的运动方向修改为向左运动
            # 如果按下键盘上的→键且当前贪吃蛇没有向左运动
            elif event.key == pygame.K_RIGHT and snake.direction != 'LEFT':
                snake.direction = 'RIGHT'           # 将贪吃蛇的运动方向修改为向右运动
    snake.move()                            # 移动贪吃蛇
    if snake.body[0] == food.position:              # 检查是否吃到食物
        snake.grow()                        # 增大贪吃蛇的蛇身
        food = Food()                       # 重置食物的基本属性
    if snake.check():                       # 检查是否有碰撞
        running = False                     # 将标志修改为False，退出游戏
    snake.draw()                            # 绘制贪吃蛇
    food.draw()                             # 绘制食物
    pygame.display.update()
    clock.tick(10)
pygame.quit()
```

以上代码实现了贪吃蛇小游戏的核心逻辑。在循环内，首先清空游戏窗口的内容并填充背景颜色为白色。然后遍历事件队列，响应用户的操作，如果监听到窗口关闭事件，将结束游戏；如果监听到键盘按键事件，将改变贪吃蛇的移动方向。在每次循环中，都会执行贪吃蛇的移动操作并判断是否吃到食物，如果吃到食物，则增加蛇身长度并重新生成食物，同时检查蛇是否碰到边界或其他身体部位。最后，分别绘制贪吃蛇和食物并更新游戏的画面，通过控制时钟tick来限制游戏帧率为每秒10帧。当游戏结束时，退出循环并终止Pygame。总的来说，以上代码构建了一个实时交互式的贪吃蛇小游戏，实现了贪吃蛇的移动控制、食物获取、碰撞检测以及界面刷新等功能。

此时，运行代码会在屏幕中启动贪吃蛇小游戏。使用Pygame开发贪吃蛇小游戏的代码运行效果如图8.14所示。

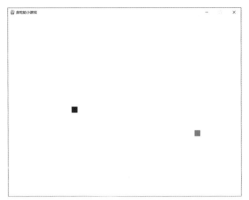

图8.14 使用Pygame开发贪吃蛇小游戏的代码运行效果

由图8.14可知，在屏幕中创建了一个宽800像素、高600像素的窗口，窗口的标题为"贪吃蛇小游戏"，并在窗口中绘制了两个矩形。其中，红色的矩形表示食物，黑色的矩形表示贪吃蛇的身体。

8.3.3 拓展提高

在8.3.2小节中，我们使用Pygame开发了一个简单的贪吃蛇小游戏，但是这个小游戏缺少显示分数的机制。接下来尝试修改代码，给这个小游戏添加分数机制：每当贪吃蛇吃到食物，就增加1分。修改后的代码保存在8.3文件夹下的snakes.py文件中，详细的修改步骤和代码如下。

(1) 在游戏循环外定义一个记录分数的遍历，代码如下。

```
score = 0                # 初始化分数为0
```

(2) 修改游戏循环，使用font模块将分数绘制到窗口中，代码如下。

```
while running:
    screen.fill(WHITE)
    for event in pygame.event.get():
        if event.type == pygame.QUIT:
            running = False
        elif event.type == pygame.KEYDOWN:
            if event.key == pygame.K_UP and snake.direction != 'DOWN':
                snake.direction = 'UP'
            elif event.key == pygame.K_DOWN and snake.direction != 'UP':
                snake.direction = 'DOWN'
            elif event.key == pygame.K_LEFT and snake.direction != 'RIGHT':
                snake.direction = 'LEFT'
            elif event.key == pygame.K_RIGHT and snake.direction != 'LEFT':
                snake.direction = 'RIGHT'
    snake.move()
```

```
if snake.body[0] == food.position:
    snake.grow()
    food = Food()
if snake.check():
    running = False
snake.draw()
food.draw()
font = pygame.font.SysFont('SimHei', 36)        # 创建一个字体对象
# 渲染font字体对象
score_surface = font.render("分数:" + str(score), True, BLACK)
screen.blit(score_surface, (10, 10))            # 将分数绘制到窗口的指定位置
pygame.display.update()
clock.tick(10)
```

以上代码在8.3.4小节中贪吃蛇游戏循环的基础上增加了显示得分的功能。在每一帧循环中，除了原有的清空窗口、移动贪吃蛇、检查是否吃到食物、检查碰撞、绘制贪吃蛇和食物等功能之外，还创建了一个字体对象，并利用该字体对象在游戏区域中动态渲染出分数信息，文本的格式为“分数:”加上具体的分数值。最后保持对游戏帧率的控制，确保游戏流畅运行的同时展示实时得分，增强了游戏体验的完整性和互动性。

此时，运行代码会在图8.13的基础上增加一个显示得分的文本，每当贪吃蛇吃到食物时，会将分数score增加1分。使用pygame.font模块增加分数机制的代码运行效果如图8.15所示。

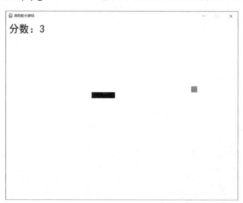

图8.15　使用pygame.font模块增加分数机制的代码运行效果

8.3.4　课堂小结

本例综合运用Pygame的pygame.Surface、pygame.display、pygame.event、pygame.time、pygame.draw和pygame.font等模块，开发了一个简单的贪吃蛇小游戏，并在拓展提高中给贪吃蛇小游戏增加了分数机制，使用户可以实时看到自己的得分。总的来说，本例有助于初学者深入理解Pygame库各模块间的协同工作原理、面向对象编程的思想以及游戏开发中的关

键技巧，为开发更复杂的游戏项目打下坚实的基础。

8.3.5 课后练习

在拓展提高的基础上，尝试修改代码，将贪吃蛇分为蛇头和蛇身两个部分。其中，蛇头为蓝色；蛇身为黑色。修改后的代码保存在8.3文件夹下的test.py文件中，代码的运行效果如图8.16所示。

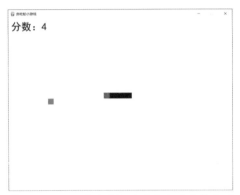

图8.16　使用Pygame开发自定义贪吃蛇小游戏的代码运行效果

👍 小提示 ....

修改 Snake 类的 draw() 方法，分别绘制贪吃蛇的蛇头和蛇身。

8.4 案例68：开发俄罗斯方块小游戏

本例将通过在窗口中绘制线段、实现计时器功能等示例，介绍pygame.draw、pygame.time等模块的常用函数和方法，并综合运用这些模块开发一个俄罗斯方块小游戏。

8.4.1 知识准备

1. 示例 09：在窗口中绘制线段

在pygame.draw模块中有一个line()函数，该函数用于在Surface上绘制线段，并且可以设置线段的颜色、起点、终点和线宽。调用pygame.draw.line()函数的语法如下。

```
pygame.draw.line(surface, color, start_pos, end_pos, width)
```

其中，参数surface用于设置要绘图的Surface对象；color用于设置线段的颜色；start_pos用于设置线段的起始点；end_pos用于设置线段的结束点；width用于设置线段的宽度。

尝试编写代码，在游戏窗口中绘制一条自定义的直线段。代码保存在8.4文件夹下的line.

py文件中，代码如下。

```
import pygame
pygame.init()
screen = pygame.display.set_mode((800, 600))
pygame.draw.line(screen, (0, 255, 0), (0, 0), (800, 600), 10)   # 绘制直线段
pygame.display.flip()
running = True
while running:
    for event in pygame.event.get():
        if event.type == pygame.QUIT:
            running = False
pygame.quit()
```

以上代码利用Pygame库创建了一个游戏窗口，并绘制了一条从窗口左上角坐标(0, 0)到窗口右下角坐标(800, 600)的绿色线段，同时启动一个游戏循环来监听事件，如果检测到窗口关闭的事件，则退出游戏循环并释放相关资源。

运行代码后，会在屏幕中创建一个窗口，并沿着窗口左上角向右下角绘制一条绿色的直线段。使用pygame.draw.line()函数绘制自定义线段的代码运行效果如图8.17所示。

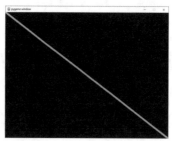

图8.17　使用pygame.draw.line()函数绘制自定义线段的代码运行效果

2. 示例10：实现计时器功能

pygame.time模块中的get_ticks()函数通常用于获取自启动Pygame程序以来经过的时间，适用于测量两个事件之间的时间差、控制动画帧率和实现计时器功能等场景。调用pygame.time.get_ticks()函数的语法如下。

```
current_time = pygame.time.get_ticks()
```

尝试编写代码，模拟在某款射击游戏中，检查自上一次用户射击以来，是否过去了足够长的时间再次进行射击。代码保存在8.4文件夹下的time.py文件中，代码如下。

```
import pygame
pygame.init()
screen = pygame.display.set_mode((500, 300))
```

```
last_shot_time = 0                                    # 设置初始时间
cooldown_time = 1000                                  # 设置冷却时间为1秒
text = "请按下空格键进行射击"                           # 设置初始文本
running = True
while running:
    for event in pygame.event.get():
        if event.type == pygame.QUIT:
            running = False
        if event.type == pygame.KEYDOWN:              # 如果监听到键盘按键事件
            if event.key == pygame.K_SPACE:           # 如果按下了键盘的空格键
                current_time = pygame.time.get_ticks() - last_shot_time
                if current_time > cooldown_time:# 如果大于定义的冷却时间
                    text = f"距离上次射击{current_time}毫秒，射击成功"  # 允许射击
                    last_shot_time = pygame.time.get_ticks()  # 更新射击的时间
                else:                                 # 如果小于定义的冷却时间
                    text = "冷却时间未到，射击失败"  # 拒绝射击
    screen.fill((0, 0, 0))
    font = pygame.font.SysFont('SimHei', 25)
    rendered_text = font.render(text, True, (255, 255, 255))
    text_rect = rendered_text.get_rect(center=screen.get_rect().center)
    screen.blit(rendered_text, text_rect)
    pygame.display.flip()
    pygame.time.delay(50)
pygame.quit()
```

在以上代码中，函数pygame.time.get_ticks()被用来获取当前的时刻，并与last_shot_time进行比较以判断用户是否可以再次射击。如果当前时间与上次射击时间之差大于冷却时间，则允许用户再次射击并将last_shot_time更新为当前时间；否则在游戏窗口中绘制出拒绝射击的文本。使用pygame.time.get_ticks()函数实现计时器功能的代码运行效果如图8.18所示。

由图8.18可知，在屏幕中创建了一个宽500像素、高300像素的游戏窗口并在窗口中绘制了"请按下空格键进行射击"的文本，等待用户按下空格键进行射击。

当用户按下空格键后，如果距离上次射击时间超过冷却时间，即超过了定义的cooldown_time，则会清空窗口的内容并在窗口中绘制出距离上次射击过去了多长时间，以及允许进行射击的文本。允许射击的游戏窗口如图8.19所示。

如果距离上次射击时间没有超过冷却时间，则会清空窗口并在窗口中绘制出拒绝射击的文本。拒绝射击的游戏窗口如图8.20所示。

图8.18 使用pygame.time.get_ticks()　图8.19 允许射击的游戏窗口　图8.20 拒绝射击的游戏窗口
函数实现计时器功能的代码运行效果

8.4.2 编写代码

尝试编写代码，使用pygame.draw模块绘制方块、pygame.event模块移动方块、pygame.time模块控制方块下落速度，开发一个简单的俄罗斯方块小游戏，代码保存在8.4文件夹下的tetris.py文件中，详细的开发步骤和代码如下。

(1) 导入需要用到的工具并定义游戏常量，代码如下。

```python
import pygame
import random
pygame.init()
COLUMNS = 20                            # 定义水平方向的格子数
ROWS = 30                               # 定义竖直方向的格子数
BLOCK_SIZE = 20                         # 定义每个格子的大小
GAME_WIDTH = COLUMNS * BLOCK_SIZE           # 计算窗口的宽度
GAME_HEIGHT = ROWS * BLOCK_SIZE             # 计算窗口的高度
FPS = 30                                # 定义游戏的帧率
WHITE = (255, 255, 255)                 # 定义白色常量
BLACK = (0, 0, 0)                       # 定义黑色常量
GRAY = (128, 128, 128)                  # 定义灰色常量
RED = (255, 0, 0)                       # 定义红色常量
GREEN = (0, 255, 0)                     # 定义绿色常量
BLUE = (0, 0, 255)                      # 定义蓝色常量
CYAN = (0, 255, 255)                    # 定义青色常量
MAGENTA = (255, 0, 255)                 # 定义品红常量
YELLOW = (255, 255, 0)                  # 定义黄色常量
ORANGE = (255, 165, 0)                  # 定义橙色常量
SHAPES = [
[[1, 1, 1], [0, 1, 0]], [[1, 1, 0], [0, 1, 1]],
[[0, 1, 1], [1, 1, 0]], [[1, 1],[1, 1]],
        [[1, 1, 1, 1]], [[1, 1, 1], [1, 0, 0]], [[1, 1, 1], [0, 0, 1]]
]                                       # 定义俄罗斯方块的形状列表
DROP_INTERVAL = 200                     # 定义方块下落的间隔时间(毫秒)
```

以上代码中定义了一系列用于配置俄罗斯方块小游戏的常量，包含游戏区域的大小、游戏

的帧率以及方块的颜色等，同时列举了七种不同形状的俄罗斯方块组合并将其存放在SHAPES列表中，最后定义了方块下落的间隔时间。

(2) 自定义new_shape()函数，用于在方块列表中随机选择一个元素，代码如下。

```python
def new_shape():
    return random.choice(SHAPES)          # 随机生成俄罗斯方块
```

以上代码定义了一个名为new_shape()的函数，调用该函数可以生成一个随机形状的俄罗斯方块。

(3) 自定义draw_grid()函数，用于绘制游戏区域，代码如下。

```python
def draw_grid(screen):                     # 画游戏区域边界
    for i in range(ROWS):                  # 画格子的横向线段
        pygame.draw.line(screen, GRAY, (0, i * BLOCK_SIZE),
                        (GAME_WIDTH, i * BLOCK_SIZE))    # 绘制水平方向直线段
    for i in range(COLUMNS):               # 画格子的纵向线段
        pygame.draw.line(screen, GRAY, (i * BLOCK_SIZE, 0),
                        (i * BLOCK_SIZE, GAME_HEIGHT))   # 绘制竖直方向直线段
```

以上代码定义了一个名为draw_grid的函数，调用该函数可以绘制游戏的背景网格。在该函数中，使用for循环遍历了网格中的行ROWS和列COLUMNS，对于每一行，使用 pygame. draw.line()方法绘制一条从窗口左侧到右侧的灰色直线段，对于每一列，绘制一条从窗口顶部到底部的灰色直线段，最终构成了游戏的背景网格。

(4) 自定义draw_block()函数，用于在窗口中绘制矩形，代码如下。

```python
def draw_block(screen, color, pos):
    x, y = pos                             # 获取方块的坐标
    pygame.draw.rect(screen, color, (x * BLOCK_SIZE + 1, y * BLOCK_SIZE + 1,
                    BLOCK_SIZE - 2, BLOCK_SIZE - 2))    # 绘制方块
```

以上代码定义了一个名为draw_block的函数，调用该函数可以在窗口中绘制方块。

(5) 自定义valid_move()函数，用于检查方块是否与游戏边界碰撞，代码如下。

```python
def valid_move(grid, shape, offset_x, offset_y):
    for y, row in enumerate(shape):
        for x, cell in enumerate(row):
            if cell and (
                    offset_x + x < 0 or offset_x + x >= COLUMNS
                    or offset_y + y >= ROWS or grid[offset_y + y][offset_x + x]):
                return False
    return True
```

以上代码定义了一个名为valid_move的函数，调用该函数可以检查俄罗斯方块在移动时是否与游戏边界发生碰撞。该函数接收4个参数，其中，参数grid表示当前游戏区域的状态；参数shape表示当前俄罗斯方块的形状；参数offset_x和offset_y表示方块在游戏区域中的偏移量。

在该函数中，通过遍历俄罗斯方块的形状及其相对位置，检查是否与游戏区域边界或其他方块发生碰撞，如果发生碰撞，则返回False；否则返回True。总的来说，这个函数在移动方块时起到了关键的碰撞检测作用，保证了游戏的正常进行。

(6) 自定义merge()函数，用于将方块合并到游戏区域，代码如下。

```python
def merge(grid, shape, offset_x, offset_y):
    for y, row in enumerate(shape):
        for x, cell in enumerate(row):
            if cell:
                grid[offset_y + y][offset_x + x] = 1
```

以上代码定义了一个名为merge的函数，调用该函数可以将当前的俄罗斯方块合并到游戏区域中的指定位置。该函数接收4个参数，其中，参数grid表示当前游戏区域的状态；参数shape表示当前俄罗斯方块的形状；参数offset_x和offset_y表示方块在游戏区域中的偏移量。在该函数中，通过遍历俄罗斯方块的形状，将方块中的有效部分(非零值)合并到游戏区域中的对应位置，并将这些位置的值设置为1，表示该位置已经被占据。总的来说，当方块落到底部无法再移动时，调用该函数更新游戏区域的状态，以便后续检测是否有整行可以被清除。

(7) 自定义check_lines()函数，用于检查是否需要清空整行的方块，代码如下。

```python
def check_lines(grid):
    global score
    lines_to_clear = [i for i, row in enumerate(grid) if all(row)]
    if len(lines_to_clear):
        score += 1
    for i in lines_to_clear:
        del grid[i]
        grid.insert(0, [0] * COLUMNS)
    return grid
```

以上代码定义了一个名为check_lines的函数，调用该函数可以检查游戏区域中是否存在可以被清除的完整行。首先，通过列表解析找到所有行中值全为1的行的索引，并存储在lines_to_clear列表中，如果存在需要清除的行，则将分数加1，然后遍历需要清除的行，将其从游戏区域中删除并在顶部插入一个全0行，最后返回更新后的游戏区域。总的来说，这个函数在俄罗斯方块落到底部后被调用，用于清除整行并更新游戏区域的状态。

(8) 自定义draw_shape()函数，用于将俄罗斯方块绘制到游戏区域中，代码如下。

```python
def draw_shape(screen, shape, offset_x, offset_y):
    global color
    for y, row in enumerate(shape):
        for x, cell in enumerate(row):
            if cell:
                draw_block(screen, color, (offset_x + x, offset_y + y))
```

以上代码定义了一个名为draw_shape的函数，调用该函数可以将给定形状的俄罗斯方块绘制到游戏窗口中。该函数接收4个参数，其中，参数screen表示游戏窗口；参数shape表示当前俄罗斯方块的形状；参数offset_x和offset_y表示方块在窗口中的偏移量。在该函数中，通过遍历俄罗斯方块的形状，调用draw_block()函数将每个非零值（即方块的一部分）绘制到窗口上，同时根据全局变量color来修改方块的颜色。总的来说，这个函数在游戏界面更新时被调用，负责将当前的俄罗斯方块绘制到游戏窗口上。

(9) 自定义draw_grid_blocks()函数，用于绘制游戏区域内的所有方块，代码如下。

```
def draw_grid_blocks(screen, grid):
    for y, row in enumerate(grid):
        for x, cell in enumerate(row):
            if cell:
                draw_block(screen, WHITE, (x, y))
```

以上代码定义了一个名为draw_grid_blocks的函数，调用该函数可以将游戏区域中的所有方块绘制到游戏窗口上。该函数接收2个参数，其中，参数screen表示游戏窗口；参数grid表示游戏区域内每个位置的方块状态。在该函数中，依次遍历游戏区域中的每个位置，如果当前位置的方块状态为1时（表示有方块），就调用draw_block()函数在该位置绘制一个白色的方块。总的来说，这个函数在游戏界面更新时被调用，用于将游戏区域中的所有方块绘制到游戏窗口上，以便用户观察游戏状态。

(10) 创建游戏窗口并初始化游戏元素，代码如下。

```
screen = pygame.display.set_mode((GAME_WIDTH, GAME_HEIGHT))
pygame.display.set_caption("俄罗斯方块小游戏")
clock = pygame.time.Clock()
score = 0                                        # 初始化分数变量
grid = [[0] * COLUMNS for _ in range(ROWS)]      # 初始化游戏的格子
current_shape = new_shape()                      # 生成一个俄罗斯方块
current_x = COLUMNS // 2 - len(current_shape[0]) // 2      # 初始化x坐标
current_y = 0                    # 初始化y坐标
start_time = pygame.time.get_ticks()             # 从游戏开始到现在经历的时间
last_drop_time = start_time                      # 获取上次方块下落的时间
color = random.choice([RED, GREEN, BLUE, CYAN, MAGENTA, YELLOW, ORANGE])
game_over = False            # 初始化游戏结束标志
```

在以上代码中，首先创建了一个宽400像素、高600像素的游戏窗口，并将游戏窗口的标题设置为"俄罗斯方块小游戏"。然后初始化时钟对象、游戏分数、游戏格子、俄罗斯方块、游戏结束标志等元素。

(11) 启动游戏循环并执行游戏逻辑，代码如下。

```
while not game_over:
    for event in pygame.event.get():
```

```
            if event.type == pygame.QUIT:
                game_over = True
            if event.type == pygame.KEYDOWN:            # 如果监听到按下键盘的事件
                if event.key == pygame.K_LEFT:          # 如果按下了键盘上的"←"键
                    if valid_move(grid, current_shape,
        current_x - 1, current_y):  # 判断是否可以向左移动
                        current_x -= 1                   # 将方块向左移动一格
                elif event.key == pygame.K_RIGHT:       # 如果按下了键盘上的"→"键
                    if valid_move(grid, current_shape,
        current_x + 1, current_y):  # 判断是否可以向右移动
                        current_x += 1                   # 将方块向右移动一格
                elif event.key == pygame.K_DOWN:        # 如果按下了键盘上的"↓"键
                    if valid_move(grid, current_shape,
        current_x, current_y + 1):  # 判断是否可以向下移动
                        current_y += 1                   # 将方块向下移动一格
    current_time = pygame.time.get_ticks()             # 获取当前时间
    if current_time - last_drop_time > DROP_INTERVAL:  # 判断时间
        last_drop_time = current_time                  # 更新上次方块下落的时间
# 如果方块可以下落
        if valid_move(grid, current_shape, current_x, current_y + 1):
            current_y += 1  # 将方块下落一格
        else:
            merge(grid, current_shape, current_x, current_y)  # 合并方块
            grid = check_lines(grid)                   # 检查是否需要清除行
            current_shape = new_shape()                # 重新生成一个方块
            color = random.choice([RED, GREEN, BLUE, CYAN,
                MAGENTA, YELLOW, ORANGE])              # 随机选择一个颜色
    # 初始化方块的x坐标
            current_x = COLUMNS // 2 - len(current_shape[0]) // 2
            current_y = 0  # 初始化方块的y坐标
    # 如果无法移动
            if not valid_move(grid, current_shape, current_x, current_y):
                game_over = True                       # 将标志修改为True，退出游戏
    screen.fill(BLACK)
    draw_grid(screen)                                  # 绘制游戏区域
    draw_shape(screen, current_shape, current_x, current_y)  # 绘制俄罗斯方块
    draw_grid_blocks(screen, grid)                     # 绘制游戏区域内的方块
    font = pygame.font.SysFont('SimHei', 36)
    score_surface = font.render("分数:" + str(score), True, WHITE)
    screen.blit(score_surface, (10, 10))
    pygame.display.flip()
    clock.tick(FPS)
pygame.quit()
```

以上代码实现了俄罗斯方块小游戏的基本逻辑。在游戏中，用户可以按下键盘上的"↓""←""→"等按键来控制方块的移动，合理堆放不同形状的方块并通过消除方块获得分数；游戏中的方块会自动下落，用户需要及时地调整方块的位置，避免其堆积到顶部；在游戏的左上角会实时显示分数，当方块到达区域上边缘时游戏结束。

图8.21 使用Pygame开发俄罗斯方块小游戏的代码运行效果

此时，运行代码会在屏幕中启动俄罗斯方块小游戏。使用Pygame开发俄罗斯方块小游戏的代码运行效果如图8.21所示。

由图8.21所示，在屏幕中创建了一个游戏窗口并将窗口分为30行、20列的游戏区域，随后在游戏区域内绘制持续下落的方块以模拟出俄罗斯方块小游戏。

8.4.3 拓展提高

在8.4.2小节中，我们使用Pygame开发了一个简单的俄罗斯方块小游戏，但是由于方块无法旋转，导致游戏的难度很高，用户的游戏体验感较差。接下来尝试修改代码，给俄罗斯方块小游戏增加旋转方块的功能。修改后的代码保存在8.4文件夹下的tetrises.py文件中，详细的修改步骤和代码如下。

(1) 自定义rotate_shape()函数，用于旋转方块，代码如下。

```
def rotate_shape(shape):
    return [list(reversed(row)) for row in zip(*shape)]        # 返回旋转后的方块
```

(2) 修改游戏循环，添加旋转方块的事件，代码如下。

```
while not game_over:
    for event in pygame.event.get():
        if event.type == pygame.QUIT:
            game_over = True
        if event.type == pygame.KEYDOWN:
            if event.key == pygame.K_LEFT:
                if valid_move(grid,current_shape,current_x - 1,current_y):
                    current_x -= 1
            elif event.key == pygame.K_RIGHT:
                if valid_move(grid,current_shape,current_x + 1,current_y):
                    current_x += 1
            elif event.key == pygame.K_DOWN:
                if valid_move(grid,current_shape,current_x,current_y + 1):
                    current_y += 1
            elif event.key == pygame.K_UP:          # 如果按下了键盘上的"↑"键
```

```
                                                    # 获取旋转后的方块
                rotated_shape = rotate_shape(current_shape)
                if valid_move(grid,rotated_shape,current_x,current_y):
                    current_shape = rotated_shape     # 旋转方块
    current_time = pygame.time.get_ticks()
    if current_time - last_drop_time > DROP_INTERVAL:
        last_drop_time = current_time
        if valid_move(grid,current_shape,current_x,current_y + 1):
            current_y += 1
        else:
            merge(grid, current_shape, current_x, current_y)
            grid = check_lines(grid)
            current_shape = new_shape()
            color = random.choice([RED, GREEN, BLUE, CYAN,
                MAGENTA, YELLOW, ORANGE])
            current_x = GAME_WIDTH // 2 - len(current_shape[0]) // 2
            current_y = 0
            if not valid_move(grid, current_shape,current_x, current_y):
                game_over = True
    screen.fill(BLACK)
    draw_grid(screen)
    draw_shape(screen, current_shape, current_x, current_y)
    draw_grid_blocks(screen, grid)
    font = pygame.font.SysFont('SimHei', 36)
    score_surface = font.render("分数:" + str(score), True, WHITE)
    screen.blit(score_surface, (10, 10))
    pygame.display.flip()
    clock.tick(FPS)
```

修改后再次运行代码，此时的俄罗斯方块小游戏增加了旋转方块的功能，用户可以按下键盘上的"↑"键旋转下落的方块，增强了游戏的趣味性。代码的运行效果与8.4.2小节中的俄罗斯方块类似，如图8.21所示。

8.4.4 课堂小结

本例综合运用Pygame的pygame.Surface、pygame.display、pygame.event、pygame.time、pygame.draw和pygame.font等模块，开发了一个简单的俄罗斯方块小游戏，并在拓展提高中增加了旋转方块的功能，提高了游戏的丰富性和趣味性。总的来说，本例有助于加深初学者对Pygame的理解并提升解决问题的能力。

8.4.5 课后练习

在拓展提高的基础上，尝试修改代码，开发一个自定义的俄罗斯方块小游戏并包含一键到底的功能：当按下键盘空格键时，正在下落的方块直接移动到游戏区域的底部。修改后的代码保存在8.4文件夹下的test.py文件中，代码的运行效果与8.4.2小节中的俄罗斯方块类似，如图8.21所示。

👉 **小提示**

在游戏循环中增加一个 while 循环用于持续移动方块。

8.5 案例69：开发方块消消乐小游戏

本例将通过获取鼠标光标的坐标、监听鼠标光标的移动等示例，介绍pygame.event、pygame.mouse等模块的常用函数和方法，并综合运用这些模块开发一个方块消消乐小游戏。

8.5.1 知识准备

1. 示例 11：获取鼠标光标的坐标

pygame.mouse模块中的get_pos()函数，通常用于获取当前鼠标光标在屏幕上的位置。该函数会返回一个包含x坐标和y坐标的元组，表示鼠标光标相对于窗口左上角的坐标，适用于游戏或图形用户界面应用，可以帮助开发者追踪用户的鼠标输入。例如，判断用户是否单击了某个特定的游戏对象、跟随鼠标移动并绘制图形等操作。调用pygame.mouse.get_pos()函数的方法如下。

```
mouse_pos = pygame.mouse.get_pos()
```

尝试编写代码，在游戏窗口中监听鼠标单击事件，绘制出单击鼠标按键时光标的位置。代码保存在8.5文件夹下的pos.py文件中，代码如下。

```
import pygame
pygame.init()
screen = pygame.display.set_mode((500, 300))
pos = (0, 0)    # 初始化鼠标的默认位置
running = True
while running:
    screen.fill((255, 255, 255))
    for event in pygame.event.get():
        if event.type == pygame.QUIT:
            running = False
```

```
        elif event.type == pygame.MOUSEBUTTONDOWN:  # 如果监听到单击鼠标的事件
            pos = pygame.mouse.get_pos()      # 获取当前鼠标在游戏窗口中的坐标位置
    font = pygame.font.SysFont('SimHei', 25)
    rendered_text = font.render(f"鼠标光标的位置:{pos}", True, (0, 0, 0))
    text_rect = rendered_text.get_rect(center=screen.get_rect().center)
    screen.blit(rendered_text, text_rect)
    pygame.display.flip()
    pygame.time.delay(50)
pygame.quit()
```

以上代码使用Pygame库创建了一个游戏窗口并启动了游戏循环。在循环内，首先清空屏幕并填充白色，然后监听和处理各种事件，当用户单击窗口关闭按钮时，会退出游戏循环；当监听到用户单击鼠标按键时，获取当前鼠标的坐标并使用系统字体"黑体"在窗口中动态渲染出鼠标光标的坐标位置，并将坐标文本显示在窗口的中心。最后在每层循环中刷新窗口的内容，并设置50毫秒的延迟以控制游戏的帧率。

图8.22　使用pygame.mouse.get_pos()函数获取鼠标光标坐标的代码运行效果

运行代码后，会实时监听用户单击鼠标时光标的坐标位置，并将坐标绘制到窗口中。使用pygame.mouse.get_pos()函数获取鼠标光标坐标的代码运行效果如图8.22所示。

由图8.22可知，在屏幕中创建了一个宽500像素、高300像素的游戏窗口，并在窗口的中心绘制了一个实时改变的坐标文本，用于显示单击鼠标时的光标位置。

2. 示例12：监听鼠标光标的移动

在8.5.1小节的示例11中，我们学习了pygame.mouse.get_pos()函数。接下来尝试编写代码，在示例11的基础上，使用该函数实现功能：当用户按下鼠标按键并拖动鼠标光标时，在窗口中实时显示当前鼠标光标的位置。代码保存在8.5文件夹下的drag.py文件中，代码如下。

```
import pygame
pygame.init()
screen = pygame.display.set_mode((500, 300))
pos = (0, 0)                          # 初始化鼠标光标的默认位置
running = True
dragging = False                      # 初始化拖动标志为False
while running:
    screen.fill((255, 255, 255))
    for event in pygame.event.get():
        if event.type == pygame.QUIT:
            running = False
```

```
        elif event.type == pygame.MOUSEBUTTONDOWN:        # 如果监听到鼠标按下事件
            pos = pygame.mouse.get_pos()                # 获取当前鼠标在游戏区域的坐标
            dragging = True            # 将标志设置为True，表示鼠标处于拖动状态
        elif event.type == pygame.MOUSEBUTTONUP:        # 如果监听到释放鼠标事件
            dragging = False            # 将标志修改为False，表示鼠标处于释放状态
        elif event.type == pygame.MOUSEMOTION:            # 如果监听到鼠标事件
            if dragging:                    # 如果鼠标处于拖动状态
                pos = pygame.mouse.get_pos()        # 获取鼠标光标的坐标
    font = pygame.font.SysFont('SimHei', 25)
    rendered_text = font.render(f"鼠标光标的位置:{pos}", True, (0, 0, 0))
    text_rect = rendered_text.get_rect(center=screen.get_rect().center)
    screen.blit(rendered_text, text_rect)
    pygame.display.flip()
    pygame.time.delay(50)
pygame.quit()
```

以上代码定义了一个dragging标志，用于监听鼠标是否处于拖动状态，如果当前的鼠标处于拖动状态，则会在游戏窗口的左上角实时显示鼠标光标的坐标。代码的运行效果与8.5.1小节中示例11的运行效果类似，如图8.22所示。

8.5.2 编写代码

尝试编写代码，使用pygame.draw模块绘制方块、pygame.mouse模块交换相邻的方块，开发一个简单的方块消消乐小游戏。代码保存在8.5文件夹下的eliminate.py文件中，详细的开发步骤和代码如下。

(1) 导入需要用到的工具并定义游戏常量，代码如下。

```
import pygame
import random
pygame.init()
GAME_WIDTH = 400            # 定义游戏窗口的宽度
GAME_HEIGHT = 400            # 定义游戏窗口的高度
BLOCK_SIZE = 40            # 定义游戏窗口中每个格子的边长
COLUMNS = GAME_HEIGHT // BLOCK_SIZE        # 定义游戏区域内的横向格子数
ROWS = GAME_WIDTH // BLOCK_SIZE            # 定义游戏区域内的纵向格子数
WHITE = (255, 255, 255)    # 定义白色常量
BLACK = (0, 0, 0)        # 定义黑色常量
RED = (255, 0, 0)        # 定义红色常量
GREEN = (0, 255, 0)        # 定义绿色常量
BLUE = (0, 0, 255)        # 定义蓝色常量
YELLOW = (255, 255, 0)            # 定义黄色常量
COLORS = [RED, GREEN, BLUE, YELLOW]        # 定义方块的颜色列表
```

以上代码主要用于初始化方块消消乐的游戏常量。在代码中首先定义了游戏窗口的尺寸和每个格子的大小，并据此计算出游戏区域内横向和纵向的格子数量。然后，定义一系列颜色常量并存放在列表COLORS中，用于渲染每个格子中的方块。

(2) 自定义draw_grid()函数，用于绘制游戏区域，代码如下。

```
def draw_grid():
    for x in range(COLUMNS):               # 遍历游戏区域的每行
        for y in range(ROWS):              # 遍历游戏区域的每列
            pygame.draw.rect(screen,grid[x][y],(y*BLOCK_SIZE,x*BLOCK_SIZE,
BLOCK_SIZE, BLOCK_SIZE))                    # 将所有方块绘制到游戏区域
            pygame.draw.line(screen, WHITE,(y * BLOCK_SIZE, x * BLOCK_
SIZE),
(y * BLOCK_SIZE, (x + 1) * BLOCK_SIZE))     # 绘制横向的直线段，以分隔每个方块
            pygame.draw.line(screen, WHITE,(y * BLOCK_SIZE, x * BLOCK_
SIZE),
((y + 1) * BLOCK_SIZE, x * BLOCK_SIZE))     # 绘制纵向的直线段，以分隔每个方块
```

以上代码定义了一个名为draw_grid的函数，调用该函数可以在窗口中绘制方块和网格线。该函数通过循环结构遍历游戏区域内的每行和每列，并使用pygame.draw.rect()函数依据二维数组grid中的颜色值在相应位置绘制彩色方块，随后利用pygame.draw.line()函数分别画出横向和纵向的白色线条，以分隔相邻的方块，从而形成规整且带有网格线的游戏界面，增强游戏的用户体验感。

(3) 自定义check_matches()函数，用于检查是否需要消除方块，代码如下。

```
def check_matches():
    flag = False                           # 定义一个标志并初始化为False
    global score                           # 声明全局变量score
    for x in range(COLUMNS):               # 遍历游戏区域的每行
        for y in range(ROWS):              # 遍历游戏区域的每列
            color = grid[x][y]             # 获取每个方块的颜色
            count_horizontal = 1                        # 检查水平方向所有匹配的颜色
            for i in range(1, ROWS - y):                # 遍历当前方块右边的所有方块
                if grid[x][y + i] == color:             # 如果当前方块与相邻方块颜色相同
                    count_horizontal += 1               # 将水平计数器的值加1
                else:                                   # 一旦相邻颜色不同，就直接退出循环
                    break
            count_vertical = 1                          # 检查垂直方向所有匹配的颜色
            for i in range(1, COLUMNS - x):             # 遍历当前方块下面的所有方块
                if grid[x + i][y] == color:             # 如果当前方块与相邻方块颜色相同
                    count_vertical += 1                 # 将垂直计数器的值加1
                else:                                   # 一旦相邻颜色不同，就直接退出循环
                    break
            if count_horizontal >= 3:                   # 如果水平计数器的值大于等于3
```

```
            for i in range(count_horizontal):      # 遍历水平计数器的值
                grid[x][y + i] = None               # 将颜色相同的方块全部置为None
                flag = True                         # 修改标志为True，表示有方块被消除
            score += count_horizontal               # 增加相应的分数值
        if count_vertical >= 3:                     # 如果垂直计数器的值大于等于3
            for i in range(count_vertical):         # 遍历垂直计数器的值
                grid[x + i][y] = None               # 将颜色相同的方块全部置为None
                flag = True                         # 修改标志为True，表示有方块被消除
            score += count_vertical                 # 增加相应的分数值
    return flag                                     # 返回标志，表示是否有方块被消除
```

以上代码定义了一个名为check_matches的函数，调用该函数可以检查游戏区域内是否存在连续相同颜色的方块，并执行消除操作、更新得分。在代码中首先定义一个标志flag并初始化为False，表示尚未找到可消除的匹配方块，并声明全局变量score用于累计得分。接下来遍历整个游戏区域，对于每个方块，分别计算其水平和垂直方向上相邻且颜色相同的方块个数。如果水平或垂直方向上有至少3个连续且颜色相同的方块，则消除这些方块，同时增加相应的分数至全局变量score中。最后，返回flag的值，表示是否有方块被消除。

（4）自定义drop_blocks()函数，用于绘制消除方块后的游戏画面，代码如下。

```
def drop_blocks():
    for y in range(ROWS):                           # 遍历游戏区域的每列
        for x in range(COLUMNS):                     # 遍历游戏区域的每行
            if grid[x][y] is None:                   # 如果当前位置被设置为None
                for k in range(x, 0, -1):            # 遍历当前位置上方的所有方块
                    grid[k][y] = grid[k - 1][y]      # 将当前位置上方方块向下移动
                grid[0][y] = random.choice(COLORS)   # 在最上方添加一个方块
```

以上代码定义了一个名为drop_blocks的函数，调用该函数可以处理游戏区域内已经被消除的方块。该函数首先遍历游戏区域的每列，然后在每列中遍历每行。当检测到某行某列的方块颜色为None（表示已被消除），则从该位置开始向上遍历，并逐行将该位置上方的方块下移一格。当该位置上方所有方块都向下移动一格以后，在该列的顶部随机选择一个颜色并生成一个新的方块。

（5）自定义get_clicked_block()函数，用于获取当前方块的位置，代码如下。

```
def get_clicked_block(pos):
    x, y = pos                                      # 获取鼠标在游戏区域内的x和y坐标
    col = x // BLOCK_SIZE                            # 计算当前鼠标在游戏区域的第几个方块（横向）
    row = y // BLOCK_SIZE                            # 计算当前鼠标在游戏区域的第几个方块（纵向）
    return row, col                                 # 返回当前鼠标光标所在的方块
```

以上代码定义了一个名为get_clicked_block的函数，调用该函数可以获取用户在游戏区域内单击的方块。当给定鼠标在游戏区域内的坐标时，该函数会分别获取x坐标和y坐标的值。然后用x和y分别除以方块的大小BLOCK_SIZE并取整数部分，计算出鼠标光标落在游戏区域中的

方块索引，即横向的第col个方块和纵向的第row个方块。最后，返回一个(row, col)元组，表示用户单击的是位于(row, col)位置的游戏方块。

(6) 自定义swap_blocks()函数，用于交换相邻的方块，代码如下。

```
def swap_blocks(pos1, pos2):
    row1, col1 = pos1                    # 获取第一个方块的位置
    row2, col2 = pos2                    # 获取第二个方块的位置
    # 交换方块的位置
    grid[row1][col1], grid[row2][col2] = grid[row2][col2], grid[row1][col1]
```

以上代码定义了一个名为swap_blocks的函数，调用该函数可以交换游戏区域内两个相邻方块的位置。该函数接收参数pos1和pos2，分别代表需要交换方块的位置。其中，首先将这两个坐标拆分为row1、col1、row2和col2等4个独立的变量，分别对应两个方块的行、列索引。随后通过简单的赋值操作，将位于(row1, col1)和(row2, col2)位置的方块互换颜色，实现交换方块的功能。

(7) 创建窗口并初始化游戏元素，代码如下。

```
screen = pygame.display.set_mode((GAME_WIDTH, GAME_HEIGHT))
pygame.display.set_caption("方块消消乐小游戏")
running = True
selected_block = None        # 初始化交换标志为None
dragging = False             # 初始化移动鼠标的标志
score = 0                    # 初始化分数变量
clock = pygame.time.Clock()  # 初始化一个时钟对象
# 创建一个二维数组来存储所有方块
grid = [[random.choice(COLORS) for _ in range(ROWS)] for _ in
range(COLUMNS)]
```

在以上代码中，首先创建了一个宽400像素、高400像素的游戏窗口，并将窗口的标题设置为“方块消消乐小游戏”，然后初始化游戏标志、交换标志、鼠标拖拽标志、游戏分数、时钟对象和游戏方块等元素。

(8) 启动游戏循环并执行游戏逻辑，代码如下。

```
while running:
    screen.fill(WHITE)
    for event in pygame.event.get():
        if event.type == pygame.QUIT:
            running = False
        elif event.type == pygame.MOUSEBUTTONDOWN:     # 如果监听到鼠标单击事件
            pos = pygame.mouse.get_pos()  # 获取当前鼠标在游戏区域中的坐标
            row, col = get_clicked_block(pos)          # 获取鼠标单击的方块位置
            selected_block = (row, col)                # 将当前方块作为方块一
            dragging = True          # 将标志设置为True，表示鼠标处于按下状态
```

```
        elif event.type == pygame.MOUSEBUTTONUP:        # 如果监听到释放鼠标事件
            dragging = False            # 将标志修改为False，表示鼠标处于释放状态
            if selected_block:                          # 如果当前选择了方块一
                selected_block = None                   # 将方块一设置为None
        elif event.type == pygame.MOUSEMOTION:  # 如果监听到鼠标事件
            if dragging and selected_block:             # 如果当前的标志为False且存在方块一
                pos = pygame.mouse.get_pos()            # 获取鼠标移动到的坐标位置
                row, col = get_clicked_block(pos)       # 获取方块二的位置
                if ((row,col)!=selected_block and abs(selected_block[0]-row)
+abs(selected_block[1]-col)==1):                    # 如果方块一和方块二相邻
                    swap_blocks(selected_block,(row,col)) # 交换两个方块的位置
                    draw_grid()                         # 绘制交换方块后的游戏画面
                    if not check_matches():         # 检查交换后是否存在方块消除
                        swap_blocks(selected_block,(row, col))
                        draw_grid()                     # 绘制交换回来的方块
                    drop_blocks()                       # 如果有方块消除，生成新的方块
                    selected_block = None               # 将方块一设置为None
    draw_grid()                         # 初始化消消乐的游戏界面
    check_matches()                     # 检查是否有需要消除的方块
    drop_blocks()                       # 检查是否有需要填充方块的空格
    font = pygame.font.SysFont('SimHei', 36)
    score_surface = font.render("分数:" + str(score), True, WHITE)
    screen.blit(score_surface, (10, 10))
    pygame.display.flip()
    clock.tick(30)
pygame.quit()
```

以上代码实现了方块消消乐小游戏的主要逻辑。其中，首先使用draw_grid()函数将方块绘制到游戏界面中。接下来响应鼠标事件并交换相邻的方块，通过check_matches()函数检查是否存在3个连续且颜色相同的方块，如果有，则将其消除并更新分数。最后持续刷新游戏画面并控制帧率为30fps，当检测到关闭窗口事件时退出游戏。

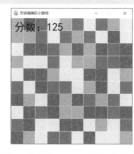

图8.23　使用Pygame开发方块消消乐小游戏的代码运行效果

此时，运行代码会在屏幕中启动方块消消乐小游戏。使用Pygame开发方块消消乐小游戏的代码运行效果如图8.23所示。

由图8.23可知，在屏幕中创建了一个宽度和高度都为400像素的游戏窗口。在窗口中绘制了一个10像素×10像素的游戏区域，并填充了100个随机颜色的方块，当用户通过交换相邻的方块实现"消消乐"的功能时，会在游戏区域的左上角实时绘制出分数。

8.5.3　拓展提高

在8.5.2小节中，我们使用Pygame开发了一个简单的方块消消乐小游戏，但是在交换相邻方块时没有相应的动画效果，导致用户的游戏体验感不佳。接下来尝试修改代码，给消消乐小游戏添加交换方块时的动画效果。修改后的代码保存在8.5文件夹下的eliminates.py文件中，详细的修改步骤和代码如下。

修改swap_blocks()函数，当用户交换方块时实现动画效果，代码如下。

```python
def swap_blocks(pos1, pos2):
    row1, col1 = pos1
    row2, col2 = pos2
    dx = (row2 - row1) * BLOCK_SIZE / 10          # 计算方块之间的横向移动速度
    dy = (col2 - col1) * BLOCK_SIZE / 10          # 计算方块之间的纵向移动速度
    for i in range(10):                           # 循环10次，交换方块的位置
        screen.fill(WHITE)                        # 清空游戏窗口并绘制白色
        draw_grid()                               # 绘制方块
        pygame.draw.rect(screen, WHITE,
                        (col1 * BLOCK_SIZE, row1 * BLOCK_SIZE,
                         BLOCK_SIZE, BLOCK_SIZE))  # 将方块一的背景设置为白色
        pygame.draw.rect(screen, WHITE,
                        (col2 * BLOCK_SIZE, row2 * BLOCK_SIZE,
                         BLOCK_SIZE, BLOCK_SIZE))  # 将方块二的背景也设置为白色
        pygame.draw.rect(screen, grid[row1][col1],
                        (col1 * BLOCK_SIZE + i * dx, row1 * BLOCK_SIZE + i * dy,
                         BLOCK_SIZE, BLOCK_SIZE))  # 持续移动方块一
        pygame.draw.rect(screen, grid[row2][col2],
                        (col2 * BLOCK_SIZE - i * dx, row2 * BLOCK_SIZE - i * dy,
                         BLOCK_SIZE, BLOCK_SIZE))  # 持续移动方块二
        pygame.display.flip()
        pygame.time.delay(50)
    grid[row1][col1], grid[row2][col2] = grid[row2][col2], grid[row1][col1]
```

修改后再次运行代码，在8.5.3小节的基础上增加了方块缓慢移动的动画效果，丰富了游戏的视觉表现和动态体验。通过引入该动画效果，不仅让方块交换位置的过程更为平滑和生动，也让用户在交互时能够获得更直观的反馈和更强的沉浸感，增强了游戏的趣味性、观赏性以及用户参与度，使游戏更加引人入胜。代码的运行效果与8.5.2小节中的图8.23类似。

8.5.4　课堂小结

本例综合运用Pygame的pygame.Surface、pygame.display、pygame.event、pygame.time、pygame.draw、pygame.font和pygame.mouse等模块，开发了一个简单的消消乐小游戏，并在拓展提高中增加了交换方块的动画效果，增强了用户的游戏体验感。总的来说，本

节不仅可以培养初学者对游戏开发的兴趣，还可以提高解决实际编程问题的能力。

8.5.5 课后练习

在拓展提高的基础上，尝试修改代码，开发一个自定义的消消乐小游戏，至少包含7种不同颜色的方块。修改后的代码保存在8.5文件夹下的test.py文件中，代码的运行效果如图8.24所示。

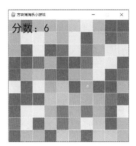

图8.24 开发自定义消消乐小游戏的代码运行效果

👍 小提示

自定义颜色常量并添加到颜色列表中。

8.6 案例70：开发球球大作战小游戏

本例将通过在窗口中绘制圆形、获取键盘按键状态等示例，介绍pygame.draw、pygame.key等模块的常用函数和方法，并综合运用这些模块开发一个球球大作战小游戏。

8.6.1 知识准备

1. 示例13：在窗口中绘制圆形

pygame.draw模块中的circle()函数用于在指定的Surface上绘制圆形。调用pygame.draw.circle()函数的语法如下。

```
pygame.draw.circle(surface, color, pos, radius, width)
```

其中，参数surface用于设置绘制圆形的区域；color用于设置圆形的颜色；pos用于设置圆形的圆心坐标；radius用于设置圆形的半径；width用于设置圆形边框线的宽度。该函数会返回一个pygame.Rect对象，表示所绘制圆形的最小外接矩形，这个矩形可以用于碰撞检测、裁剪等操作，不会影响实际绘制到Surface上的图形。

尝试编写代码，在游戏窗口中绘制一个蓝色的圆形。代码保存在8.6文件夹下的circle.py文件中，代码如下。

```
import pygame
pygame.init()
screen = pygame.display.set_mode((800, 600))
pygame.draw.circle(screen, (0, 0, 255), (500, 300), 100, 10)  # 绘制圆形
pygame.display.flip()
running = True
while running:
    for event in pygame.event.get():
        if event.type == pygame.QUIT:
            running = False
pygame.quit()
```

在以上代码中，首先初始化Pygame，创建一个游戏窗口，然后设置窗口的颜色为蓝色，定义圆形的宽度为10像素，设置圆心的坐标为(500, 300)，半径为100像素，最后调用pygame.draw.circle()函数在窗口中绘制出蓝色圆形，并通过pygame.display.flip()函数更新窗口内容，使绘制的图形可见。使用pygame.draw.circle()函数绘制自定义圆形的代码运行效果如图8.25所示。

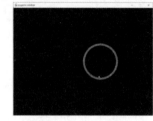

图8.25　使用pygame.draw.circle()函数绘制自定义圆形的代码运行效果

由图8.25可知，在宽800像素、高600像素的游戏窗口中绘制了一个蓝色边框的圆形。

2. 示例 14：获取键盘按键状态

在pygame.key模块中有一个get_pressed()函数，用于获取当前键盘按键的按下状态。该函数返回一个字典，字典的键是Pygame定义的键盘常量，值为布尔型，表示对应按键是否处于按下状态。在游戏循环中调用get_pressed()函数，可以实时监测用户的键盘输入，适用于处理角色移动、菜单导航、技能触发等基于按键的操作，可以与键盘事件处理机制结合使用，共同构建完整的键盘输入响应系统。调用pygame.key.get_pressed()函数的语法如下。

```
key_status = pygame.key.get_pressed()
```

尝试编写代码，使用get_pressed()函数实现功能：当用户按下键盘上的空格键时，在窗口中提示空格键被按下的文本信息；当用户按下键盘上的"↑"键时，在窗口中提示"↑键被按下"的文本信息。代码保存在8.6文件夹下的keyboard.py文件中，代码如下。

```
import pygame
pygame.init()
screen = pygame.display.set_mode((800, 600))
running = True
```

```
while running:
    for event in pygame.event.get():
        if event.type == pygame.QUIT:
            running = False
    screen.fill((0, 0, 0))
    font = pygame.font.SysFont("SimHei", 50)
    text = "请按下键盘的按键"                            # 初始化文本内容
    keys_pressed = pygame.key.get_pressed()            # 获取当前键盘按键状态
    if keys_pressed[pygame.K_UP]:                      # 如果"↑"键被按下
        text = "↑键被按下"                  # 将文本修改为"↑键被按下"
    if keys_pressed[pygame.K_SPACE]:                   # 如果空格键被按下
        text = "空格键被按下"               # 将文本修改为"空格键被按下"
    font = pygame.font.SysFont('SimHei', 50)
    rendered_text = font.render(text, True, (255, 255, 255))
    text_rect = rendered_text.get_rect(center=screen.get_rect().center)
    screen.blit(rendered_text, text_rect)
    pygame.display.flip()
pygame.quit()
```

以上代码使用Pygame库构建了一个简易的交互式程序。在代码中，首先初始化一个宽800像素、高600像素的游戏窗口，然后在窗口中动态显示用户按下"↑"键或空格键的信息。该程序持续监听事件，当接收到退出请求时终止游戏；否则，在每一帧中检测按键的状态，根据用户是否按下"↑"键或空格键更新文本，并使用白色"黑体"字体在窗口中心绘制该文本。使用pygame.key.get_pressed()函数获取键盘按键状态的代码运行效果如图8.26所示。

图8.26 使用pygame.key.get_pressed()函数获取键盘按键状态的代码运行效果

由图8.26可知，在宽800、高600像素的游戏窗口中绘制了一个内容为"请按下键盘的按键"的文本。当用户按下键盘上的空格键即Space键时，文本的内容会修改为"空格键被按下"。用户按下空格键的效果如图8.27所示。

由图8.27可知，当用户按下键盘上的空格键时，窗口中的文本会修改为"空格键被按下"，如果用户释放空格键，则文本会变回原来的"请按下键盘的按键"。当用户按下键盘上的"↑"键时，文本的内容会修改为"↑键被按下"。用户按下"↑"键的效果如图8.28所示。

由图8.28可知，当用户按下键盘上的"↑"键时，窗口中的文本会修改为"↑键被按下"，如果用户释放空格键，则文本会变回原来的"请按下键盘的按键"。

图8.27 用户按下空格键的效果

图8.28 用户按下"↑"键的效果

8.6.2 编写代码

尝试编写代码，使用pygame.draw模块绘制小球、pygame.key模块控制小球移动，开发一个简单的球球大作战小游戏。代码保存在8.6文件夹下的ball.py文件中，详细的开发步骤和代码如下。

(1) 导入需要用到的工具并定义游戏常量，代码如下。

```python
import pygame
import random
import math                         # 导入Math模块
pygame.init()
GAME_WIDTH = 1280                   # 定义游戏窗口的宽度
GAME_HEIGHT = 640                   # 定义游戏窗口的高度
MAP_WIDTH = GAME_WIDTH * 3          # 定义游戏区域的宽度
MAP_HEIGHT = GAME_HEIGHT * 3        # 定义游戏区域的高度
BALL_NUM = 299                      # 定义小球的数量
RED = (255, 0, 0)                   # 定义红色常量
WHITE = (255, 255, 255)            # 定义白色常量
```

以上代码首先导入了Pygame、Random和Math等模块与库。其中，Pygame库用于创建游戏界面及处理图形、音频等多媒体内容；Random模块用于生成随机数，以实现游戏中的不确定性；Math模块提供数学函数，便于进行几何计算等操作。接着，定义了游戏窗口的大小参数，即窗口宽度GAME_WIDTH为1280像素、高度GAME_HEIGHT为640像素；游戏区域则是窗口的三倍，即宽度MAP_WIDTH为3840像素、高度MAP_HEIGHT为1920像素，为游戏提供了更广阔的操作空间。最后初始化小球的数量为299个，并定义了RED和WHITE两种颜色常量。

(2) 定义Ball类，包含__init__()、move()、change()、collide()等方法，具体步骤如下。

1) 在Ball类中定义__init__()方法，用于初始化小球的基本属性，代码如下。

```python
class Ball:
    def __init__(self, x, y, r, color):
        self.x = x                  # 初始化小球的x坐标
        self.y = y                  # 初始化小球的y坐标
        self.r = r                  # 初始化小球的半径
```

```
        self.color = color          # 初始化小球的颜色
        self.dx = random.randint(-5, 5)         # 初始化小球沿x轴移动的速度
        self.dy = random.randint(-5, 5)         # 初始化小球沿y轴移动的速度
```

以上代码定义了一个Ball类和__init__()方法，用于表示游戏中具有特定属性和行为的小球。在__init__()方法中，通过传入x、y、r和color等参数初始化小球的中心坐标、半径以及颜色。此外，为每个小球实例赋予了随机的水平速度dx和垂直速度dy，用于设置小球在游戏场景中沿x轴和y轴的初始运动方向与速度。

2) 在Ball类中定义move()方法，用于控制小球的移动，代码如下。

```
    def move(self):
        self.x += self.dx           # 修改小球的x坐标
        self.y += self.dy           # 修改小球的y坐标
        if self.x < 0 or self.x > MAP_WIDTH:    # 当小球超出游戏区域的宽度
            self.dx = -self.dx      # 将小球沿着当前x方向的反方向移动
        if self.y < 0 or self.y > MAP_HEIGHT:   # 当小球超出游戏区域的高度
            self.dy = -self.dy      # 将小球沿着当前y方向的反方向移动
```

以上代码定义了一个名为move的方法，调用该方法可以更新小球在游戏场景中的位置。该方法通过增大小球当前的x和y坐标值，并与对应的水平速度dx和垂直速度dy相乘，将小球沿指定方向移动指定距离。为了确保小球始终在游戏区域内运动，当其坐标超出预设的游戏区域边界时，该方法会即时调整小球的速度矢量。例如，当小球触及左侧或右侧边界时，dx会被取反，使得小球沿原x轴方向的反方向移动；当小球触及顶部或底部边界时，dy会被取反，使得小球沿原y轴方向的反方向移动。

3) 在Ball类中定义change()方法，用于修改小球的移动方向，代码如下。

```
    def change(self):
        self.dx = random.randint(-3, 3)     # 修改小球沿x轴移动的速度
        self.dy = random.randint(-3, 3)     # 修改小球沿y轴移动的速度
```

以上代码定义了一个名为change的方法，调用该方法可以随机生成小球沿x轴和y轴的移动速度。该方法通过调用random.randint()函数，分别获得水平速度dx和垂直速度dy。调用此方法后，小球原有的运动状态将被打破，取而代之的是一个新的随机速度矢量，从而导致其在游戏场景中的运动轨迹和方向发生变化。这一设计旨在为游戏引入额外的随机性和动态性，增强用户的游戏体验。

4) 在Ball类中定义collide()方法，用于检测小球间的碰撞，代码如下。

```
    def collide(self, other):
        return math.sqrt((self.x - other.x) ** 2 + (self.y - other.y) ** 2)
        < max(self.r, other.r)          # 检测两个小球是否发生碰撞
```

以上代码定义了一个名为collide的方法，调用该方法可以检测当前小球与其他小球之间是

否发生了碰撞。该方法运用两点间的距离公式,计算两小球中心点间的直线距离,并与较大的小球半径进行比较。如果计算得到的距离小于较大半径值,说明两小球圆面已发生重叠,即判定为碰撞发生;反之,则无碰撞。

(3) 自定义player_move()函数,用于获取键盘的按键状态并控制小球移动,代码如下。

```python
def player_move(keys):
    if keys[pygame.K_UP] or keys[pygame.K_w]:     # 如果键盘上的↑或W键被按下
        if player.y > 0:        # 如果用户控制的小球的y坐标大于0
            player.y -= 5       # 将小球向上移动5个像素
    if keys[pygame.K_DOWN] or keys[pygame.K_s]:   # 如果键盘上的↓或S键被按下
        if player.y < MAP_HEIGHT:       # 如果用户控制的小球的y坐标小于游戏区域的高度
            player.y += 5       # 将小球向下移动5个像素
    if keys[pygame.K_LEFT] or keys[pygame.K_a]:   # 如果键盘上的←或A键被按下
        if player.x > 0:        # 如果用户控制的小球的x坐标大于0
            player.x -= 5       # 将小球向左移动5个像素
    if keys[pygame.K_RIGHT] or keys[pygame.K_d]:  # 如果键盘上的→或D键被按下
        if player.x < MAP_WIDTH:        # 如果用户控制的小球的x坐标小于游戏区域的宽度
            player.x += 5       # 将小球向右移动5个像素
```

以上代码定义了一个名为player_move的函数,调用该函数可以根据用户的键盘输入来控制游戏中指定小球的移动。该函数接收一个存储键盘按键信息的参数keys,分别检测↑或W、↓或S、←或A、→或D等按键是否被按下。对于每种按键情况,首先检查小球是否触碰游戏区域边界,然后根据按键对应的方向,分别将小球向上、下、左、右等方向移动5个像素。总的来说,该函数实现了用户对游戏中特定小球的四向键盘操控,使得小球在游戏区域内可以响应用户的指令,增强了游戏的交互性和沉浸感。

(4) 自定义eat_ball()函数,用于实现大球吃小球的游戏逻辑,代码如下。

```python
def eat_ball():
    global player, balls, score     # 声明全局变量player、balls和score
    for ball in balls:              # 遍历小球列表
        # 如果用户控制的小球比其他小球大
        if player.collide(ball) and player.r >= ball.r:
            player.r += ball.r // 10        # 将用户控制的小球的体积增大指定大小
            ball.x = random.randint(0, MAP_WIDTH)       # 重新设置小球的x坐标
            ball.y = random.randint(0, MAP_HEIGHT)      # 重新设置小球的y坐标
            ball.r = random.randint(1, 30)              # 重新设置小球的半径
            ball.color = (random.randint(0, 255),
        random.randint(0, 255),
        random.randint(0, 255))     # 重新设置小球的颜色
            score += ball.r         # 增加指定的分数
        # 如果用户控制的小球比其他小球小
        elif player.collide(ball) and player.r < ball.r:
            player.x = random.randint(0, MAP_WIDTH)     # 重新设置用户的x坐标
```

```
        player.y = random.randint(0, MAP_HEIGHT)    # 重新设置用户的y坐标
        player.r = random.randint(15, 30)            # 重新设置用户的半径
        score = 0            # 将分数初始化为0
    else:                    # 其他清空
        for other_ball in balls:       # 遍历小球列表
            if ball != other_ball and ball.collide(other_ball) and
    ball.r >= other_ball.r:    # 如果其他小球发生碰撞
                ball.r += other_ball.r // 10       # 较大的小球体积增大
                other_ball.x = random.randint(0, MAP_WIDTH) # 重置较小的小球
                other_ball.y = random.randint(0, MAP_HEIGHT)
                other_ball.r = random.randint(1, 30)
                other_ball.color = (random.randint(0, 255),
        random.randint(0, 255),
        random.randint(0, 255))
```

以上代码定义了一个名为eat_ball的函数，调用该函数可以实现游戏中的核心逻辑，即小球之间的碰撞与用户的得分机制。该函数声明了全局变量player即用户控制的小球、balls即所有小球的列表、score即用户的分数。在函数中首先遍历balls列表中的每个小球，针对用户小球与当前小球的碰撞情况，分以下三种情形进行处理。

● 当用户控制的小球的体积大于当前小球时，用户控制的小球的体积增大一定比例，当前小球的位置、大小和颜色被重置，并根据小球半径增加用户的分数。这模拟了用户控制的小球吃掉其他小球的过程，使用户控制的小球增大并获得相应的分数。

● 当用户控制的小球的体积小于当前小球时，用户控制的小球的位置、大小被重置，且分数归零，表示用户控制的小球被其他小球吞噬，游戏状态复位。

● 对于非用户参与的其他小球之间的碰撞，如果其中一方小球大于另一方，较大的小球体积增大，较小的小球位置、大小和颜色被重置，模拟非用户小球间的相互吞噬。

总的来说，eat_ball()函数负责处理各类小球碰撞事件，更新相关小球的状态，调整用户分数，并根据碰撞结果触发游戏规则中的吞噬效果，丰富了游戏的策略性和竞技性。

(5) 自定义show()函数，将小球等元素绘制到游戏窗口中，代码如下。

```
def show():
    global score
    screen.fill((0, 0, 0))
    for ball in balls:
        pygame.draw.circle(screen, ball.color,
    (ball.x - player.x + GAME_WIDTH // 2,
    ball.y - player.y + GAME_HEIGHT // 2), ball.r)
    pygame.draw.circle(screen, player.color,
    (GAME_WIDTH // 2, GAME_HEIGHT // 2), player.r)
    font = pygame.font.SysFont('SimHei', 36)
    score_surface = font.render("分数:" + str(score), True, WHITE)
```

```
        screen.blit(score_surface, (10, 10))
        pygame.display.flip()
```

以上代码定义了一个名为show的函数，调用该函数可以实时渲染并更新游戏画面。该函数首先声明了全局变量score，清空游戏内容并填充了深蓝色的背景颜色。然后遍历所有小球，以用户视角绘制用户控制的小球以及其他小球。接下来创建一个字体对象，将分数渲染为白色并绘制到游戏窗口的左上角。最后调用pygame.display.flip()函数实时刷新游戏画面。

(6) 创建游戏窗口并初始化游戏元素，代码如下。

```
screen = pygame.display.set_mode((GAME_WIDTH, GAME_HEIGHT))  # 创建游戏窗口
pygame.display.set_caption("球球大作战")                       # 设置窗口的标题
clock = pygame.time.Clock()                                  # 初始化一个游戏时钟
player = Ball(GAME_WIDTH//2,GAME_HEIGHT//2,15,RED)           # 初始化用户控制的小球
balls = [Ball(random.randint(0, MAP_WIDTH), random.randint(0, MAP_HEIGHT),
random.randint(1, 30),(random.randint(0, 255),random.randint(0, 255),
random.randint(0, 255))) for _ in range(BALL_NUM)]          # 初始化其他小球
```

在以上代码中，首先创建了一个宽1280像素、高640像素的游戏窗口，并将窗口的标题设置为"球球大作战"，然后初始化时钟对象、用户控制的小球、其他小球等游戏元素。

(7) 启动游戏循环并执行游戏逻辑，代码如下。

```
running = True
score = 0
while running:
    for event in pygame.event.get():
        if event.type == pygame.QUIT:
            running = False
    keys = pygame.key.get_pressed()      # 获取键盘的按键状态
    player_move(keys)                    # 调用方法让用户控制小球移动
    for ball in balls:                   # 遍历其他小球列表
        ball.move()                      # 移动小球
        if random.randint(0, 100) < 1:   # 设置随机概率
            ball.change()                # 修改其他小球的移动方向
    eat_ball()                           # 检查是否发生了大球吃小球的事件
    show()                               # 将所有游戏元素绘制到窗口中
    clock.tick(60)
pygame.quit()
```

以上代码实现了球球大作战小游戏的基本逻辑。该游戏中除了用户控制的小球外，其他小球都会随机移动，并实时检测大球吞噬小球的情况。在每帧循环中，渲染所有游戏元素到游戏窗口中，保持画面与游戏状态一致，并以每秒60帧的速率流畅运行。总的来说，整个代码结合了输入处理、逻辑运算、动画展示和性能优化等核心知识，实现了一个简易的球球大作战小游戏。

此时，运行代码会在屏幕中启动球球大作战小游戏。使用Pygame开发球球大作战小游戏

的代码运行效果如图8.29所示。

由图8.29可知，在屏幕中创建了一个宽1280像素、高640像素的游戏窗口，并在窗口中绘制了宽3840像素、高1920像素的游戏区域，以及300个颜色随机的小球。用户可以控制红色的小球移动，通过吞噬其他小球增大自己控制小球的体积并获取相应的分数。

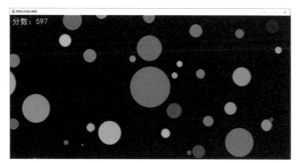

图8.29 使用Pygame开发球球大作战小游戏的代码运行效果

8.6.3 拓展提高

在8.6.2小节中，我们使用Pygame开发了一个简单的球球大作战小游戏，但是小球间只有吞噬的逻辑，使得游戏逻辑较为单一。接下来尝试修改代码，给用户控制的小球增加吐球的游戏逻辑。修改后的代码保存在8.6文件夹下的balls.py文件中，详细的修改步骤和代码如下。

(1) 自定义shoot_ball()函数，用于实现吐球的游戏逻辑，代码如下。

```python
def shoot_ball():
    global player
    mouse_buttons = pygame.mouse.get_pressed()    # 检测鼠标左键按下事件
    if mouse_buttons[0] and player.r > 10:        # 鼠标左键被按下
        mouse_x, mouse_y = pygame.mouse.get_pos()     # 获取鼠标的位置
        direction_vector = pygame.math.Vector2(mouse_x - GAME_WIDTH // 2,
         mouse_y - GAME_HEIGHT // 2)               # 计算小球吐出的方向
        direction_vector.normalize_ip()           # 归一化向量，以便获得单位向量
        new_ball = Ball(player.x + player.r * direction_vector.x,
         player.y + player.r * direction_vector.y,
         player.r // 10, player.color)            # 创建新的小球
        new_ball.dx = direction_vector.x * 10     # 设置小球的初始x速度
        new_ball.dy = direction_vector.y * 10     # 设置小球的初始y速度
        player.r = max(10, player.r - 1)          # 减小用户控制的小球，最小为10
        balls.append(new_ball)                    # 将新的小球添加到列表中
```

(2) 在游戏循环中调用shoot_ball()函数，代码如下。

```python
running = True
score = 0
while running:
```

```
    for event in pygame.event.get():
        if event.type == pygame.QUIT:
            running = False
    keys = pygame.key.get_pressed()
    player_move(keys)
    for ball in balls:
        ball.move()
        if random.randint(0, 100) < 1:
            ball.change()
    eat_ball()
    shoot_ball()                        # 调用吐球的函数
    show()
    clock.tick(60)
pygame.quit()
```

此时可以运行代码并单击鼠标左键，实现吐球的游戏逻辑。代码的运行效果与8.6.2小节中的图8.29类似。

8.6.4　课堂小结

本例综合运用Pygame的pygame.Surface、pygame.display、pygame.event、pygame.time、pygame.draw、pygame.font和pygame.key等模块，开发了一个球球大作战小游戏，并在拓展提高中增加了吐球的游戏逻辑，增强了用户的游戏体验感。总的来说，本例内容充实、实践性强，非常适合初学者系统地学习Pygame游戏开发的基本流程。

8.6.5　课后练习

在拓展提高的基础上，尝试修改代码，给用户控制的小球添加一个标记"W"，便于用户识别。修改后的代码保存在8.6文件夹下的test.py文件中，代码的运行效果如图8.30所示。

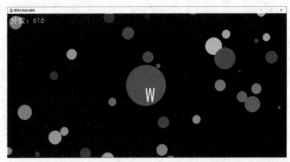

图8.30　添加标记的球球大作战小游戏的代码运行效果

👉 小提示

在用户控制的小球上绘制一个文本。

8.7 案例71：呈现"跳动的爱心"动态效果

本例将通过在窗口中添加图片、加载并播放背景音乐等示例，介绍pygame.image、pygame.mixer等模块的常用函数和方法，并综合运用这些模块呈现"跳动的爱心"动态效果。

8.7.1 知识准备

1. 示例15：在窗口中添加图片

在pygame.image模块中有一个load()函数，主要用于加载图片。调用pygame.image.load()函数的语法如下。

```
pygame.image.load(file)
```

其中，参数file表示图片文件的路径，支持jpg、png等图片格式。

尝试编写代码，加载并在窗口中绘制出8.7文件夹下的logo.png图片文件，图片logo.png如图8.31所示。

代码保存在8.7文件夹下的image.py文件中，代码如下。

```
import pygame
pygame.init()
screen = pygame.display.set_mode((400, 400))
image = pygame.image.load('logo.png')                   # 加载图片
rect = image.get_rect(center=screen.get_rect().center)  # 获取窗口中心位置
screen.fill((255, 255, 255))
screen.blit(image, rect)                                 # 在窗口中绘制图片
pygame.display.flip()
running = True
while running:
    for event in pygame.event.get():
        if event.type == pygame.QUIT:
            running = False
pygame.quit()
```

以上代码首先初始化Pygame，然后加载logo.png图片。接下来，创建一个与图片大小相等的游戏窗口，并将图片绘制在窗口上。最后，通过主循环保持窗口打开，直到用户关闭窗口。使用pygame.image.load()函数加载并绘制图片的代码运行效果如图8.32所示。

图8.31　图片logo.png

图8.32　使用pygame.image.load()函数
加载并绘制图片的代码运行效果

2.示例16：加载并播放背景音乐

在pygame.mixer模块中有一个music.load()函数，主要用于将音乐文件加载到音乐播放器，便于播放背景音乐。调用pygame.mixer.music.load()函数的语法如下。

```
pygame.mixer.music.load(file)
```

其中，参数file表示音乐文件的路径，支持MP3、WAV、OGG等音频格式。

在pygame.mixer模块中有一个music.play()函数，用于播放已经加载到音乐播放器的音乐。调用pygame.mixer.music.play()函数的语法如下。

```
pygame.mixer.music.play(loops, start)
```

其中，参数loops用于设置音乐播放完一次后重复的次数；start用于设置音乐开始播放的位置。

在pygame.mixer模块中有一个music.get_busy()函数，用于检查当前是否有音乐正在播放。调用pygame.mixer.music.get_busy()函数的语法如下。

```
is_playing = pygame.mixer.music.get_busy()
```

尝试编写代码，加载并播放8.7文件夹下的bgmusic.ogg音乐文件。代码保存在8.7文件夹下的music.py文件中，代码如下。

```python
import pygame
import time
pygame.init()
pygame.mixer.init()                      # 初始化pygame.mixer模块
pygame.mixer.music.load('sound.ogg')                  # 加载sound.ogg音乐文件
pygame.mixer.music.play(loops=-1, start=0.0)    # 播放背景音乐
while pygame.mixer.music.get_busy():          # 检查音乐是否在播放
    time.sleep(1)
```

以上代码首先导入了必要的Pygame库和Time模块，并初始化了Pygame的混音器模块；接着加载了sound.ogg音乐文件并设置其为无限循环播放；随后，代码进入一个循环，利用pygame.mixer.music.get_busy()方法检查音乐是否正在播放，只要音乐在播放，程序就会每秒休眠一次，直至音乐自然结束或用户停止播放。

8.7.2 编写代码

尝试编写代码，使用pygame.draw模块绘制粒子爱心、pygame.mixer模块播放背景音乐，呈现出"跳动的爱心"动态效果。代码保存在8.7文件夹下的heart.py文件中，详细的实现步骤和代码如下。

(1) 导入需要用到的工具并定义常量，代码如下。

```python
import pygame
import math
import random
pygame.init()
PI = math.pi                # 定义常量PI为圆周率的值
COLORS = [                  # 定义颜色列表
    (255, 190, 200), (255, 180, 190), (255, 100, 180),
    (255, 20, 150), (220, 110, 150), (255, 180, 180)
]
```

(2) 自定义heart()函数，用于绘制粒子爱心，代码如下。

```python
def heart():
    global origin_points, points    # 声明全局变量origin_points和points
    x1, y1 = 0, 0                    # 初始化x1和y1的值
    step = 0.005                     # 定义步长
    for radian in [i * step for i in range(int(2 * PI / step))]:
        x2 = 16 * math.sin(radian) ** 3 * scale        # 计算爱心曲线的x坐标
                                                        # 计算爱心曲线的y坐标
        y2 = (13 * math.cos(radian) - 5 * math.cos(2 * radian) -
            2 * math.cos(3 * radian) - math.cos(4 * radian)) * scale
        if math.hypot(x2 - x1, y2 - y1) > 0.2 * scale:  # 判断点与点之间的距离
            x1, y1 = x2, y2                              # 更新x1和y1的值
            origin_points.append((x2, y2))              # 将点添加到列表中
    for size in [i * 0.1 for i in range(1, 200)]:       # 遍历不同大小
        success_p = 1 / (1 + math.exp(8 - size / 2))    # 计算成功概率
        lightness = 1.5                                 # 定义亮度
        lightness -= 0.0025                             # 逐步减少亮度
        for x, y in origin_points:                      # 遍历原始点
            if success_p > random.random():             # 判断是否成功
                color = tuple(int(c / lightness) for c in random.choice(COLORS))
    # 将点和颜色添加到points列表中
                points.append(((size * x + random.randint(-2, 2),
                            size * y + random.randint(-2, 2)), color))
```

以上代码定义了一个名为heart的函数，调用该函数可以绘制一个粒子爱心图像。在该函数中，首先通过数学公式计算心形曲线上的点，并存储在origin_points列表中，然后遍历一系列缩放比例，并基于概率success_p决定是否从origin_points中选择点进行绘制，同时为每个

点随机分配颜色。这些被选中的点及其颜色信息被存储在points列表中，用于后续的动态绘制。在绘制过程中，每个点的位置会根据其与中心的距离动态调整，同时不断改变亮度和颜色，从而创建出一个跳动的爱心动画。

(3) 自定义change()函数，用于实现爱心的跳动效果，代码如下。

```
def change(frame):
    for (x, y), color in points:                 # 遍历points列表
        distance = math.hypot(x, y)              # 计算距离
        distance_increase = -0.001 * distance ** 2 + 0.5 * distance # 增量
        x_increase = distance_increase * x / distance / 20 #计算x方向的增加量
        y_increase = distance_increase * y / distance / 20 #计算y方向的增加量
        new_x = x + frame * x_increase           # 计算新的x坐标
        new_y = y + frame * y_increase           # 计算新的y坐标
        pygame.draw.circle(screen, color,               # 绘制粒子圆圈
                        (int(screenwidth / 2 + new_x),
                         int(screenheight / 2 - new_y - 66)), 2)
    for size in [i * 0.3 for i in range(60, 80)]:          # 遍历不同大小
        for x, y in origin_points:                         # 遍历原始点
            if random.random() > 0.6 if size >= 20 else random.random() > 0.95:
                new_x = x * size + random.randint(-frame // 5 - 5,
                    frame // 5 + 5)       # 计算新的x坐标
                new_y = y * size + random.randint(-frame // 5 - 5,
                        frame // 5 + 5)   # 计算新的y坐标
    # 绘制随机颜色的粒子
                pygame.draw.circle(screen, random.choice(COLORS),
                                (int(screenwidth / 2 + new_x),
                                 int(screenheight / 2 - new_y - 66)), 2)
```

以上代码定义了一个名为change的函数，调用该函数可以实时更新和渲染跳动的爱心动画。该函数在每一帧中，首先清空屏幕背景，然后遍历points列表，对每个点根据其与中心的距离进行动态位置调整，模拟出跳动的效果，并使用预先设定的颜色在屏幕上绘制这些点，此外，该函数还会额外绘制一些随机尺寸的点，增加动画的丰富性和随机性。

(4) 创建窗口并初始化游戏元素，代码如下。

```
screeninfo = pygame.display.Info()
screenwidth = screeninfo.current_w
screenheight = screeninfo.current_h
screen = pygame.display.set_mode((screenwidth, screenheight - 66))
pygame.display.set_caption("跳动的爱心")
clock = pygame.time.Clock()
pygame.mixer.init()                              # 初始化pygame.mixer模块
pygame.mixer.music.load('sound.ogg')             # 加载sound.ogg音乐文件
pygame.mixer.music.play(loops=-1, start=0.0)     # 设置循环播放背景音乐
origin_points = []                               # 初始化原始点列表
```

```
points = []                    # 初始化点列表
scale = 0.8                    # 定义缩放因子，控制爱心的大小
heart()                        # 调用heart()函数
frame, extend = 0, True        # 初始化frame和extend的值
running = True                 # 初始化运行状态为True
```

在以上代码中，首先创建一个和屏幕大小相等的窗口，并设置窗口标题为"跳动的爱心"。然后加载并播放背景音乐sound.ogg，同时调用heart()函数绘制粒子爱心。最后初始化粒子的点列表、爱心的缩放因子、游戏的运行状态等元素。

（5）启动游戏循环，呈现出跳动的爱心动态效果，代码如下。

```
while running:
    for event in pygame.event.get():
        if event.type == pygame.QUIT:
            running = False
    screen.fill((0, 0, 0))
    change(frame)              # 调用change()函数
    clock.tick(30)
    frame = frame + 1 if extend else frame - 1  # 更新frame的值
    if frame == 10:            # 判断frame是否等于10
        extend = False         # 设置extend为False
    elif frame == 0:           # 判断frame是否等于0
        extend = True          # 设置extend为True
    pygame.display.flip()
pygame.quit()
```

以上代码实现了跳动爱心的基本逻辑。首先在循环中监听并处理所有Pygame事件，如果检测到用户关闭窗口的事件，则将running标志设置为False，从而结束主循环。在每次循环迭代中，调用change(frame)函数来更新和渲染画面，其中frame变量的值会根据extend的布尔值动态增减，用于控制动画的播放。当frame变量增加到10时，将extend修改为False，即开始倒计时，并在归零后重新修改为True，即恢复正向计数，模拟出爱心动态跳动的效果。

此时，运行代码会在屏幕中呈现出跳动的爱心动态效果。使用Pygame呈现跳动爱心的代码运行效果如图8.33所示。

图8.33　使用Pygame呈现跳动爱心的代码运行效果

由图8.33可知，在屏幕中创建了一个窗口，然后在窗口中绘制了一个粉红色的粒子爱心，该爱心会随着时间变化持续跳动，效果非常精彩。

8.7.3 拓展提高

在8.7.2小节中，我们使用Pygame实现了跳动的爱心动态效果。接下来尝试修改代码，在爱心里添加图片logo.png。修改后的代码保存在8.7文件夹下的hearts.py文件中，详细的修改步骤和代码如下。

在游戏循环中使用pygame.image.load()函数加载图片，再使用blit()函数将图片绘制到爱心里，修改后的代码如下。

```python
while running:
    for event in pygame.event.get():
        if event.type == pygame.QUIT:
            running = False
    screen.fill((0, 0, 0))
    change(frame)
    clock.tick(30)
    frame = frame + 1 if extend else frame - 1
    if frame == 10:
        extend = False
    elif frame == 0:
        extend = True
    image = pygame.image.load('logo.png')                # 加载图片
    img_rect = image.get_rect(center=screen.get_rect().center)
    screen.blit(image, img_rect)                         # 绘制图片
    pygame.display.flip()
```

此时，运行代码会在图8.33所示的爱心里增加一张图片。使用Pygame在爱心里添加图片的代码运行效果如图8.34所示。

图8.34 使用Pygame在爱心里添加图片的代码运行效果

由图8.34可知，在动态爱心的中心位置添加了8.7.1小节中示例15的图片logo.png。

8.7.4 课堂小结

本例综合运用Pygame的pygame.Surface、pygame.display、pygame.event、pygame.time、pygame.draw、pygame.font、pygame.image和pygame.mixer等模块，呈现了跳动的爱心动态效果，并在拓展提高中给爱心添加了图片，丰富了整个效果。总的来说，本例深入探讨了如何利用Pygame的各种模块来实现个性化界面，通过本例的学习，读者将能更深入地理解Pygame的基本原理，为未来开发更复杂的项目打下坚实的基础。

8.7.5 课后练习

在拓展提高的基础上，尝试修改代码，将图片logo.png换成自定义图片picture.png。自定义图片picture.png如图8.35所示。

修改后的代码保存在8.7文件夹下的test.py文件中，代码的运行效果如图8.36所示。

图8.35 自定义图片picture.png

图8.36 使用Pygame在爱心里添加自定义图片的代码运行效果

👍 小提示

修改 pygame.image.load() 函数的参数。

8.8 本章小结

在本章中，我们结识了一个爱玩游戏的好朋友——Pygame，并使用它实现了一系列有趣的案例。从呈现《黑客帝国》数字雨的炫酷效果，到开发贪吃蛇小游戏、俄罗斯方块、方块消消乐、球球大作战等小游戏，再到呈现"跳动的爱心"动态效果，步步为营，逐步揭开了Pygame的神秘面纱。通过这些实战案例，读者不仅可以提升编程技巧，还可以提高游戏创作的热情，为今后开发更复杂的应用程序奠定了坚固的基石。

第三篇

Python 项目实战

第 9 章

实战演练 1：用户登录系统

经过一段时间的系统学习，我们已经掌握了Python的小海龟绘图、GUI设计、游戏开发等知识。本章将使用Tkinter库开发一个用户登录系统，从项目介绍入手，构建登录系统的框架并分析其技术需求，随后编写代码实现该登录系统。通过本章的学习，读者可以独立开发一个完整的应用程序，提高利用Python解决实际问题的能力。

9.1 项目介绍

该项目是一个基于Python的Tkinter库开发的用户登录系统，主要分为登录账号、注册账号、修改密码和删除账号等4个部分。用户登录系统的框架如图9.1所示。

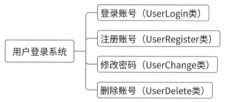

图9.1 用户登录系统的框架

在登录账号的界面中，用户需要输入用户名和密码。系统会验证用户名是否存在，以及密码是否正确，如果用户名存在且密码正确，则提示登录成功并进入系统。登录账号的流程如图9.2所示。

图9.2 登录账号的流程

在注册账号的界面中，用户不仅需要输入用户名和密码，还需要再次输入密码。系统会检查用户名是否存在，并确保两次输入的密码一致，如果用户名不存在且密码一致，则提示注册成功的信息，并将用户信息保存到本地文件中。注册账号的流程如图9.3所示。

图9.3 注册账号的流程

在修改密码的界面中，用户不仅需要输入用户名、原始密码和新密码，还需要确认新密码。系统会检查用户名是否存在，验证用户输入的原始密码是否正确，以及两次输入的新密码是否一致，如果用户名存在、原始密码正确且两次输入的新密码一致，则弹出修改成功的信息。修改密码的流程如图9.4所示。

图9.4 修改密码的流程

在删除账号的界面中，用户不仅需要输入已经注册的用户名和密码，还需要确认密码。系

统会验证用户名是否存在，以及密码是否正确，如果用户名存在且两次输入的密码都正确，则提示删除成功的信息，并删除与用户有关的信息和文件。删除账号的流程如图9.5所示。

图9.5 删除账号的流程

9.2 代码实现

根据图9.1所示的功能框架，编写代码实现该用户登录系统。代码保存在9.1文件夹下的login.py文件中，详细的实现步骤和代码如下。

1. 定义项目常量

导入Tkinter库和MessageBox、OS、Pickle和Shutil等模块，并定义文件名和字体等常量，代码如下。

```python
import tkinter as tk
from tkinter import messagebox
import os
import pickle
import shutil
FILE_USERS = 'users.pickle'
FONT_TITLE = ('宋体', 30, 'bold')
FONT_TEXT = ('宋体', 12)
```

其中，文件users.pickle用于存放用户的账号和密码信息，常量FONT_TITLE和FONT_TEXT表示文本的基本属性。

2. 定义数据存储函数

该项目使用Pickle模块的dump()和load()方法管理账号信息，定义save_info()和load_info()方法，用于保存和加载数据信息，具体代码如下。

```python
def save_info(data, file):
    with open(file, 'wb') as f:
        pickle.dump(data, f)
def load_info(file):
    try:
        with open(file, 'rb') as f:
            return pickle.load(f)
    except FileNotFoundError:
        with open(file, 'wb'):
```

```
        return dict()
    except EOFError:
        return dict()
```

以上代码定义了save_info()和load_info()两个函数，调用这两个函数可以实现数据的序列化与反序列化。其中，函数save_info()接收数据和文件名作为参数，并使用Pickle模块将数据以二进制形式写入到指定文件中；函数load_info()从文件中读取并反序列化数据，如果文件不存在，则创建空文件并返回一个空字典；如果文件存在但内容为空，也返回一个空字典。

3. 实现登录账号功能

定义一个名为UserLogin的类，实现登录账号的功能，具体代码如下。

```
class UserLogin:
    def __init__(self, master=None, title='登录账号',
        userfolder=None, width=500, height=300):
        self.users_file = os.path.join(os.getcwd(), FILE_USERS)
        self.userfolder = userfolder
        self.root = tk.Toplevel(master) if master is not None else tk.Tk()
        self.x = (self.root.winfo_screenwidth() - width) / 2
        self.y = (self.root.winfo_screenheight() - height) / 2
        self.root.title(title)
        self.root.geometry(
          f"{width}x{height}+{int(self.x)}+{int(self.y)}")
        self.root.resizable(False, False)
        self.username = tk.StringVar()
            self.password = tk.StringVar()
    def setup(self):
        tk.Label(self.root, text='登录账号', font=FONT_TITLE).pack(pady=20)
        tk.Label(self.root, text='用户名:',
          font=FONT_TEXT).place(x=130, y=90)
        tk.Label(self.root, text='密码   :',
          font=FONT_TEXT).place(x=130, y=130)
        tk.Entry(self.root, textvariable=self.username,
          font=FONT_TEXT).place(x=200, y=90)
        tk.Entry(self.root, textvariable=self.password,
          font=FONT_TEXT, show='*').place(x=200, y=130)
            tk.Button(self.root, text='登录账号', font=FONT_TEXT, bg='white',
width=10, height=2, command=self.login).place(x=205, y=180)
            tk.Button(self.root, text='注册账号', font=FONT_TEXT, bg='white',
width=10).place(x=100, y=250)
            tk.Button(self.root, text='修改密码', font=FONT_TEXT, bg='white',
width=10).place(x=205, y=250)
            tk.Button(self.root, text='删除账号', font=FONT_TEXT,
```

```
bg='white',
   width=10).place(x=310, y=250)
            tk.mainloop()
   def login(self):
       users_info = load_info(self.users_file)
       username = self.username.get()
       password = self.password.get()
       if username in users_info and users_info[username] == password:
           messagebox.showinfo('提示', '登录成功! ')
   self.quit()
       else:
           messagebox.showerror('警告', '登录失败，请重试。')
           self.username.set('')
           self.password.set('')
           self.root.lift()
   def quit(self):
       self.root.destroy()
```

以上代码定义了一个名为UserLogin的类，用于创建一个图形化的用户登录界面。该界面无法调整大小，并且居中显示在屏幕中，用户可以输入用户名和密码进行登录。当用户单击"登录账号"按钮时，调用login()方法验证用户输入的用户名和密码是否与存储在users_file.pickle文件中的信息匹配。如果匹配成功，则弹出"登录成功！"提示信息并调用quit()方法退出登录界面；如果匹配失败，则弹出"登录失败，请重试。"提示错误信息，并清空输入框的内容，保持登录账号的界面在屏幕顶层以便用户重新尝试登录。

登录账号的界面如图9.6所示。

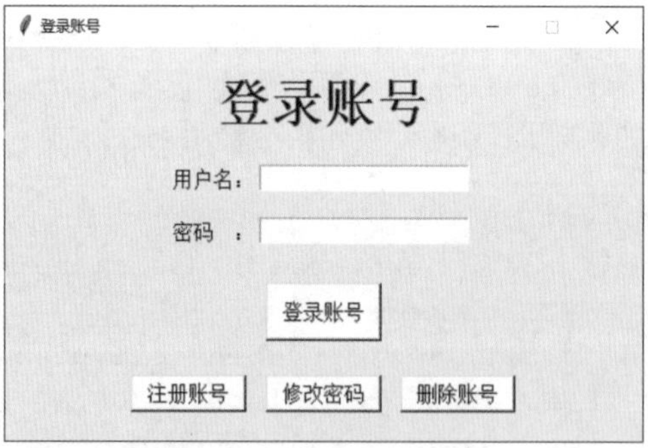

图9.6 登录账号的界面

由图9.6可知，该登录界面包含"登录账号""用户名""密码"等标签，以及"登录账号""注册账号""修改密码""删除账号"等按钮，并且在"用户名"和"密码"标签后面放置了两个输入框，等待用户输入相应信息。

4. 实现注册账号功能

(1) 定义一个名为 UserRegister的类，实现注册账号的功能，具体代码如下。

```python
class UserRegister(UserLogin):
    def __init__(self, master=None):
        super().__init__(master=master, title="注册账号",
                         width=300, height=220)
        self.confirm_password = tk.StringVar()
    def setup(self):
        tk.Label(self.root,text='注册账号',font=FONT_TITLE).pack(pady=5)
        tk.Label(self.root,text='用户名　:',font=FONT_TEXT).place(x=25,y=60)
        tk.Entry(self.root, textvariable=self.username,
          font=FONT_TEXT).place(x=105, y=60)
        tk.Label(self.root, text='密码　　:',
          font=FONT_TEXT).place(x=25, y=100)
            tk.Entry(self.root, textvariable=self.password,
          font=FONT_TEXT, show='*').place(x=105, y=100)
        tk.Label(self.root, text='确认密码:',
          font=FONT_TEXT).place(x=25, y=140)
        tk.Entry(self.root, textvariable=self.confirm_password,
          font=FONT_TEXT, show='*').place(x=105, y=140)
            tk.Button(self.root, text='注册', font=FONT_TEXT, bg='white',
                width=10, command=self.register).place(x=50, y=180)
            tk.Button(self.root, text='退出', font=FONT_TEXT, bg='white',
                width=10,command=self.quit).place(x=160, y=180)
    def register(self):
        username = self.username.get()
        new_password = self.password.get()
        confirm_password = self.confirm_password.get()
        users_info = load_info(self.users_file)
        if username != '' and username not in users_info and
    new_password != '' and new_password == confirm_password:
            users_info[username] = new_password
            save_info(users_info, self.users_file)
            self.userfolder = os.path.join(os.getcwd(), username)
            if not os.path.exists(self.userfolder):
                os.mkdir(self.userfolder)
            messagebox.showinfo('提示', '注册成功！')
            self.quit()
        else:
            messagebox.showwarning('警告', '注册失败，请重试。')
            self.username.set('')
            self.password.set('')
            self.confirm_password.set('')
                self.root.lift()
```

以上代码定义了UserRegister类，该类继承自UserLogin类，用于实现用户注册账号的界面及功能。相较于登录界面，该注册界面增加了"确认密码"输入框，用于确保用户两次输入的密码一致。当用户单击"注册"按钮时会调用register()方法，该方法用于检查用户名是否已经存在，以及两次输入的密码是否一致且非空。如果注册成功，则弹出提示信息并关闭注册窗口，将新用户信息保存到users_file.pickle文件中，并为该用户创建对应的文件夹；如果注册失败，则弹出错误信息并清空输入框。此外，该注册界面还提供了一个"退出"按钮用于关闭窗口。

(2) 修改UserLogin类，添加register()方法，用于启动注册账号的界面，代码如下。

```python
def register(self):
    register = UserRegister(self.root)
    register.setup()
```

(3) 修改UserLogin类中的setup()方法，给"注册账号"按钮绑定注册事件，代码如下。

```python
tk.Button(self.root, text='注册账号', font=FONT_TEXT, bg='white',
    width=10, command=self.register).place(x=100, y=250)
```

此时，可以添加以下代码并运行程序，单击"注册账号"按钮进入注册账号的界面。注册账号的界面如图9.7所示。

```python
login = UserLogin()
login.setup()
```

由图9.7可知，该注册账号界面包含"注册账号""用户名""密码""确认密码"等标签，以及"注册"和"退出"按钮，并且在"用户名""密码""确认密码"等标签后面各放置了一个输入框，等待用户输入相应信息。

图9.7　注册账号的界面

5. 实现修改密码功能

(1) 定义一个名为UserChange的类，实现修改密码的功能，代码如下。

```python
class UserChange(UserLogin):
    def __init__(self, master=None):
        super().__init__(master=master, title="修改密码",
                        width=300, height=220)
        self.new_password = tk.StringVar()
        self.confirm_password = tk.StringVar()
    def setup(self):
        tk.Label(self.root, text='修改密码', font=FONT_TITLE).pack(pady=5)
        tk.Label(self.root, text='用户名   :', font=FONT_TEXT,
                width=15).place(x=5, y=60)
        tk.Entry(self.root, textvariable=self.username).place(x=110, y=60)
```

```
        tk.Label(self.root, text='原始密码:', font=FONT_TEXT,
                width=15).place(x=5, y=90)
        tk.Entry(self.root, textvariable=self.password,
         show='*').place(x=110, y=90)
        tk.Label(self.root, text='新密码   :', font=FONT_TEXT,
         width=15).place(x=5, y=120)
        tk.Entry(self.root, textvariable=self.new_password,
         show='*').place(x=110, y=120)
        tk.Label(self.root, text='确认密码:', font=FONT_TEXT,
         width=15).place(x=5, y=150)
        tk.Entry(self.root, textvariable=self.confirm_password,
         show='*').place(x=110, y=150)
        tk.Button(self.root, text='修改', font=FONT_TEXT, bg='white',
                width=10,command=self.change).place(x=50, y=180)
        tk.Button(self.root, text='退出', font=FONT_TEXT, bg='white',
         width=10,command=self.quit).place(x=160, y=180)
    def change(self):
        users_info = load_info(self.users_file)
        username = self.username.get()
        old_password = self.password.get()
        new_password = self.new_password.get()
        confirm_password = self.confirm_password.get()
        if username in users_info and old_password == users_info[username] and
                new_password == confirm_password:
            users_info[username] = new_password
            save_info(users_info, self.users_file)
            messagebox.showinfo('提示', "修改成功！")
            self.quit()
        else:
            messagebox.showwarning('警告', '修改失败，请重试。')
            self.username.set('')
            self.password.set('')
            self.new_password.set('')
            self.confirm_password.set('')
            self.root.lift()
```

以上代码定义了UserChange类，该类继承自UserLogin类，用于实现用户修改密码的界面及功能。该界面不仅需要用户输入用户名、原始密码和新密码，还需要确认密码。当用户单击"修改"按钮时会调用change()方法验证信息，即确认用户名存在、原始密码正确且两次输入的新密码一致，随后更新用户信息并保存到文件users_file.pickle中，同时提示修改成功的信息，如果验证未通过，则弹出错误信息并清空输入框的内容，以便用户再次尝试。

(2) 修改UserLogin类，添加change()方法，用于启动修改密码的界面，代码如下。

```
def change(self):
    change = UserChange(self.root)
    change.setup()
```

(3) 修改UserLogin类的setup()方法，给"修改密码"按钮绑定修改事件，代码如下。

```
tk.Button(self.root, text='修改密码', font=FONT_TEXT, bg='white',
          width=10, command=self.change).place(x=205, y=250)
```

此时，可以添加以下代码并运行程序，单击"修改密码"按钮进入修改密码的界面。修改密码的界面如图9.8所示。

```
login = UserLogin()
login.setup()
```

由图9.8可知，该修改密码界面包含"修改密码""用户名""原始密码""新密码""确认密码"等标签，以及"修改"和"退出"按钮，并且在"用户名""原始密码""新密码""确认密码"等标签后面各放置了一个输入框，等待用户输入相应信息。

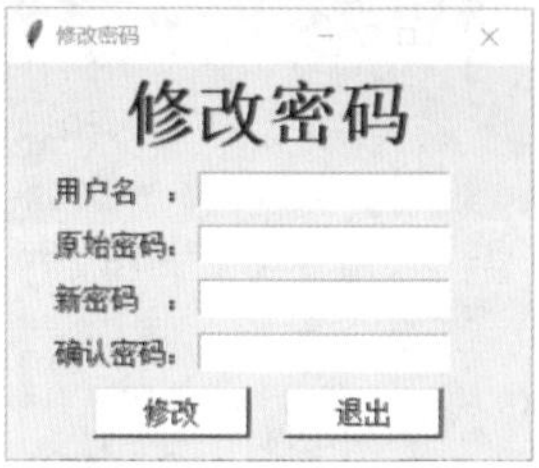

6. 实现删除账号功能

(1) 定义一个名为UserDelete的类，实现删除账号的功能，代码如下。

图9.8　修改密码的界面

```
class UserDelete(UserLogin):
    def __init__(self, master=None):
        super().__init__(master=master, title="删除账号",
                         width=300, height=220)
        self.confirm_password = tk.StringVar()
    def setup(self):
        tk.Label(self.root, text='删除账号', font=FONT_TITLE).pack(pady=5)
        tk.Label(self.root, text='用户名   :', font=FONT_TEXT,
         width=15).place(x=5, y=60)
        tk.Entry(self.root, textvariable=self.username).place(x=110, y=60)
        tk.Label(self.root, text='密码     :', font=FONT_TEXT,
         width=15).place(x=5, y=100)
        tk.Entry(self.root, textvariable=self.password,
         show='*').place(x=110, y=100)
        tk.Label(self.root, text='确认密码:', font=FONT_TEXT,
         width=15).place(x=5, y=140)
        tk.Entry(self.root, textvariable=self.confirm_password,
         show='*').place(x=110, y=140)
        tk.Button(self.root, text='删除', font=FONT_TEXT, bg='white',
                width=10,command=self.delete).place(x=50, y=180)
```

```
                tk.Button(self.root, text='退出', font=FONT_TEXT, bg='white',
                    width=10, command=self.quit).place(x=160, y=180)
            def delete(self):
                users_info = load_info(self.users_file)
                username = self.username.get()
                old_password = self.password.get()
                confirm_password = self.confirm_password.get()
                if username in users_info and \
        old_password == confirm_password == users_info[username]:
                    is_remove = messagebox.askyesno('提示', '确认删除吗？')
                    if is_remove:
                        self.userfolder = os.path.join(os.getcwd(), username)
                        shutil.rmtree(self.userfolder)
                        users_info.pop(username)
                        save_info(users_info, self.users_file)
                        messagebox.showinfo('提示', '删除成功！')
                        self.quit()
                    else:
                        messagebox.showwarning('警告', '删除失败，请重试。')
                        self.username.set('')
                        self.password.set('')
                        self.confirm_password.set('')
                        self.root.lift()
                else:
                    messagebox.showwarning('警告', '删除失败，请重试。')
                    self.username.set('')
                    self.password.set('')
                    self.confirm_password.set('')
                    self.root.lift()
```

　　以上代码定义了UserDelete类，该类继承自UserLogin类，用于实现用户删除账号的界面及功能。该界面中包含输入用户名、密码以及确认密码等标签，以及"删除"和"退出"按钮。当用户单击"删除"按钮时会调用delete()方法，验证用户输入的用户名是否存在，以及输入的密码是否正确且两次输入一致。如果验证通过，则会弹出确认删除的对话框，用户确认后，将从文件users_file.pickle中删除该用户的记录，同时删除该用户对应的文件夹，并弹出删除成功的提示；如果验证未通过或者用户取消删除，则会弹出相应的错误信息，并提示用户重新操作。

　　(2) 修改UserLogin类，添加delete()方法，用于启动删除账号的界面，代码如下。

```
        def delete(self):
            delete = UserDelete(self.root)
            delete.setup()
```

　　(3) 修改UserLogin类的setup()方法，给"删除账号"按钮绑定删除事件，代码如下。

```
tk.Button(self.root, text='删除账号', font=FONT_TEXT, bg='white',
          width=10, command=self.delete).place(x=310, y=250)
```

此时，可以添加以下代码并运行程序，单击"删除账号"按钮进入删除账号的界面。删除账号的界面如图9.9所示。

```
login = UserLogin()
login.setup()
```

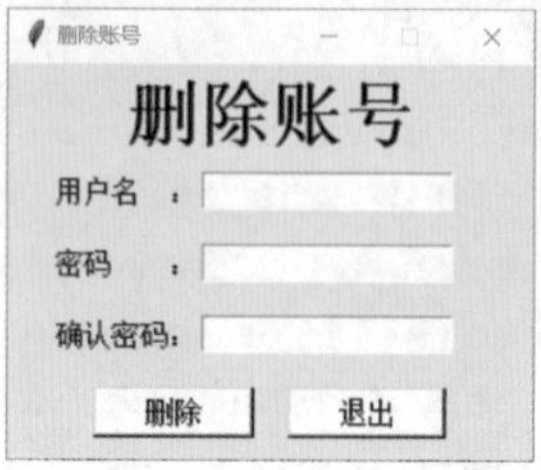

图9.9 删除账号的界面

由图9.9可知，该删除账号界面包含"删除账号""用户名""密码""确认密码"等标签，以及"删除"和"退出"按钮，并且在"用户名""密码""确认密码"等标签后面各放置了一个输入框，等待用户输入相应信息。

9.3　课后练习

在本例的基础上，尝试修改代码，给用户登录系统增加功能：用户在注册账号时，如果输入的密码小于8位，则提示用户重新输入密码。代码保存在9.2文件夹下的logins.py文件中，代码的运行效果与图9.6类似。

9.4　本章小结

在本章中，我们开发了一个用户登录系统，该系统包含登录账号、注册账号、修改密码、删除账号等功能模块。总的来说，本章综合运用了Python的面向对象编程、文件操作、图形界面设计等知识，有助于提高读者编程解决实际问题的能力。

第 10 章

实战演练 2：飞机大战小游戏

　　第8章学习了Pygame游戏开发库，并开发了一些简单的小游戏。本章将编写代码实现一个人机对抗小游戏——飞机大战，从飞机大战小游戏的项目介绍开始，一步步引导用户编写代码实现该游戏。通过本章的学习，读者可以独立开发一个完整的小游戏，深入理解Pygame的核心功能与游戏开发的基本原理。

10.1 项目介绍

飞机大战是一个基于Python的Pygame库开发的人机对抗小游戏。在游戏中，用户需要通过键盘控制飞机的移动，发射导弹消灭从窗口顶部出现的敌机。每击落一架敌机会增加用户的得分，如果敌机触碰到用户控制的飞机，将扣除用户的生命值，当用户的生命值降为0时，游戏结束。游戏中不仅包含游戏地图、用户飞机、敌机、导弹等图片，还包含背景音乐、爆炸音效和游戏结束音效。游戏中的音效文件保存在10.1文件夹下的sound文件夹中，图片文件保存在image文件夹中，如图10.1~图10.4所示。

图10.1 游戏地图　　图10.2 用户飞机　　图10.3 敌机　　图10.4 导弹

飞机大战小游戏由飞机对象、导弹对象和游戏逻辑组成，游戏框架如图10.5所示。

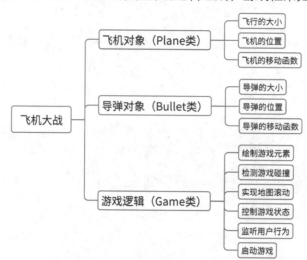

图10.5 飞机大战的游戏框架

由图10.5可知，该飞机大战小游戏共分为三大部分，即飞机对象、导弹对象和游戏逻辑。对于飞机对象，需要初始化飞机的大小和位置，以及飞机的移动函数；对于导弹对象，需要初始化导弹的大小和位置，以及导弹的移动函数；对于游戏逻辑，需要实现绘制游戏元素、检测游戏碰撞、实现地图滚动、控制游戏状态、监听用户行为和启动游戏等功能。

10.2 代码实现

根据图10.5所示的游戏框架，编写代码实现该飞机大战小游戏。代码保存在10.1文件夹下的game.py文件中，详细的实现步骤和代码如下。

1. 定义游戏常量

导入Pygame库和Time、Random、Sys等模块，并定义一些游戏常量，具体代码如下。

```
import pygame
import time
import random
import sys
GAME_WIDTH = 500
GAME_HEIGHT = 666
PLANE_WIDTH = 100
PLANE_HEIGHT = 80
BULLET_WIDTH = 10
BULLET_HEIGHT = 40
```

其中，常量GAME_WIDTH表示游戏窗口的宽度；GAME_HEIGHT表示游戏窗口的高度；PLANT_WIDTH表示飞机的宽度；PLANT_HEIGHT表示飞机的高度；BULLET_WIDTH表示导弹的宽度；BULLET_HEIGHT表示导弹的高度。

2. 初始化飞机对象

定义Plane类，通过实例化该类创建用户飞机和敌机对象，代码如下。

```
class Plane:
    def __init__(self, surface, x, y):
        self.surface = surface
        self.x = x
        self.y = y
        self.width = PLANE_WIDTH
        self.height = PLANE_HEIGHT
    def move(self):
        self.y += 2
```

以上代码定义了一个名为Plane的类，用于实例化游戏中的飞机对象。在类的初始化方法__init__()中，接收游戏画面surface、初始x坐标和y坐标作为参数，并设置了飞机的宽度和高度。该类还包含一个move()方法，用于将飞机沿y轴向下移动两个像素，模拟敌机向下飞行的行为。

3. 初始化导弹对象

定义Bullet类，通过实例化该类创建导弹对象，代码如下。

```
class Bullet(Plane):
    def __init__(self, surface, x, y):
        super().__init__(surface, x, y)
        self.width = BULLET_WIDTH
        self.height = BULLET_HEIGHT
    def move(self):
        self.y -= 2
```

以上代码定义了一个Bullet类，该类继承自Plane类，表示游戏中的导弹对象。在初始化该类时，继承了Plane类的属性和方法，并设置了特定的导弹宽度和高度，同时重写了move()方法，使得导弹沿y轴向上移动两个像素，模拟导弹向上发射的动画效果。

4. 初始化游戏属性

定义Game类和构造方法__init__()，用于初始化游戏的基本属性，代码如下。

```
class Game:
    def __init__(self):
        pygame.init()
        pygame.mixer.init()
        pygame.mixer.music.load('sound/game.ogg')
        pygame.mixer.music.play(loops=-1)
  pygame.display.set_caption('飞机大战')
        self.canvas = pygame.display.set_mode((GAME_WIDTH, GAME_HEIGHT))
        self.background = pygame.image.load('image/background.png')
        self.plane_img = pygame.image.load('image/plane.png')
        self.enemy_img = pygame.image.load('image/enemy.png')
        self.bullet_img = pygame.image.load('image/bullet.png')
        self.explosion_sound = pygame.mixer.Sound('sound/explosion.ogg')
        self.game_over_sound = pygame.mixer.Sound('sound/over.wav')
        self.enemies = []
        self.enemy_time = 0
        self.bullets = []
        self.bullet_time = 0
        self.score = 0
        self.life = 3
        self.game_start = False
        self.game_over = False
        self.game_over_played = False
        self.fire_bullet = False
        self.background1 = 0
        self.background2 = -GAME_HEIGHT
        self.plane = Plane(self.plane_img, GAME_WIDTH // 2, GAME_HEIGHT // 2)
```

以上代码定义了一个名为Game的类，用于初始化飞机大战小游戏的环境。该类通过Pygame库设置了游戏的窗口和标题，加载了地图、飞机、敌机、导弹的图像资源，以及背景、爆炸、游戏结束等音效资源。此外，在Game类中还初始化了游戏所需的各种列表、计时器、分数、生命值等状态变量，并且创建了一个用户飞机对象。

5. 绘制游戏元素

在Game类中自定义draw_plane()、draw_enemies()和draw_bullets()等方法，用于绘制用户控制的飞机、敌机和导弹，代码如下。

```python
def draw_plane(self):
    self.canvas.blit(self.plane.surface, (self.plane.x, self.plane.y))
def draw_enemies(self):
    if time.time() - self.enemy_time > 0.5:
        self.enemy_time = time.time()
        x = random.randint(100, GAME_WIDTH - 100)
        y = -100
        self.enemies.append(Plane(self.enemy_img, x, y))
    for enemy in self.enemies:
        if enemy.y > GAME_HEIGHT:
            self.enemies.remove(enemy)
        else:
            enemy.move()
            self.canvas.blit(enemy.surface, (enemy.x, enemy.y))
def draw_bullets(self):
    if self.game_start and not self.game_over:
        if self.fire_bullet and time.time() - self.bullet_time > 0.3:
            self.bullet_time = time.time()
            self.bullets.append(Bullet(self.bullet_img,
            self.plane.x + 45, self.plane.y - 20))
    for bullet in self.bullets:
        if bullet.y < 0:
            self.bullets.remove(bullet)
        else:
            bullet.move()
            self.canvas.blit(bullet.surface, (bullet.x, bullet.y))
```

以上代码定义了draw_plane()、draw_enemies()和draw_bullets()方法，调用这3个方法可以将飞机、敌机和导弹绘制到游戏窗口中。其中，draw_plane()方法用于在游戏画布上绘制用户控制的飞机；draw_enemies()方法按一定时间间隔在窗口的随机位置生成敌机，并将其添加到敌人列表中，同时更新绘制所有敌机并删除超出窗口的敌机；draw_bullets()方法用于控制导弹的发射，当用户按下键盘上的空格键时，将导弹添加至列表中，不断更新并绘制所有导弹，同时清理掉超出窗口的导弹。

6. 检测游戏碰撞

在Game类中定义check_collision()方法，用于实现爆炸逻辑，具体代码如下。

```python
def check_collision(self):
    for bullet in self.bullets:
        for enemy in self.enemies:
            if (bullet.x < enemy.x + enemy.width and
                    bullet.x + bullet.width > enemy.x and
                    bullet.y < enemy.y + enemy.height and
                    bullet.y + bullet.height > enemy.y):
                self.bullets.remove(bullet)
                self.enemies.remove(enemy)
                self.explosion_sound.play()
                self.score += 1
    for enemy in self.enemies:
        if (self.plane.x < enemy.x + enemy.width and
                self.plane.x + self.plane.width > enemy.x and
                self.plane.y < enemy.y + enemy.height and
                self.plane.y + self.plane.height > enemy.y):
            self.explosion_sound.play()
            self.life -= 1
            self.enemies.remove(enemy)
            if self.life == 0:
                self.game_over = True
```

以上代码定义了一个名为check_collision的方法，调用该方法可以实现游戏中的碰撞检测逻辑。其中，首先遍历所有的导弹和敌机，检查两者之间是否发生碰撞，如果检测到碰撞，则从元素列表中移除相应的导弹和敌机，同时播放爆炸音效，并增加用户的得分。然后遍历所有的敌机，检查用户的飞机与敌机之间的碰撞，如果发生碰撞，则播放爆炸音效，同时减少用户的生命值，并从元素列表中移除碰撞的敌机。当用户的生命值减少至0时，将结束游戏的标志设置为真，表示游戏失败。

7. 实现地图滚动

在Game类中定义background_scroll()方法，用于实现游戏背景地图的滚动逻辑，具体的代码如下。

```python
def background_scroll(self):
    self.background1 += 1
    self.background2 += 1
    if self.background1 >= GAME_HEIGHT:
```

```
                self.background1 = -GAME_HEIGHT
            if self.background2 >= GAME_HEIGHT:
                self.background2 = -GAME_HEIGHT
            self.canvas.blit(self.background, (0, self.background1))
            self.canvas.blit(self.background, (0, self.background2))
```

以上代码定义了一个名为background_scroll的方法，调用该方法可以实现游戏背景地图的滚动效果。在该方法中，使用变量background1和background2分别跟踪两个相同背景地图的位置，每次调用background_scroll()方法时，增加这两个变量的值，当其中一张背景地图滚动超过了游戏窗口的高度时，将其重置到屏幕顶部，模拟出背景地图向下滚动的效果。最后，使用blit()方法将这两张背景地图绘制到游戏画布上，确保用户始终看到连续且完整的背景画面，营造出动态的游戏环境。

8. 控制游戏状态

在Game类中定义start_game()、stop_game()和reset_game()方法，用于启动、终止和重启游戏，具体代码如下。

```
def start_game(self):
    self.canvas.blit(self.plane_img, (30, 60))
    self.write_font('开始游戏', 125, 300, 60)
    self.game_over_played = False
    self.game_event()
    pygame.display.update()
def stop_game(self):
    if not self.game_over_played:
        self.game_over_sound.play()
        self.game_over_played = True
    self.write_font('---游戏结束---', 120, 100, 40)
    self.write_font(f'你的得分为: {self.score} ', 120, 300, 40)
    self.write_font('点击鼠标重新开始游戏', 60, 500, 40)
    self.game_event()
    pygame.display.update()
def reset_game(self):
    self.enemies.clear()
    self.bullets.clear()
    self.score = 0
    self.life = 3
    self.game_start = True
    self.game_over = False
    self.game_over_played = False
    self.plane = Plane(self.plane_img, GAME_WIDTH // 2, GAME_HEIGHT // 2)
```

以上代码定义了start_game()、stop_game()和reset_game()等3个方法,调用这3个方法可以控制游戏的状态。其中,start_game()方法用于初始化游戏界面,展示飞机图像与开始游戏的提示;stop_game()方法用于处理游戏结束逻辑,播放游戏结束音效并展示游戏得分信息,同时监听鼠标单击事件以重启游戏;reset_game()方法用于清除元素列表中的所有敌机和导弹,并重置得分、生命值和游戏状态标志,同时初始化用户飞机的位置,重新开始游戏。

9. 监听用户行为

在Game类中定义game_event()方法,用于监听用户的行为并执行相应的游戏逻辑,具体代码如下。

```python
def game_event(self):
    keys = pygame.key.get_pressed()
    if keys[pygame.K_a] or keys[pygame.K_LEFT]:
        self.plane.x -= 2
    if keys[pygame.K_d] or keys[pygame.K_RIGHT]:
        self.plane.x += 2
    if keys[pygame.K_w] or keys[pygame.K_UP]:
        self.plane.y -= 2
    if keys[pygame.K_s] or keys[pygame.K_DOWN]:
        self.plane.y += 2
    self.plane.x=max(0,min(GAME_WIDTH-self.plane.width,self.plane.x))
    self.plane.y=max(0,min(GAME_HEIGHT-self.plane.height,self.plane.y))
    if keys[pygame.K_SPACE]:
        self.fire_bullet = True
    else:
        self.fire_bullet = False
    for event in pygame.event.get():
        if (event.type == pygame.QUIT or
                (event.type == pygame.KEYDOWN and
                 event.key == pygame.K_ESCAPE)):
            pygame.quit()
            sys.exit()
        if event.type == pygame.MOUSEBUTTONDOWN:
            if self.game_over:
                self.reset_game()
            else:
                self.game_start = True
```

以上代码定义了一个名为game_event的方法,调用该方法可以实现游戏中的事件监听和用户控制逻辑。在该方法中,首先检查用户的键盘输入,根据按键输入来控制用户飞机的移动和导弹发射,同时限制飞机的移动范围,避免其超出边界。此外,如果检测到游戏窗口关闭请求或用户按下键盘上的Esc按键时,将退出游戏;如果用户在游戏结束后单击鼠标,将重启游戏。

10. 启动游戏

在Game类中定义run()方法，用于启动整个飞机大战小游戏，具体代码如下。

```python
def run(self):
    clock = pygame.time.Clock()
    clock.tick(60)
    while True:
        self.background_scroll()
        if not self.game_start:
            self.start_game()
            continue
        if self.game_over:
            self.stop_game()
            continue
        self.draw_plane()
        self.draw_enemies()
        self.draw_bullets()
        self.check_collision()
        self.show_info()
        self.game_event()
        pygame.display.update()
        pygame.time.delay(0)
```

以上代码定义了一个名为run的方法，调用该方法可以启动游戏。其中，首先初始化一个时钟对象用于控制游戏帧率，同时启动背景音乐并设置其循环播放。然后创建一个无限循环，在循环中实现滚动背景图片、绘制游戏元素、检测游戏碰撞、展示游戏信息以及处理游戏事件等功能。最后调用pygame.display.update()方法，确保每次循环结束后游戏界面得到及时更新；调用pygame.time.delay(0)方法，实现尽可能高的刷新率，确保游戏运行流畅。总的来说，该代码是游戏的核心部分，用于协调游戏的各种元素和状态，以确保游戏逻辑能够顺利执行。

运行代码后会启动飞机大战小游戏，代码的运行效果如图10.6所示。

图10.6 飞机大战小游戏

由图10.6可知，在屏幕中创建了一个宽500像素、高666像素的游戏窗口。在窗口中绘制了游戏地图、用户飞机、敌机、导弹、分数、生命值等元素，共同组成了飞机大战小游戏。

10.3　课后练习

在本例的基础上，尝试修改代码，给飞机大战小游戏添加图10.7所示的红色敌机，实现用户击落该敌机时，得分增加2分的功能。

图10.7　红色敌机

代码保存在10.2文件夹下的game.py文件中，代码的运行效果如图10.8所示。

图10.8　含红色敌机的飞机大战小游戏

10.4　本章小结

在本章中，我们开发了一款经典的人机对抗小游戏——飞机大战。这款游戏不仅展现了游戏循环、碰撞检测、图形渲染和事件监听等游戏开发的核心要素，更为读者提供了一个全面理解游戏设计原理的绝佳平台。通过亲自动手实践，读者可以领悟到游戏开发的基本流程，掌握关键的技术细节，为探索更加复杂、精妙的游戏奠定扎实的基础。